AF733873

AMTLICHE LISTE DER SEESCHIFFE

mit

UNTERSCHEIDUNGSSIGNALEN

der Bundesrepublik Deutschland

als

Anhang

zum Internationalen Signalbuch

Abgeschlossen am 15. Januar 1959
mit Nachtrag bis 10. März 1959

Herausgegeben vom Bundesminister für Verkehr
Bonn 1959

WALTER DE GRUYTER & CO · BERLIN W 35
Vormals G. J. Göschen'sche Verlagshandlung · J. Guttentag, Verlagsbuchhandlung
Georg Reimer · Karl J. Trübner · Veit & Comp.

1959

Archiv-Nr. 34 82 59

Satz: Walter de Gruyter & Co., Berlin W 35
Druck: Otto von Holten, Berlin W 35

Vorwort

Die „Amtliche Liste der Seeschiffe mit Unterscheidungssignalen der Bundesrepublik Deutschland" ist ein Anhang zur amtlichen deutschen Ausgabe des am 1. Januar 1934 in Kraft getretenen „Internationalen Signalbuches 1931".

Die Unterscheidungssignale der Seeschiffe stimmen mit ihren Funkrufzeichen überein. Das erste oder die beiden ersten Zeichen bezeichnen die Nationalität der Schiffe. Die Bildung der Funkrufzeichen erfolgt nach Artikel 19, Abschnitt III, Ziffer 420 bis 445 der Vollzugsordnung für den Funkdienst (Ausgabe Atlantic City 1947). Die Unterscheidungssignale der deutschen Seeschiffe beginnen sämtlich mit dem Buchstaben D.

Auf Grund der Bestimmungen des am 1. Januar 1949 in Kraft getretenen Weltnachrichtenvertrages Atlantic City 1947 verfügt Deutschland, das bis dahin über alle Signalgruppen des Buchstabens D bestimmte, nur noch über die Signalgruppen DAAA bis DMZZ. Die übrigen Signalgruppen (DNAA bis DZZZ) sind anderen Staaten zugeteilt worden.

Auf die Gebrauchsanweisung des „Internationalen Signalbuches 1931" Band I, Nr. 30, 41 bis 43 und 135 sowie Band II Seite VII wird hingewiesen. Im übrigen gelten die einschlägigen Bestimmungen der Gebrauchsanweisung jedes der beiden Bände. Die Buchstaben I und J kommen nebeneinander vor, ferner kann in einem Signal die gleiche Flagge (Buchstabe) mehrmals vorkommen, so daß die Hilfsstander des „Internationalen Signalbuches 1931", Band I, Seite XXVII benutzt werden müssen (Gebrauchsanweisung „Internationales Signalbuch Band I, Nr. 79 bis 85").

Die amtliche Liste enthält zwei durch ein blaues Blatt getrennte Teile. Der erste Teil besteht aus sechs Abschnitten: a) die Kauffahrteischiffe der Bundesrepublik Deutschland, b) die Schiffe der Bundesmarine, c) die Rettungsboote der Deutschen Gesellschaft zur Rettung Schiffbrüchiger, d) die Boote des Zollgrenzschutzes, e) die Bundes- und Länderfahrzeuge, f) die Feuerschiffe. Die Schiffe sind nach der Reihenfolge ihrer Unterscheidungssignale und die Feuerschiffe nach ihrer geographischen Lage von Ost nach West aufgeführt. Der zweite Teil enthält die Kauffahrteischiffe in alphabetischer Reihenfolge ihrer Namen. Der erste Teil dient also zur Feststellung eines bestimmten Schiffes nach seinem Unterscheidungssignal, der zweite zur Auffindung des Unterscheidungssignals eines Schiffes.

Das Unterscheidungssignal der mit Funk ausgerüsteten Kauffahrteischiffe und Feuerschiffe (eigene Sende- oder Empfangsanlage, Sprechfunkanlage) ist in Schrägschrift *(Kursiv)* gesetzt. Neben dem Namen der mit Wasserschallanlagen oder Funk ausgerüsteten Behördenfahrzeuge sind besondere Zeichen ihrer Bedeutung entsprechend aufgeführt. Die auf ihrer Position liegenden Feuerschiffe führen die für ihre geographische Lage in der geographischen Liste des „Internationalen Signalbuches" festgelegte Signalgruppe und außerdem das Funkrufzeichen der Feuerschiffstation. Beim Verlassen der Position führen die Feuerschiffe und die Reservefeuerschiffe ein ihnen besonders zugeteiltes Unterscheidungssignal.

Die Zuteilung der Unterscheidungssignale erfolgt durch die zuständigen Seeschiffsregisterbehörden. Jedem deutschen Kauffahrteischiff wird bei der Eintragung in das Seeschiffsregister das Unterscheidungssignal zugeteilt und in seinem Schiffszertifikat vermerkt. Solange das Schiff unter deutscher Flagge fährt, behält es das ihm einmal zugeteilte Unterscheidungssignal auch beim Wechsel seines Heimathafens, der Registerbehörde oder bei etwaiger Namensänderung.

Diese Liste wird bis auf weiteres jährlich und ein Nachtrag hierzu in der zweiten Jahreshälfte herausgegeben.

Für die Seeschiffe anderer Staaten, die das Internationale Signalbuch ebenfalls angenommen haben, sind ähnliche Listen vorhanden.

Bonn im Januar 1959.

DABA — DACB

TEIL I

a) Die Kauffahrteischiffe

der

Bundesrepublik Deutschland

in der Reihenfolge der Unterscheidungssignale

(Das Unterscheidungssignal der mit Funk ausgerüsteten Kauffahrteischiffe und Feuerschiffe ist in Schrägschrift [*Kursiv*] gesetzt. Das + hinter dem Schiffsnamen bedeutet, daß das Schiff als Voll- und Schutzdecker vermessen ist. Die Größenangaben beziehen sich auf die Vermessung als Volldecker.)

Unterscheidungssignale	Namen der Schiffe	Heimathafen der Schiffe	Kubikmeter Nettoraumgehalt	Registertons Nettoraumgehalt	PS
DABA	Adeline	Leer	250,1	88,28	130
DABB	Adonis	Hamburg-Finkenwerder	52,8	18,65	120
DABC	Aachen	Bremerhaven	405,0	142,90	600
DABD	Anita Bolten	Hamburg	2607,8	920,54	1700
DABE	Alexander von Humboldt	Bremerhaven	693,0	244,60	1000
DABF	Bergeland	Hamburg	35007,4	12357,60	11050
DABG	Utgard	Hamburg	2433,7	859,09	700
DABH	Anhalt	Bremen-Vegesack	258,0	91,08	150
DABI	Estebrügge	Hamburg	1021,3	360,52	500
DABJ	Annelies	Hamburg-Finkenwerder	75,9	26,78	180
DABK	Antares	Bremerhaven	437,3	154,00	850
DABL	Antje	Hamburg-Finkenwerder	66,1	23,32	180
DABM	MariaAlthoff	Hamburg	1764,4	622,82	1000
DABN	Alfred Theodor +	Hamburg	15978,7	5640,48	4000
DABO	Auguste Levers	Hamburg	1943,6	686,08	1100
DABP	Balder	Glückstadt	259,3	91,54	150
DABQ	Bockenheim	Bremen	4245,5	1498,66	800
DABR	Hanseatic	Hamburg	49959,7	17653,77	34000
DABS	Beluga	Hamburg	176,4	62,27	200
DABT	Methan +	Hamburg	19999,5	7059,84	5340
DABU	Berlin	Bremerhaven	405,1	143,00	600
DABV	Andreas Gayk	Bremerhaven	562,6	198,62	800
DABW	Lasbek +	Hamburg	6042,7	2133,09	2200
DABX	Minna Schupp	Hamburg	1843,1	650,63	725
DABY	Ägäis	Hamburg	744,8	262,90	300
DABZ	Esso Schulau	Hamburg	152,2	53,72	133
DACA	Götaland	Hamburg	628,6	221,90	800
DACB	Brahe	Bremerhaven	501,3	176,97	750

DACC — DADX

Unterscheidungssignale	Namen der Schiffe	Heimathafen der Schiffe	Kubikmeter Nettoraumgehalt	Registertons Nettoraumgehalt	PS
DACC	Nordwind	Hamburg	13373,7	4720,90	4200
DACD	Sindbad X	Hamburg	50,3	17,77	45
DACE	Havelland + ...	Hamburg	14505,3	5120,38	9000
DACF	Alsterdorf	Hamburg	445,8	157,37	380
DACG	Wandsbek + ...	Hamburg	7305,0	2578,67	3000
DACH	Otto Harms	Hamburg	806,3	284,62	300
DACI	Borkumriff	Hamburg	889,0	313,83	500
DACJ	Courier	Hamburg	815,9	288,00	200
DACK	Lichtwark	Hamburg	178,6	63,05	280
DACL	Senator Petersen ...	Hamburg	1624,7	573,52	650
DACM	C. P. Andersen	Hamburg	431,1	152,17	600
DACN	Volksdorf	Hamburg	445,8	157,37	380
DACO	Rolf Viking	Hamburg	428,4	151,21	590
DACP	Richard Bröhan	Hamburg	1765,5	623,24	1050
DACQ	Danzig	Hamburg	182,8	64,38	2150
DACR	Sleipner I	Hamburg	663,5	234,20	300
DACS	Karin	Hamburg	811,7	286,53	300
DACT	Fritz Thyssen + ...	Hamburg	17199,9	6071,57	5400
DACU	Hein Suhr	Hamburg	519,8	183,50	300
DACV	Altona	Hamburg	445,8	157,37	380
DACW	St. Pauli	Hamburg	445,8	157,37	380
DACX	Düsseldorf	Hamburg	1811,1	639,33	900
DACY	Jungfernstieg	Hamburg	445,8	157,37	380
DACZ	Bergedorf	Hamburg	445,8	157,37	380
DADA	Großer Michel	Hamburg	445,8	157,37	380
DADB	Ruhr	Hamburg	4887,1	1725,13	1450
DADC	Marianne	Hamburg	1985,5	700,88	1000
DADD	Ellen	Hamburg-Finkenwerder	60,2	21,24	120
DADE	Emsgatt	Hamburg	1895,1	668,99	500
DADF	Ellen Essberger	Hamburg	2245,6	792,68	1250
DADG	Ente	Hamburg	71,3	25,16	240
DADH	Cap Domingo	Hamburg	4096,5	1446,08	6000
DADI	Peine	Cuxhaven	545,7	192,63	800
DADJ	Virginia Bolten + ...	Hamburg	19947,7	7041,55	5340
DADK	BP Olex 35	Hamburg	152,8	53,94	170
DADL	Anke	Hamburg	1033,8	364,93	300
DADM	ErnstSchweckendieck	Emden	229,4	80,99	150
DADN	Essen	Emden	356,4	125,79	500
DADO	Hans-Peter	Itzehoe	615,8	217,37	725
DADP	Este	Hamburg	563,5	198,92	750
DADQ	Fairplay VII	Hamburg	153,3	53,99	950
DADR	Klintberg	Hamburg	652,3	230,26	300
DADS	Aleppo	Hamburg	2473,6	873,17	1600
DADT	Altenwerder	Hamburg	241,5	85,25	380
DADU	Franz Schau	Bremerhaven	403,7	142,49	600
DADV	Harburg	Hamburg	241,5	85,25	380
DADW	Franziska	Schulau	54,0	19,06	180
DADX	Pommern	Bremerhaven	500,4	176,64	850

DADY — DAFW

Unterscheidungssignale	Namen der Schiffe	Heimathafen der Schiffe	Kubikmeter Nettoraumgehalt	Registertons Nettoraumgehalt	PS
DADY	Frauke	Leer	279,8	98,42	250
DAEA	Reeperbahn	Hamburg	241,5	85,25	380
DAEC	Steinwerder	Hamburg	241,5	85,25	380
DAEE	Glückauf	Bremen	1753,1	618,86	1300
DAEF	Donau	Cuxhaven	502,0	177,20	800
DAEG	Goliath	Hamburg	114,2	40,30	2×300
DAEH	Gotland	Cuxhaven	522,5	184,00	800
DAEI	Greif	Lübeck	954,5	336,98	450
DAEJ	Großer Kurfürst	Emden	265,6	93,75	500
DAEK	Grönorth	Strande	63,7	22,47	120
DAEL	Gustav Borgner	Bremerhaven	409,2	144,44	600
DAEM	Schulau	Hamburg	241,5	85,25	380
DAEN	Blankenese	Hamburg	241,5	85,25	380
DAEO	Hanna	Leer	250,1	88,28	130
DAEP	Vierlanden	Hamburg	241,5	85,25	380
DAEQ	Hannover	Bremen-Vegesack	247,0	87,23	150
DAER	Stadersand	Hamburg	241,5	85,25	380
DAES	Hans Böckler	Bremerhaven	657,0	231,92	800
DAET	Sabine Howaldt+	Hamburg	4247,9	1499,51	1650
DAEU	Claus	Hamburg	813,6	287,19	300
DAEV	H. C. Nibbe	Hamburg-Finkenwerder	54,7	19,30	150
DAEW	Heidelberg	Lübeck	1080,5	381,40	470
DAEX	Käthe Ahrens	Hamburg	711,0	250,98	300
DAEY	Brinckmann	Hamburg	178,6	63,05	250
DAEZ	Falkenstein	Hamburg	241,5	85,25	380
DAFA	Steinkirchen	Hamburg	241,5	85,25	380
DAFB	Karpfanger	Hamburg	9392,5	3315,55	3000
DAFC	Jan Molsen	Hamburg	2006,2	708,18	600
DAFD	Ernst de Buhr	Hamburg	809,9	285,91	300
DAFE	Heinrich Schulte	Emden	291,3	102,56	500
DAFF	Helene Russ	Hamburg	1633,6	576,60	650
DAFG	Hildegard	Hamburg	2352,4	830,39	1350
DAFH	Hasse	Hamburg	225,9	79,75	300
DAFI	Sonnin	Hamburg	176,4	62,26	250
DAFJ	Elbe	Hamburg	830,2	293,05	600
DAFK	Heinrich Kaufmann	Bremerhaven	660,5	233,14	800
DAFL	Wolfsburg	Bremerhaven	546,5	192,92	850
DAFM	Hamburg	Hamburg	800,5	282,58	560
DAFN	BP Olex 36	Hamburg	152,4	53,80	210
DAFO	Cap Castillo+	Hamburg	7965,3	2811,75	4000
DAFP	Harvestehude	Hamburg	423,4	149,40	600
DAFQ	Hinrich Wesselhöft	Bremerhaven	544,3	192,15	800
DAFR	H. M. Behrens	Bremerhaven	541,5	191,15	800
DAFS	Finkenwerder	Hamburg	340,8	120,29	380
DAFT	Wilhelm Wesch+	Hamburg	4306,7	1520,27	1500
DAFU	Hörnum	Rendsburg	2954,7	1043,02	800
DAFV	Marie Leonhardt	Hamburg	21975,3	7757,28	4700
DAFW	Imsum	Bremen	483,4	171,00	750

DAFX — DAHW

Unterscheidungs-signale	Namen der Schiffe	Heimathafen der Schiffe	Kubikmeter (Nettoraumgehalt)	Registertons (Nettoraumgehalt)	PS
DAFX	Shell 44	Hamburg	149,0	52,61	200
DAFY	**Ferdinand Vieth**	**Hamburg**	**414,5**	**146,32**	**600**
DAFZ	Düneck	Hamburg	614,2	216,81	300
DAGA	Ingrid Horn	Hamburg	932,1	329,02	750
DAGB	**Jochen Homann**	**Bremerhaven**	**698,4**	**246,52**	**1000**
DAGC	Alster	Hamburg	810,8	286,21	500
DAGD	Sonderburg+	Hamburg	9914,7	3499,89	5340
DAGE	Eduard Essberger	Hamburg	1027,5	362,69	700
DAGF	**Julius Fock**	**Hamburg**	**453,2**	**159,98**	**600**
DAGG	Altona	Hamburg	1256,8	443,49	475
DAGJ	Friedrich Jung	Hamburg	6456,7	2279,22	2×1680
DAGK	**Kassel**	**Cuxhaven**	**524,8**	**185,08**	**750**
DAGL	**Kehrwieder**	**Büsum**	**30,8**	**10,86**	**150**
DAGM	**Kolberg**	**Lübeck**	**1085,1**	**383,03**	**500**
DAGN	Borgesch	Hamburg	1794,6	633,50	1800
DAGO	Esso Niehl	Hamburg	142,0	50,18	200
DAGP	Gorch Fock	Hamburg	517,8	182,78	400
DAGQ	**Leo Fürbringer**	**Emden**	**259,7**	**91,68**	**245**
DAGR	**Latona**	**Bremen**	**1663,1**	**587,08**	**1020**
DAGS	Bürgermeister Diesel	Hamburg	723,5	255,39	470
DAGT	Schwarzenbek+	Hamburg	7252,6	2560,17	3000
DAGV	**Lisa Essberger**	**Hamburg**	**2249,4**	**794,05**	**280**
DAGW	**Lofoten**	**Bremerhaven**	**436,3**	**154,02**	**850**
DAGX	**Lübbe Hartmann**	**Leer**	**409,4**	**144,53**	**500**
DAGY	München+	Hamburg	21662,1	7646,72	12500
DAGZ	**Helga Wehr**	**Hamburg**	**512,7**	**180,99**	**300**
DAHA	Minou	Hamburg	795,5	280,79	750
DAHB	**Lützow**	**Bremerhaven**	**581,7**	**205,34**	**800**
DAHC	**Hugo Heimke Schütt**	Itzehoe	852,7	301,00	750
DAHD	Karin Bornhofen+	Hamburg	14440,7	5097,57	3800
DAHF	Bürgermeister Stolten	Hamburg	537,5	189,78	250
DAHG	Grovenort	Hamburg	387,8	136,72	250
DAHH	Süd	Hamburg	36,9	13,01	200
DAHI	Godeffroy	Hamburg	459,2	162,09	300
DAHJ	Lühe	Hamburg	219,1	77,35	250
DAHK	Cuxhaven	Hamburg	458,4	161,80	500
DAHL	**Max Brauer**	**Hamburg**	**414,4**	**146,29**	**600**
DAHM	Leapaul+	Hamburg	8170,7	2884,24	3960
DAHN	**Midlum**	**Bremen**	**488,0**	**172,09**	**750**
DAHO	**Minerva+**	**Bremen**	**5591,5**	**1973,78**	**3050**
DAHP	Ursula Block	Hamburg	811,4	286,41	370
DAHQ	**Möwe**	**Hamburg**	**190,0**	**67,07**	**750**
DAHR	Bleichen	Hamburg	1794,6	633,51	1800
DAHS	**Neptun**	**Brake**	**25,8**	**9,12**	**100**
DAHT	**Neptun**	**Hamburg**	**483,0**	**170,50**	**800**
DAHU	Marburg+	Hamburg	8061,1	2845,56	3600
DAHV	Erik Seyd II	Hamburg	851,7	300,65	500
DAHW	**Niedersachsen**	**Bremerhaven**	**138,0**	**48,78**	**175**

DAHX — DAJV

Unterscheidungssignale	Namen der Schiffe	Heimathafen	Kubikmeter Nettoraumgehalt	Registertons Nettoraumgehalt	PS
DAHX	August Leonhardt	Hamburg	21940,9	7745,18	4700
DAHY	Paul	Hamburg	86,1*	30,89*	300
DAHZ	Caperata	Hamburg	30039,8	10604,05	12500
DAIA	Susanne Reith	Hamburg	1764,4	622,85	1000
DAIB	Senator Gruenewaldt	Hamburg	494,7	174,61	370
DAIC	**Norderney**	**Hamburg**	**705,5**	**249,05**	**350**
DAID	Ulm	Cuxhaven	675,1	231,97	850
DAIF	Thyra Behrens	Hamburg	549,6	194,00	300
DAIG	Thor	Hamburg	614,3	216,86	300
DAIH	**Nordstern**	**Bremerhaven**	**458,2**	**161,73**	**800**
DAII	Angelica Schulte+	Hamburg	3857,2	1361,60	1680
DAIK	**Oldenburg**	**Bremerhaven**	**472,7**	**166,87**	**750**
DAIL	**Orion**	**Emden**	**233,7**	**82,48**	**150**
DAIM	Schulau	Hamburg	804,5	283,98	300
DAIN	**Oskar Schulze**	**Bremerhaven**	**410,1**	**144,86**	**600**
DAIO	Balje	Cuxhaven	829,2	292,70	420
DAIP	Ossian+	Hamburg	20004,2	7061,49	5340
DAIQ	**Taucher Ottar Harmstorf I**	**Hamburg**	**206,5**	**72,91**	**250**
DAIR	Walter Leonhardt	Hamburg	17391,1	6139,04	5340
DAIS	**Taucher O. Wulf III.**	**Cuxhaven**	**145,4**	**51,31**	**1320**
DAIT	**Peter Schlack**	**Hamburg**	**399,6**	**141,06**	**600**
DAIU	Karroo	Hamburg	14334,9	5060,21	9000
DAIW	Helgoland	Hamburg	190,5	67,25	125
DAIX	Wilhelmine	Hamburg	454,6*	160,48*	1200
DAIY	Stadt Schleswig	Hamburg	472,1	166,64	750
DAIZ	Caprella+	Hamburg	30221,8	10668,28	14000
DAJA	**Hessen**	**Emden**	**274,3**	**96,83**	**2×150**
DAJB	Passat	Hamburg	104,1*	36,75*	300
DAJC	Bugsier 16	Hamburg	73,0	25,78	1060
DAJD	Volumnia+	Hamburg	5730,4	2022,83	4000
DAJE	**Remscheid**	**Cuxhaven**	**319,8**	**112,40**	**600**
DAJF	Idolin III	Hamburg	210,7	74,37	200
DAJG	**Rheinland**	**Bremen-Vegesack**	**255,0**	**89,86**	**150**
DAJH	Esso Bremerhaven	Hamburg	795,4	280,75	500
DAJI	Albert Vögler+	Hamburg	14130,9	4988,20	5400
DAJJ	Cap Corrientes	Hamburg	6289,7	2020,27	6000
DAJL	**Saarland**	**Bremen-Vegesack**	**256,0**	**90,20**	**150**
DAJM	Edwin Reith+	Hamburg	6975,2	2462,28	3360
DAJN	Rhenania+	Hamburg	21584,2	7619,21	6650
DAJO	Wischhafen	Hamburg	741,4	261,72	750
DAJP	Hannes Lünstedt	Hamburg	698,1	246,42	300
DAJQ	Dora Horn	Hamburg	509,7	179,93	750
DAJR	Esso Berlin	Hamburg	36416,5	12855,02	17850
DAJS	Bugsier 17	Hamburg	73,0	25,78	1060
DAJT	Sioux	Hamburg	1374,1	485,05	1150
DAJU	Dalsland	Hamburg	632,0	223,10	800
DAJV	Aldenburg	Hamburg	4206,4	1484,85	5340

* = Bruttoraumgehalt.

DAJW — DAMM

Unterscheidungs-signale	Namen der Schiffe	Heimathafen der Schiffe	Kubikmeter Nettoraumgehalt	Registertons Nettoraumgehalt	PS
DAJW	Senator	Hamburg	1939,7	684,70	500
DAJX	Kersten Miles	Hamburg	9384,8	3312,82	3000
DAJY	Learina+	Hamburg	8229,4	2904,98	3950
DAJZ	Maria Nibbe	Hamburg	614,4	216,89	300
DAKA	Skagerrak	Hamburg-Finkenwerder	61,3	21,64	150
DAKB	Skolpenbank	Bremerhaven	436,7	154,02	800
DAKC	Söderhamn	Hamburg	2678,0	945,34	650
DAKE	Indus+	Hamburg	14108,5	4980,31	4670
DAKF	Iserlohn+	Hamburg	7980,9	2817,26	3600
DAKG	Eberhart Essberger	Hamburg	23098,1	8153,62	7850
DAKH	Wadai+	Hamburg	7894,7	2786,85	4250
DAKI	Hornbelt+	Hamburg	15276,3	5392,52	7860
DAKJ	Liesbeth	Burgstaaken	18,2	6,43	46
DAKK	Stettin	Emden	297,1	104,86	200
DAKL	Stillesee	Hamburg	2162,0	763,18	700
DAKM	Optimist	Hamburg	433,6	153,06	310
DAKN	Heinz Horn+	Hamburg	1719,0	608,84	1060
DAKO	Marie Horn+	Hamburg	1718,6	606,69	1060
DAKP	Walter Lass	Hamburg	851,8	300,68	500
DAKQ	Clio	Hamburg	5436,9	1919,22	2720
DAKR	Tannenberg	Emden	605,7	213,83	340
DAKS	Capsa	Hamburg	30203,7	10661,90	14000
DAKT	Amico	Hamburg	88,7	31,30	300
DAKU	Gertrud C. Ertel	Hamburg		1089	
DAKV	Thees Bott	Hbg.-Finkenwerder	59,8	21,13	120
DAKW	Thor	Hamburg	188,8	66,74	750
DAKX	Otto Springorum	Hamburg	20324,1	7174,44	5400
DAKY	Thüringen	Bremen-Vegesack	258,0	91,08	150
DALA	Ursula	Hamburg	431,1	152,17	600
DALC	Victoria	Lübeck	1194,3	421,60	500
DALE	Vierlande	Hamburg	546,7	193,00	850
DALG	Venus	Bremerhaven	412,3	145,53	600
DALH	Wachtel	Bremen-Vegesack	222,0	78,22	130
DALK	Weser	Bremerhaven	712,3	251,44	1000
DALO	Westfalen	Bremen-Vegesack	210,0	74,24	130
DALP	Westpreußen	Bremerhaven	525,0	185,00	750
DALR	Widder	Bremen	765,7*	270,31*	1070
DALT	Wilma	Hbg.-Finkenwerder	58,7	20,71	180
DALY	Zeus+	Bremen	5613,2	1981,45	3000
DAMA	Agnes Engel	Hamburg-Finkenwerder	52,1	18,41	150
DAMB	Albert Pust	Bremerhaven	403,0	142,50	600
DAMD	Alte Liebe	Cuxhaven	405,2	143,03	600
DAMF	A. Kappelhoff	Emden	261,8	92,42	150
DAMH	Auguste Kämpf	Bremerhaven	402,3	142,00	600
DAMI	Bremerhaven	Bremerhaven	405,0	142,90	600
DAMJ	Carsten Janssen	Bremerhaven	403,6	142,47	600
DAMM	Cuxhaven	Cuxhaven	405,2	143,02	600

* = Bruttoraumgehalt.

DAMN — DCAA

Unterscheidungssignale	Namen der Schiffe	Heimathafen der Schiffe	Kubikmeter Nettoraumgehalt	Registertons Nettoraumgehalt	PS
DAMN	Detmold	Cuxhaven	405,2	143,02	600
DAMP	Dradenau	Hamburg-Finkenwerder	76,2	26,90	150
DAMQ	Düsseldorf	Cuxhaven	404,9	142,80	750
DAMR	Eckernförde	Kiel	401,9	141,90	600
DAMT	Emma	Hamburg-Finkenwerder	44,0	12,69	120
DAMU	Ernst Gröschel	Bremerhaven	403,7	142,50	600
DAMW	Hans Bernstein	Hamburg	3847,8	1358,28	1250
DAMX	Gertrud	Leer	249,1	87,92	200
DAMY	Gonzenheim	Bremen	6710,7	2368,87	1200
DANA	Haga	Hamburg	1636,2	577,58	650
DANF	Josef Bodden	Kiel	401,9	141,89	600
DANG	Karl Fock	Hamburg-Finkenwerder	59,8	21,13	120
DANI	Kiel	Kiel	404,6	142,83	600
DANK	Mannheim	Bremerhaven	405,1	142,99	750
DANL	Mollex IV	Hamburg	59,2	20,89	150
DANM	Hanne Henninga	Großefehn	410,8	144,82	295
DANN	München	Bremerhaven	405,1	142,90	750
DANO	Nesshuk	Hbg.-Finkenwerder	72,5	25,59	180
DANP	Niedersachsen	Cuxhaven	411,2	145,14	600
DANR	Otto Bröhan	Hamburg	424,3	149,78	600
DANS	Rechtenfleth	Bremen	268,0*	94,59*	1065
DANT	Rosengarten	Hamburg-Finkenwerder	62,9	22,20	120
DANW	Schlutup	Kiel	401,9	141,89	600
DANX	Schwertfisch	Bremerhaven	552,3	194,95	800
DANY	Seeadler	Hamburg-Finkenwerder	38,5	13,59	90
DAOA	Sophie	Leer	251,4	80,73	200
DAOB	Stade	Cuxhaven	405,2	143,04	600
DAOF	Dr. Eichelbaum	Emden	259,7	91,60	250
DAOG	Elbe	Emden	271,8	95,94	150
DAOH	Sparenburg	Emden	257,2	90,80	180
DAOI	Christel	Büsum	57,5	20,30	180
DAOT	Kurefjord	Bremen	152,9	53,97	500
DAOU	Franz Thiele	Emden	258,4	91,21	200
DAOX	Wilhelm Kaisen	Bremerhaven	661,4	233,48	800
DAOY	Göttingen	Cuxhaven	672,8	237,50	750
DAPB	Sylt	Hamburg	953,8	336,71	450
DAPD	Sperber	Bremen	1035,8	365,63	900
DAPF	Stella	Emden	399,5	141,09	2×180
DAPH	Lacklan	Hamburg	14690,2	5185,66	2950
DAPI	Frigga	Hamburg	9571,4	3378,70	2000
DAPK	Hermann Fritzen	Emden	6761,8	2386,91	1600
DAPM	Regulus	Bremerhaven	60,3	21,23	150
DAPN	Carl Wilkens	Hamburg	418,3	147,67	600
DCAA	Walter Behrens	Köln	499,6	176,38	250

* = Bruttoraumgehalt.

DCAB — DCCB					
Unterscheidungssignale	Namen der Schiffe	Heimathafen der Schiffe	Kubikmeter Nettoraumgehalt	Registertons Nettoraumgehalt	PS
DCAB	Sigrid	Köln	496,4	175,24	250
DCAC	Antha	Köln	388,2	135,27	265
DCAD	Wittekind	Köln	377,0	133,08	265
DCAE	Daniel Denker	Köln	20,2	7,12	125
DCAF	Edmund Halm	Köln	1765,4	623,18	1200
DCAG	Hochmeister	Kiel	1724,3	608,69	925
DCAH	Adler	Köln	415,7	146,76	500
DCAI	Waldemar Peter+	Köln	4551,3	1606,61	2000
DCAJ	Wilhelm Numssen	Köln	846,0	298,64	500
DCAL	Wirbellay	Kaub	484,0	171,00	—
DCAM	Rauschelay	Kaub	484,0	171,00	—
DCAN	Felicitas	Köln	62,9	25,08	750
DCAP	Scharhörn	Düsseldorf	47,9	16,91	110
DCAQ	Hermann Gunther	Duisburg	139,3*	49,16*	200
DCAR	Rhein	Duisburg-Ruhrort	524,5	185,14	200
DCAS	Heimkehr	Duisburg	272,8	96,29	250
DCAT	Oberhausen	Duisburg-Ruhrort	3233,0	1141,24	2400
DCAU	Ruhr	Duisburg-Ruhrort	419,5	148,10	250
DCAV	Ruhrort+	Duisburg-Ruhrort	3309,4	1168,22	2400
DCAW	Duisburg+	Duisburg-Ruhrort	3364,1	1187,54	2400
DCAX	Tazacorte	Duisburg-Ruhrort	2728,3	963,09	3600
DCAY	Helga	Düsseldorf	28,7	10,14	125
DCAZ	Norfa	Düsseldorf	13,3	4,70	120
DCBA	Homberg	Duisburg-Ruhrort	3216,0	1135,25	2400
DCBB	Franz	Duisburg	298,4	105,35	—
DCBC	Capella	Hamburg	854,3	301,57	500
DCBD	Mosel	Duisburg-Ruhrort	452,3	159,74	300
DCBE	Adele	Hamburg	135,3	47,76	50
DCBF	Adelgunde	Haren/Ems	284,9	100,57	110
DCBG	Adelheid	Haren/Ems	285,6	100,80	75
DCBH	Adelheid	Westrhauderfehn	138,7	48,98	70
DCBI	Erin Nübel	Emden	1062,3	374,98	1250
DCBL	Tim. S.	Haren/Ems	525,1	185,36	350
DCBM	Alex	Haren/Ems	281,6	99,40	120
DCBN	Gerd Specht	Borkum	227,3	80,22	50
DCBO	Melior	Haren/Ems	235,5	83,12	290
DCBP	Helena Schepers	Haren/Ems	343,8	121,37	150/180
DCBQ	Altair	Emden	226,1	79,81	250
DCBR	Amalie	Leer	271,3	95,77	130
DCBS	Willem Mennen+	Emden	7396,1	2610,82	3000
DCBT	Angela	Haren/Ems	384,0	135,54	70
DCBU	Angela	Haren/Ems	203,6	71,88	125
DCBV	Angela Elisa	Haren/Ems	305,4	108,00	75
DCBW	Angelina	Haren/Ems	364,2	128,56	150
DCBX	Nordmark	Norddeich	13,6	4,81	90
DCBY	Anna	Haren/Ems	306,5	108,18	150
DCBZ	Anna	Strohausen	210,7	74,36	100
DCCA	Seehund	Norddeich	225,0	79,41	119
DCCB	Timberto	Haren/Ems	621,2	219,21	295

* = Bruttoraumgehalt.

DCCC — DCEA

Unterscheidungssignale	Namen der Schiffe	Heimathafen der Schiffe	Kubikmeter Nettoraumgehalt	Registertons Nettoraumgehalt	PS
DCCC	Dora Fritzen	Emden	18235,0	3436,96	7200
DCCE	Anni Nübel+	Emden	3513,8	1240,18	1500
DCCF	Anna	Leer	265,0	93,48	130
DCCG	Hödur	Emden	8560,8	3021,98	3500
DCCH	Hinerk	Haren/Ems	426,6	150,60	300
DCCI	Anna-Maria	Haren/Ems	220,7	77,92	115
DCCJ	Anna-Maria	Ditzum	165,6	58,7	90/100
DCCK	Anna Wilhelmine	Westrhauderfehn	111,1	9,23	70
DCCM	Annele	Bensersiel	117,3	41,41	50
DCCN	Antine	Borkum	73,9	26,09	75
DCCO	Antje	Rorichmoor	77,7	27,43	36
DCCP	Anton	Haren/Ems	258,4	91,22	120
DCCQ	Ariadne	Borkum	214,6	75,74	90
DCCR	Frisia II	Emden	572,6	202,12	600
DCCS	Arktur	Westrhauderfehn	132,7	46,85	70
DCCT	Armin	Haren/Ems	294,7	104,03	200
DCCU	Arnold	Haren/Ems	356,2	125,78	220
DCCV	Aurora I	Borkum	281,1	99,24	50
DCCW	Pete Wessels	Emden	405,0	142,98	600
DCCX	Baltrum I	Baltrum	213,5	75,37	2×125
DCCY	Speekeroog II	Neuharlingersiel	68,5	24,19	100
DCCZ	Käthe Wessels	Emden	250,7*	88,50*	900
DCDA	Barbara	Ditzum	27,5	9,69	120
DCDB	Maria-Lena	Haren/Ems	260,2	91,85	100
DCDC	Bernhard	Haren/Ems	352,0	124,25	150
DCDD	Bernhardus	Haren/Ems	288,7	101,90	190
DCDE	Heimat	Neuharlingersiel	15,1	5,34	145
DCDF	Hertha I	Norderney	15,7	5,58	125
DCDG	Brandaris	Langeoog	359,7	126,96	135
DCDH	Burkana	Emden	83,4	29,43	50
DCDI	G. M. Daneker	Emden	385,5	136,07	600
DCDJ	Capella	Bensersiel	64,5	22,77	90
DCDK	Capella	Bensersiel	216,4	76,41	145
DCDL	Ilse Fritzen+	Emden	10231,4	3611,67	8500
DCDM	Carl Thiele	Emden	285,4	100,74	390
DCDN	Rudolph Wendt	Leer	401,1	141,58	750
DCDO	C. H. Metger	Emden	285,4	100,74	390
DCDP	Johann Schulte	Emden	385,5	136,07	600
DCDQ	Christina	Haren/Ems	365,5	129,02	150
DCDR	Jann Saathoff	Emden	387,9	136,93	600
DCDS	Concordia	Norddeich	30,8	10,86	70
DCDT	Adler	Leer	119,7	42,26	60
DCDU	Kondor	Norddeich	15,1	5,31	50
DCDV	Cornelia	Warsingsfehn	263,9	93,17	95
DCDW	Cornelia	Leer	261,1	92,18	150
DCDX	Pelikan	Greetsiel	12,1	4,27	100
DCDY	Cum Deo	Haren/Ems	282,7	99,80	150
DCDZ	Bussard	Düsseldorf	22,3	7,86	395
DCEA	Paul Rosenberg	Emden	405,6	143,18	600

* = Bruttoraumgehalt.

DCEB — DCFW

Unterscheidungssignale	Namen der Schiffe	Heimathafen der Schiffe	Kubikmeter Nettoraumgehalt	Registertons Nettoraumgehalt	PS
DCEB	Consul Breuer	Emden	401,	141,58	750
DCEC	Delphin	Norddeich	35,8	12,63	90
DCED	Dia Aubel	Emden	279,4*	98,63*	300
DCEE	Gerhard Elfring	Haren/Ems	525,0	185,88	300
DCEF	Th. Klingenberg	Emden	387,9	136,98	600
DCEG	Fritzen I	Emden	71,6	25,28	850
DCEH	Großer Bär	Emden	101,8	35,76	1000
DCEI	Jann Looden	Greetsiel	16,4	5,80	80
DCEJ	Pirola	Warsingsfehn	447,9	158,10	—
DCEK	Dorothea Siemering	Hamburg	560,4	197,82	240
DCEL	Dortmund	Emden	260,2	91,85	150
DCEM	Dr. Eichelbaum	Neuharlingersiel	32,1	11,34	120
DCEN	Henriette Wilhelmine Schulte	Emden	19943,9	7040,20	5340
DCEO	Ebenezer	Neuharlingersiel	31,4	11,08	80
DCEP	Herrentor	Emden	445,8	157,20	310
DCEQ	Jan Gerdes	Haren/Ems	420,0	148,25	150
DCER	Juist	Emden	111,6	39,38	900
DCES	Otto Bolte	Emden	405,6	143,18	600
DCET	Hermann Kiepa	Haren/Ems	404,6	142,83	230
DCEU	Elisabeth	Haren/Ems	243,7	86,03	110
DCEV	Elisabeth	Potshausen	287,6	101,53	120
DCEW	Elisabeth	Greetsiel	164,2	57,95	90
DCEX	Carola Schulte	Emden	9533,7	3365,40	4100
DCEY	Elise	Haren/Ems	308,9	109,05	150
DCEZ	Ledingerland	Bremen	370,9	130,92	220
DCFA	Gertrud Fritzen	Emden	10637,6	3755,08	10000
DCFB	Elli Schaa	Leer	208,8	73,70	75/90
DCFC	Else	Haren/Ems	233,8	82,58	70
DCFD	Else	Emden	244,1	86,17	125
DCFE	Elternsegen	Haren/Ems	234,8	82,89	165
DCFF	Christian I	Koppeln/Schlei	188,1	66,40	150
DCFG	Ems	Duisburg-Ruhrort	279,3	98,59	150
DCFH	Ems	Varelerhafen	82,9	29,28	36
DCFI	Gesche Rohden	Emden	492,5	173,85	405
DCFJ	Blinkfüer	Emden	105,7	37,31	150
DCFK	Norderney	Emden	111,6	39,38	750
DCFL	Emsstrom	Haren/Ems	237,5	83,82	120
DCFM	Engelbert	Haren/Ems	282,9	99,88	95/125
DCFN	Eos	Haren/Ems	317,4	112,06	125
DCFO	Aurich	Emden	448,1	158,17	300
DCFP	Erna	Warsingsfehn	269,0	94,94	112
DCFQ	Helena	Haren/Ems	553,9	195,53	295
DCFR	Exelsior	Holte	134,6	47,50	55
DCFS	Schwimmkran II	Leer	263,2	92,90	—
DCFT	Mars	Warsingsfehn	268,6	94,81	80
DCFU	Elisabeth Schulte +	Emden	4307,3	1520,46	2250
DCFV	Flott	Greetsiel	237,4	83,80	100
DCFW	Dele	Haren/Ems	532,3	187,91	340

* = Bruttoraumgehalt.

DCFX — DCHV					
Unterscheidungssignale	Namen der Schiffe	Heimathafen der Schiffe	Kubikmeter (Nettoraumgehalt)	Registertons (Nettoraumgehalt)	PS
DCFX	Santa Maria	Haren/Ems	474,4	167,45	300
DCFY	Fortuna	Warsingsfehn	208,9	73,74	85
DCFZ	Fortuna	Rhaudermoor	382,1	134,90	280
DCGA	Fortuna	Hamburg	124,5	43,96	80
DCGB	Edith I	Spetzerfehn	247,7	87,48	80
DCGC	Fortuna I	Spiekeroog	64,9	22,92	50
DCGD	Franziska	Haren/Ems	236,5	83,48	100
DCGE	Bina	Haren/Ems	424,7	149,91	200
DCGF	Frauke	Warsingsfehn	194,2	68,54	50
DCGG	Variatie	Neermoor	269,4	95,10	70
DCGH	Adelheid Sibum	Emden	683,1	241,15	299
DCGI	Aquamarin	Emden	109,8	38,77	80
DCGJ	Marie	Haren/Ems	380,9	134,47	190
DCGK	Frisia I	Norderney	589,3	208,01	600
DCGM	Frisia III	Norderney	253,1	89,33	450
DCGN	Frisia V	Norderney	100,6	35,52	100
DCGO	Frisia VI	Norderney	152,5	53,83	150
DCGP	Frisia VII	Norderney	82,1	28,98	75
DCGR	Frisia X	Norderney	385,3	136,00	350
DCGS	Langeoog I	Langeoog	137,8	48,64	125
DCGT	Frisia XIV	Norderney	134,1	47,63	90
DCGU	Frisia XV	Norderney	266,1	93,94	260
DCGV	Fünf Gebrüder	Ditzum	32,0	11,30	140
DCGW	Gebrüder	Neuharlingersiel	13,0	4,58	20
DCGX	Leerort	Emden	1494,8	527,66	580
DCGY	Geen Tied	Greetsiel	16,8	5,94	75
DCGZ	Geeske	Bensersiel	78,9	27,84	50
DCHA	Bürgermeister Diekmann	Emden	416,6	147,05	750
DCHB	Gerda	Westrhauderfehn	138,5	49,81	93
DCHC	Gerhard	Haren/Ems	405,5	143,13	180
DCHD	Gerhardine	Borkum	82,1	28,98	75
DCHE	Germania	Warsingsfehn	132,6	46,81	70
DCHF	Gertrud	Haren/Ems	275,8	97,36	180
DCHG	Geschwisterliebe	Haren/Ems	311,9	110,09	150
DCHH	Gesina	Haren/Ems	303,3	107,06	90
DCHI	Gesine	Ostgroßefehn	197,4	69,68	36
DCHJ	Atlantis	Cuxhaven	309,8	109,36	600
DCHK	Hanna	Husum	60,2	21,23	50
DCHL	Gesine	Leer	261,1	92,18	150
DCHM	Osterems	Greetsiel	16,4	5,80	120
DCHN	G. F. Zimmermann	Emden	290,1	102,42	390
DCHO	Glückauf	Haren/Ems	290,1	102,42	100
DCHQ	Heinrich Lutter	Emden	405,6	143,18	600
DCHR	Herm Kiepe	Haren/Ems	508,6	179,52	300
DCHS	Gott mit uns	Haren/Ems	385,2	135,98	110
DCHT	Herman Akkermann	Borkum	50,3	17,74	120
DCHU	Thea	Warsingsfehn	61,6	28,80	36
DCHV	Hanne	Spetzerfehn	174,2	61,51	75

DCHW — DCJV

Unterscheidungssignale	Namen der Schiffe	Heimathafen	Kubikmeter (Nettoraumgehalt)	Registertons (Nettoraumgehalt)	PS
DCHW	Emil Fox	Emden	416,6	147,05	750
DCHX	Hans	Haren/Ems	300,1	105,94	150
DCHY	Hansgrete	Hamburg	114,3	40,35	70
DCHZ	Albrecht Geerds	Emden	250,7*	88,50*	750
DCIB	Hayo	Leer	294,8	104,05	150
DCIC	Heimat	Haren/Ems	296,8	104,77	50
DCID	Heimkehr	Emden	216,4	76,38	150
DCIE	Heinrich Brons	Emden	263,5	93,00	245
DCIF	Heinrich Elfring	Haren/Ems	231,2	81,62	100
DCIG	Lux	Emden	316,8	111,82	330
DCIH	Heinz	Haren/Ems	295,3	104,24	70
DCII	Etta	Norddeich	15,2	5,37	150
DCIJ	Helene II	Haren/Ems	174,9	61,74	75
DCIK	Carl Fritzen +	Emden	14871,0	5249,47	5700
DCIL	Helgoland	Emden	117,5	41,47	500
DCIM	Henny	Warsingsfehn	252,9	89,27	120
DCIN	Jakob Ekkenga	Emden	891,4	314,67	500
DCIO	Herm	Haren/Ems	279,1	98,52	200
DCIP	Hermangela	Haren/Ems	296,5	104,66	110
DCIQ	Hermine	Haren/Ems	315,5	111,38	105
DCIR	Hermine	Leer	263,6	93,05	100
DCIS	Ingo	Papenburg	337,2	83,72	75/90
DCIT	Dini Lütter	Rhaudermoor	592,5	209,16	150
DCIU	Jakob Emmius Rass	Norderney	15,0	5,29	125
DCIV	Hilde	Leer	236,4	83,46	245
DCIW	Gerhard Ekkenga	Emden	405,6	143,18	600
DCIX	Maria Anna Schulte	Emden	3458,7	1219,15	1600
DCIY	Bernd Boll	Haren/Ems	376,8	133,01	200
DCIZ	Hinderk Looden	Greetsiel	15,3	5,39	50
DCJA	Unitas	Leer	555,7	196,17	310
DCJB	Hoffnung	Rhaudermoor	293,4	103,57	90
DCJC	Siebenbürgen	Leer	850,6	300,26	390
DCJD	Erika	Norddeich	15,7	5,58	116
DCJF	Unitas-S	Haren/Ems	517,2	182,58	195
DCJG	Iduna	Haren/Ems	248,6	87,75	120
DCJH	Alexander	Haren/Ems	452,4	159,69	195
DCJI	Wega	Greetsiel	16,1	5,68	120
DCJJ	Immanuel	Holterfehn	206,2	72,79	75
DCJK	Ilse Schulte +	Emden	19958,9	7045,51	5340
DCJL	Spiekeroog	Emden	108,9	38,43	1050
DCJM	Heige	Haren/Ems	556,5	196,46	299
DCJN	Jantje	Borkum	67,4	23,78	35
DCJO	Karl Zink	Greetsiel	20,1	7,11	150
DCJP	Johann Hermann	Haren/Ems	307,8	108,49	150
DCJQ	Johann Wessels	Emden	149,2	52,60	650
DCJR	Johann Wessels	Emden	296,4	104,64	390
DCJS	Johanna	Warsingsfehn	136,4	48,15	25
DCJT	Baltrum III	Baltrum	319,8	112,91	380
DCJV	Johanne	Haren/Ems	254,3	89,92	95

* = Bruttoraumgehalt.

DCJW — DCMF					
Unter-scheidungs-signale	Namen der Schiffe	Heimathafen der Schiffe	Kubik-meter Nettoraumgehalt	Register-tons Nettoraumgehalt	PS
DCJW	Thekla	Haren/Ems	707,5	249,74	299
DCJX	Elise Schulte	Emden	3476,8	1227,30	1600
DCJY	Wiard Byl	Emden	32,2	11,35	180
DCJZ	Johannes	Haren/Ems	232,0	81,91	90
DCKA	Johannes	Norddeich	21,5	7,59	150
DCKB	Jop	Haren/Ems	502,8	177,32	300
DCKC	Eltje Looden	Greetsiel	16,1	5,58	100
DCKD	Stella Maris	Haren/Ems	415,7	146,78	300
DCKE	Thekla	Haren/Ems	634,0	223,81	300
DCKF	Jupiter	Warsingsfehn	226,3	79,89	110
DCKG	Jupiter	Petkum	107,3	37,88	70
DCKH	Martina	Haren/Ems	443,9	156,71	195
DCKI	SKI	Leer	370,1	130,64	—
DCKJ	Meteor	Emden	24,6	8,68	25
DCKK	Katharina	Haren/Ems	376,9	133,04	75
DCKL	Katharina Elisabeth	Juist	127,9	45,16	50
DCKM	Heinz-Wilhelm	Haren/Ems	368,3	130,02	155
DCKN	Kehrewieder	Ihlowerfehn	149,3	52,71	75
DCKO	Columbus	Emden	60,8	21,48	56
DCKT	Klara Katharina	Greetsiel	266,3	94,01	120
DCKU	Rheinstahl	Emden	20310,6	7169,63	5400
DCKV	Konkordia	Haren/Ems	301,2	106,34	100
DCKW	Jogela	Haren/Ems	514,0	181,44	200
DCKX	Arenberg	Emden	20324,2	7174,45	5400
DCKY	Lamara	Haren/Ems	715,0	252,38	400
DCKZ	Langeoog II	Emden	55,1	19,44	90
DCLA	Langeoog IV	Langeoog	192,0	67,77	220
DCLB	Caroline	Langeoog	151,3	53,41	50
DCLC	Laurenz	Haren/Ems	245,1	86,53	100
DCLD	Lauria	Haren/Ems	224,5	79,25	90
DCLE	Ebenezer II	Neuharlingersiel	261,6	92,35	150
DCLH	Lena	Haren/Ems	230,1	81,22	100
DCLJ	Lena Katharina	Haren/Ems	290,4	102,50	100
DCLK	Lene	Leer	207,4	73,22	90
DCLL	Liberté	Greetsiel	66,6	23,52	56/60
DCLM	Liesbeth	Haren/Ems	298,8	105,47	70/75
DCLN	Liesbeth-Grete	Haren/Ems	306,3	108,12	70
DCLP	Lina	Elisabethfehn	40,8	14,39	12
DCLQ	Liny	Greetsiel	66,7	23,55	42
DCLR	Lübbert	Haren/Ems	358,5	126,55	150
DCLU	Margaretha	Haren/Ems	277,3	97,88	120
DCLW	Maria	Haren/Ems	291,6	102,94	120
DCLX	Maria	Haren/Ems	255,7	90,25	90
DCLY	Maria Christina	Haren/Ems	288,5	101,83	70
DCLZ	Maria Elfring	Haren/Ems	198,4	70,22	110
DCMA	Maria Elise	Haren/Ems	282,4	99,68	110
DCMB	Maria Gebina	Haren/Ems	214,7	75,80	75
DCME	Marie	Leer	258,0	91,06	130
DCMF	Borkum	Emden	258,7*	91,33*	375

* = Bruttoraumgehalt.

DCMG — DCQJ

Unterscheidungssignale	Namen der Schiffe	Heimathafen der Schiffe	Kubikmeter Nettoraumgehalt	Registertons Nettoraumgehalt	PS
DCMG	Marie-Hermine-Elise	Ditzum	146,5	51,73	50
DCMH	Mar.BR. Schlichting	Norddeich	30,8	10,86	95
DCMI	Martha	Bensersiel	264,8	93,48	130
DCML	Albatros I	Greetsiel	16,6	5,85	75
DCMQ	Meteor	Bensersiel	76,7	27,06	50
DCMS	Minchen	Haren/Ems	241,5	85,26	120
DCMT	Min.-Dir. Streil	Emden	346,9	122,45	390
DCMY	Möwe	Haren/Ems	276,3	97,53	120
DCNB	Münster	Emden	264,1	93,24	100
DCNC	Mutterliebe	Haren/Ems	246,4	86,98	150
DCND	Muttersegen	Haren/Ems	293,5	103,61	235
DCNG	Norden	Varelerhafen	55,9	19,72	50
DCNI	Norderney	Emden	154,7*	54,61*	185
DCNN	Nordstern	Warsingsfehn	56,6	19,98	15
DCNT	Odin	Haren/Ems	299,4	105,68	215
DCNU	Orion	Westrhauderfehn	331,7	117,09	105
DCNV	Osterems	Borkum	25,6	8,84	75
DCNW	Ostfriesland	Juist	59,4	20,96	30
DCNZ	Ottina	Haren/Ems	255,4	90,17	200
DCOC	Perle	Carolinensiel	72,4	25,56	50
DCOH	Prinz Homburg	Emden	265,0	93,58	240
DCOJ	Quo Vadis	Haren/Ems	296,0	104,50	120
DCOL	Regina	Haren/Ems	255,7	90,26	180
DCOO	Reimar	Haren/Ems	293,3	103,51	120
DCOP	Reinhard	Haren/Ems	266,8	94,17	75
DCOQ	Reinhold	Haren/Ems	294,5	103,97	75
DCOR	Resi	Norderney	180,7	63,77	100
DCOS	Res Nova	Haren/Ems	247,1	87,23	180
DCOT	Rheinland	Emden	754,2	266,22	800
DCOU	Ria	Haren/Ems	242,3	85,55	150
DCOW	Rudolf	Haren/Ems	362,1	127,88	225
DCOY	Salva Nos	Haren/Ems	242,6	85,65	145
DCOZ	Schwalbe	Wyk/Föhr	123,8	43,69	150
DCPF	Seeadler	Emden	86,7	30,60	108
DCPG	Wangerooge	Emden	110,6	39,04	500
DCPK	Seehund	Papenburg	150,5	53,12	100
DCPM	Seelust	Spiekeroog	59,9	21,13	75
DCPU	Spes Mea	Haren/Ems	248,8	87,82	180
DCPW	Spiekeroog	Spiekeroog	70,7	24,97	110
DCPX	St. Joseph	Haren/Ems	383,8	135,31	150
DCPY	St. Nikolaus	Haren/Ems	290,9	102,69	75
DCPZ	Steffi	Haren/Ems	307,0	108,35	190
DCQA	Stephan	Haren/Ems	256,7	90,60	125
DCQB	Störtebecker	Borkum	21,9	7,73	32
DCQD	Susanna-Maria	Haren/Ems	216,4	76,38	70
DCQE	Taucher Picksack	Oldersum	10,1	3,56	75
DCQF	Tempo	Haren/Ems	201,6	71,17	90/110
DCQH	Stölkenhörn	Hamburg	238,1	84,04	120
DCQJ	Thekla Helene	Haren/Ems	217,4	76,73	75

* = Bruttoraumgehalt.

DCQK — DCUR

Unterscheidungssignale	Namen der Schiffe	Heimathafen der Schiffe	Kubikmeter (Nettoraumgehalt)	Registertons (Nettoraumgehalt)	PS
DCQK	Theo-Grete	Haren/Ems	218,3	98,94	110
DCQL	Tim	Haren/Ems	268,6	94,82	150
DCQM	Tini	Emden	139,1	49,11	75
DCQN	Tjeda	Emden	41,2	14,56	36/40
DCQS	Trientje	Iheringsfehn	83,7	29,53	35
DCQ	Ursula	Emden	218,2	77,01	100
DCQU	Hoffnung E	Warsingsfehn	103,2	36,42	50
DCQY	Vertrauen	Warsingsfehn	158,7	56,03	50
DCRA	Vier Gebrüder	Warsingsfehn	60,1	21,22	25
DCRB	Vier Gebrüder	Carolinensiel	47,3	16,71	75
DCRC	Victoria	Emden	218,2	77,01	120/180
DCRG	Vorwärts	Neuharlingersiel	31,2	11,02	90
DCRI	Vorwärts	Rhaudermoor	313,8	110,75	77
DCRN	Westerems	Borkum	25,0	8,84	75
DCRP	Wiking	Greetsiel	13,0	4,58	75
DCRQ	Liese-Lore	Haren/Ems	472,1	166,66	150
DCRT	Wilhelmine	Westrhauderfehn	49,1	17,34	36
DCRW	Wilma	Haren/Ems	304,4	107,45	180
DCSA	Zwei Gebrüder	Warsingsfehn	166,8	58,88	70
DCSD	Baltic	Haren/Ems	423,4	149,47	150
DCSH	Konsul Schulte	Emden	7912,4	2793,09	1900
DCSJ	Petschili	Emden	384,2	135,62	396
DCSL	Langeoog VI	Langeoog	50,4	17,81	30
DCSP	Carl Dantziger	Emden	263,9*	93,27*	430
DCSS	Mellum	Emden	94,4	33,32	375
DCTE	Edelweiß	Neuharlingersiel	10,4	3,66	72
DCTC	Helgoland	Düsseldorf	166,5*	84,77*	220
DCTH	Käthe	Haren/Ems	221,0	78,02	50
DCTI	Heimkehr	Cuxhaven	91,6	32,33	70
DCTJ	Robbe	Norden	172,9	61,03	40
DCTL	Heimat	Norderney	20,5	7,22	
DCTO	E. S. I. 1	Neuharlingersiel	123,5	43,61	—
DCTP	E. S. I. 2	Neuharlingersiel	124,1	43,80	—
DCTQ	E. S. I. 3	Neuharlingersiel	144,7	51,07	—
DCTR	Hermann	Emden	143,9*	50,78*	395
DCTU	Hendrik Fisser+	Emden	3997,7	1411,20	1250
DCTW	Pionier II	Emden	219,1	77,34	—
DCUA	Edith	Papenburg	184,4	65,09	50
DCUC	Otto Schepers	Haren/Ems	516,8	182,44	150
DCUD	Dorothea	Duisburg-Ruhrort	163,3*	57,66*	245
DCUG	Johann Schulte	Emden	9814,5	3464,58	2750
DCUH	Marlene	Haren/Ems	233,7	82,50	150
DCUJ	Bernhard	Haren/Ems	270,3	95,43	75
DCUL	St. Antonius	Haren/Ems	527,4	186,18	250
DCUM	Rudolf Schepers	Haren/Ems	502,6	177,41	250
DCUN	Eliza Nübel	Emden	8808,7	3109,46	2000
DCUO	Hermann	Haren/Ems	494,0	174,88	250
DCUP	Jacobus Fritzen+	Emden	3902,6	1377,60	1250
DCUR	Karl	Haren/Ems	318,4	112,41	250

* = Bruttoraumgehalt.

DCUS — DCWY

Unter-scheidungs-signale	Namen der Schiffe	Heimathafen	Nettoraumgehalt Kubik-meter	Nettoraumgehalt Register-tons	PS
DCUS	Otto	Haren/Ems	522,8	184,55	250
DCUU	Franz	Haren/Ems	273,2	96,44	250
DCUV	Neptun	Borkum	1,3	0,47	12
DCUW	Heinrich Schulte	Emden	4443,4	1568,51	1250
DCUX	Katharina Dorothea Fritzen	Emden	10660,2	3763,06	2200
DCUY	Ditzum-Petkum	Ditzum	39,2	13,85	100
DCUZ	Martha	Emden	416,1	146,87	180
DCVA	Rolf	Haren/Ems	273,2	96,44	250
DCVB	Wilhelm Nübel	Emden	4385,2	1547,98	1250
DCVC	Christel	Haren/Ems	522,8	184,55	250
DCVD	La Paloma	Brake	442,5	156,21	250
DCVG	Lippe	Emden	23,9	8,44	250
DCVJ	Justizrat Clasen	Leer	431,1	152,34	860
DCVL	Jakob Ekkenga	Emden	425,1	150,05	680
DCVN	Westfalen	Emden	399,2	140,91	520
DCVO	Henriette Schulte	Hamburg	9251,9	3265,92	4000
DCVP	Hermann Litmeyer	Haren/Ems	389,1	137,36	300
DCVQ	Ostfriesland	Leer	801,1	282,79	250
DCVR	Stadt Leer	Leer	766,1	270,48	360
DCVS	Reimar Edzard Fritzen	Emden	9268,1	3271,64	4000
DCVU	Carl Fisser	Emden	9268,1	3271,64	4000
DCVV	Auguste Schulte	Hamburg	989,1	349,15	925
DCVW	Anni Schaa	Leer	697,3	246,16	250
DCVX	Annegret I	Haren/Ems	360,5	127,26	200
DCVZ	Odin	Emden	8630,4	3046,54	3200
DCWA	Maria Schulte	Hamburg	982,7	346,88	925
DCWC	Franz	Emden	487,1	171,96	—
DCWD	Berni Nübel	Emden	978,2	345,31	925
DCWE	Herta Engeline Fritzen	Emden	9161,9	3234,16	3500
DCWF	Alwin Klein	Emden	858,0	302,88	415
DCWI	Franciska Hendrik Fisser	Emden	9194,9	3245,80	4000
DCWJ	Kondor	Haren/Ems	397,8	140,43	300
DCWK	Conrad	Haren/Ems	512,1	180,76	300
DCWL	Erika Fritzen	Emden	10409,1	3674,41	2300
DCWM	Alwine	Norderney	17,1	6,03	75
DCWN	Julius	Norden	2,4	0,85	100
DCWO	Elisabeth Hendrik Fisser	Emden	1845,2	651,36	1250
DCWP	Leonore	Leer	567,9	200,46	295
DCWQ	Frisia IV	Norderney	521,7	184,15	600
DCWS	Otto Nübel	Emden	1062,6	375,10	1250
DCWT	Jan	Haren/Ems	380,9	134,47	300
DCWU	Angela Schepers	Haren/Ems	332,3	117,31	135
DCWW	Steinbock	Rhaudermoor	524,5	185,15	150
DCWY	Hinricus	Norddeich	27,5	9,70	

DCWZ — DDHL

Unterscheidungssignale	Namen der Schiffe	Heimathafen	Kubikmeter (Nettoraumgehalt)	Registertons (Nettoraumgehalt)	PS
DCWZ	Frauke Hermanna	Greetsiel	63,7	22,50	120
DDAA	Thor	Norddeich	18,8	6,63	90
DDAB	Hendrik Okko Fisser	Emden	8570,0	3025,21	5400
DDAC	Lauting	Emden	2040,1	720,14	450
DDAD	Friesland	Leer	539,3	190,36	300
DDAE	Annemarie	Varelerhafen	141,3	49,88	—
DDAH	Störtebeker	Wangerooge	44,8	15,81	
DDAJ	Dauens	Cuxhaven	162,1	57,21	60
DDAS	Friesland	Wilhelmshaven	260,1	91,83	310
DDAV	Geeske	Varelerhafen	95,5	33,71	50
DDAX	Hebelina	Leer	315,6	111,42	150
DDBA	Helene-Auguste	Kiel	59,7	21,09	140
DDBX	Meike	Möltenort	50,1	17,69	155
DDBY	Mellum	Wilhelmshaven	135,1	47,70	150
DDCI	Holstein	Lübeck-Travemünde	64,1	22,63	120
DDCM	Saturn	Kiel	17,6	6,21	150
DDCS	Sirius	Duisburg	37,7	13,32	75
DDCZ	Holstein	Schulau	57,2	20,21	150
DDDF	Rüstringen	Wilhelmshaven	1026,9	362,49	2×250
DDDG	Hanne	Wilhelmshaven	18,9	6,95	150
DDDJ	Rita	Kiel	60,9	21,51	150
DDDL	Makrele	Wilhelmshaven	63,8	22,52	120
DDDM	Elfe	Wilhelmshaven	38,7	13,65	2×50
DDDN	Anna Bohlen	Varel	147,3	51,98	85
DDDV	Jeanlyma	Wilhelmshaven	141,8	50,08	80
DDDW	Akke Meyer	Varelerhafen	296,7	104,78	100
DDEA	Heinrich Wessels	Emden	390,1	137,69	160
DDFA	Aenne Jacobs	Brake	140,4	49,56	100
DDFI	Annegret	Brake	98,6	34,80	60
DDFN	Concordia	Brake	45,2	15,98	22
DDFQ	Dietrich Ahrens	Brake	367,6	129,78	250
DDFV	Erna	Brake	240,0	84,73	75
DDGA	Frieda Luise	Dedesdorf	147,2	51,97	120
DDGB	Frieden	Hamburg	36,0	12,70	180
DDGC	Friedrich-August	Oldenburg	151,1*	53,34*	400
DDGD	Friesenland	Brake	495,2	174,79	150
DDGF	Gebrüder	Nordenham	29,6	10,44	240
DDGJ	Grete	Brake	247,7	87,44	100
DDGP	Hans-Georg	Elsfleth	390,7	137,92	165
DDGS	Heidina	Barsselermoor	71,3	25,16	36
DDGT	Heinrich	Barssel	188,6	66,60	120
DDGX	Henny	Großensiel	109,9	38,82	60
DDGY	Hermann	Barssel	100,0	35,31	70
DDHB	Hoffnung	Haren/Ems	386,1	136,31	150
DDHE	Ida	Barssel	78,8	27,80	36
DDHF	Selma Borries	Brake	202,4	71,46	80
DDHH	Ingeborg	Oldenburg	229,6	81,04	70
DDHK	Johann	Oldenburg	335,2	118,34	110
DDHL	Johann	Barssel	192,1	67,80	90/100

* = Bruttoraumgehalt.

DDHM — DDLF

Unter-scheidungs-signale	Namen der Schiffe	Heimathafen der Schiffe	Kubikmeter Nettoraumgehalt	Registertons Nettoraumgehalt	PS
DDHM	Johanna	Brake	420,2	148,32	165
DDHO	Jupiter	Fedderwardersiel	15,8	5,58	50
DDHP	Karl	Oldenburg	91,5*	32,29*	250
DDHQ	Karl Georg	Brake	18,7	6,59	36
DDHT	Lilly	Brake	210,1	74,17	120
DDHU	Luise Bergmann	Brake	380,6	134,35	200
DDHZ	Margarethe	Brake	21,1	7,41	50
DDIA	Maria	Barssel	273,7	96,62	115
DDIB	Christoph Kleemeyer	Bremen	302,5	106,78	135
DDIC	Mathilde	Brake	87,0	30,72	50
DDIH	Möwe	Brake	39,3	13,87	95
DDII	Möwe	Duisburg	122,3	43,16	75
DDIM	Kastrup	Hamburg	743,8	262,55	450
DDIP	Regina	Brake	453,2	159,97	120
DDIQ	Reiher	Hamburg	36,0	12,70	150
DDIU	Seeadler	Brake	83,2	29,38	50
DDJF	Thekla	Barssel	409,2	144,45	200
DDJI	Vorwärts	Brake	219,0	77,30	75
DDJK	Wilhelm Lühring	Brake	332,4	117,35	180
DDJM	Britta	Büsum	29,6	10,44	150
DDJR	Tiefbau	Brake	0,7	0,25	90
DDJS	Berta Jacobs	Brake	254,0	89,66	100
DDJT	Schulschiff Deutschland	Oldenburg	2179,2	769,26	
DDJX	Seemöve	Brake	66,3	23,42	22
DDKH	Gebrüder	Nordenham	18,5	6,54	
DDKJ	Elisabeth	Brake	266,5	94,09	100
DDKK	Elisabeth	Barssel	748,5	264,28	250
DDKM	Erich	Brake	4284,8	1512,58	1300
DDKN	Charlotte	Osten	791,1	279,24	250
DDKO	Elli Ahrens	Brake	406,3	143,41	250
DDKP	Anton Wilhelm	Brake	841,4	297,00	270
DDKQ	Transquebec	Hamburg	3655,1	1290,25	2400
DDKR	Münsterland	Barssel	792,9	279,88	250
DDKS	Narwal	Oldenburg	35,0	12,36	120
DDKT	Hans	Brake	124,5	43,95	100
DDKU	Freya	Brake	724,3	255,69	250
DDKV	Else	Brake	4010,7	1415,78	2300
DDKW	Assistent I	Lemwerder	159,7*	56,38*	300
DDKX	Walter+	Bremen	6924,3	2444,26	3000
DDKY	Rodenkirchen	Strohausen	535,6	189,05	200
DDKZ	Stadland	Brake	583,8	206,09	520
DDLA	Joan	Brake	337,7	119,21	110
DDLB	Seetramper+	Bremen	1937,0	683,75	1260
DDLC	Regine Ohlrogge	Brake	6923,2	2443,90	4000
DDLD	BSG 1	Brake	1147,0	404,90	—
DDLE	Franz+	Brake	8556,2	3020,82	3600
DDLF	BSG 2	Brake	1178,1	415,87	—

* = Bruttoraumgehalt.

DDLG — DDNX

Unterscheidungssignale	Namen der Schiffe	Heimathafen der Schiffe	Kubikmeter (Nettoraumgehalt)	Registertons (Nettoraumgehalt)	PS
DDLG	Germania	Elsfleth	718,8	253,57	300
DDLH	Wesermarsch	Brake	350,4	123,68	300
DDLI	Jane	Elsfleth	402,0	141,90	300
DDLJ	Adele Ohlrogge	Brake	8209,3	2897,88	3400
DDLK	Unterweser	Brake	754,3	266,26	300
DDLL	Marlies	Brake	755,3	266,60	300
DDLM	Marie Schwinge	Brake	774,9	273,53	300
DDLN	Adolf Otholt	Brake	393,3	138,88	390
DDLO	Hilde Osterkamp	Brake	196,1	69,28	120
DDLP	Barbara	Elsfleth	425,9	150,34	300
DDLQ	Heinrich Brand	Elsfleth	1374,9	485,34	830
DDLR	Wanda	Brake	247,3	87,33	108
DDLS	Wesermarsch	Strohausen	909,0	320,89	500
DDLT	Vesta	Elsfleth	269,8	95,23	150
DDLU	Elsfleth	Brake	683,4	241,24	300
DDLV	Visurgis	Elsfleth	437,4	154,39	295
DDLW	Lion	Oldenburg	72,3*	25,52*	150
DDMR	Aade	Bremen	357,8*	126,31*	560
DDMS	Adler	Bremen-Vegesack	200,0	70,45	120
DDMT	Ochtum	Bremen	255,1*	90,06*	750
DDMU	Schwaneck	Bremen	2297,6	811,06	1400
DDMV	Berkersheim	Bremen	20025,1	7068,88	6000
DDMW	Blexen	Bremen	8559,5	3021,49	11400
DDMX	Perikles	Bremen	624,0	220,28	1000
DDMY	Auerhahn	Bremen-Vegesack	207,0	73,15	130
DDMZ	Bremen	Bremen-Vegesack	224,0	79,04	130
DDNB	Brunhild	Kiel	201,7	71,19	130
DDNC	Contentia	Bremen	1708,3	603,25	1050
DDND	Sternenfels	Bremen	5786,7	2042,72	3860
DDNE	Dankwart	Bremen	443,0	156,37	150
DDNF	Ursula Legenhausen	Oldenburg	724,3	255,68	300
DDNG	Dirk	Bremen	356,6	125,87	200
DDNH	Amsel+	Bremen	1204,3	425,13	750
DDNI	Edward	Bremen-Vegesack	192,6	68,00	220
DDNJ	Perseus	Bremen	780,0	275,34	1000
DDNK	Elsfleth	Bremen	533,8*	188,44*	980
DDNL	Apollo	Bremen	967,4	341,51	1250
DDNM	Ente	Bremen-Vegesack	203,0	71,65	120
DDNN	Fasan	Bremen-Vegesack	214,0	75,67	120
DDNO	Fasolt	Bremen-Vegesack	269,8	95,24	180
DDNP	Carpathia+	Bremen	3664,3	1293,49	2200
DDNQ	Blumenthal	Bremen	8578,3	3028,13	1140
DDNR	Albireo+	Bremen	7389,4	2608,45	3360
DDNS	Alphard+	Bremen	7416,3	2617,95	3360
DDNT	Stolzenfels	Bremen	5809,0	2050,57	3860
DDNU	Magdalene Vinnen+	Bremen	9355,8	3302,60	3800
DDNV	Arete	Bremen	1867,2	659,14	1000
DDNW	Geier	Bremen-Vegesack	201,2	71,01	120
DDNX	Gerda	Kiel	254,5	89,84	130

* = Bruttoraumgehalt.

DDNY — DDPW					
Unter-scheidungs-signale	Namen der Schiffe	Heimathafen der Schiffe	Kubikmeter Nettoraumgehalt	Registertons Nettoraumgehalt	PS
DDNY	Stina B	Bremen	436,0	153,91	150
DDNZ	Glück-Auf	Bremen	283,5	100,09	90
DDOA	Gretchen	Bremen	327,2	115,49	200
DDOC	Hermann Krages	Bremen	16318,8	5760,55	4080
DDOD	Habicht	Bremen-Vegesack	198,0	69,72	120
DDOE	Proteus+	Bremen	1589,9	656,52	1000
DDOF	Hinrich Ahrens	Bremen	336,9	118,92	240
DDOG	Irak	Bremen	740,6	261,45	310
DDOH	Modag	Lübeck-Travemünde	329,0	116,13	240
DDOI	Eugen Friederich	Bremen	1556,7	584,81	1000
DDOJ	Bremer Kueper	Bremen	682,2	240,80	750
DDOK	Tilo von Wilmowsky	Bremen	20016,0	7065,64	7500
DDOL	Kolibri	Bremen-Vegesack	217,0	76,69	130
DDOM	Drossel+	Bremen	1313,8	463,58	875
DDON	Marivia+	Bremen	7465,6	2635,45	3000
DDOO	Lerche	Bremen-Vegesack	222,0	78,22	130
DDOP	Ludwig Friederich	Bremen	761,5	268,82	535
DDOQ	Paderborn	Bremen	416,6	147,05	600
DDOR	Sturmfels	Bremen	5730,6	2022,91	3860
DDOS	Weserland	Bremen	432,8	152,79	150
DDOT	Meise	Bremen-Vegesack	225,9	79,76	130
DDOU	Eva Witte	Bremen	582,2	205,52	300
DDOV	Mime	Bremen-Vegesack	269,8	95,24	180
DDOW	Sabratha+	Bremen	4413,2	1557,87	2140
DDOX	Esdörp	Hamburg	329,8	116,44	150
DDOY	Norder Till	Bremen	847,8	299,28	350
DDOZ	Elster+	Bremen	1303,1	460,00	750
DDPA	Edertal	Bremen	4976,2	1756,61	2100
DDPB	Burgwall	Bremen	1502,4	530,36	1050
DDPC	Ursula Parchmann+	Bremen	1867,6	659,26	1000
DDPD	Flavia+	Bremen	8492,0	2997,68	3600
DDPE	Nr. 129	Bremen	1106,0	390,40	—
DDPF	Rhauderfehn	Bremen	560,8	197,96	310
DDPG	Inga Bastian	Bremen	2455,8	866,89	1500
DDPH	Luchs	Bremen	82,3	29,05	840
DDPI	Helga Schröder+	Bremen	18179,0	6417,20	6000
DDPJ	Onkel Fidi	Bremen	57,7	20,37	1000
DDPK	Heike Möller	Glückstadt	662,6	233,77	—
DDPL	Nr. 153	Bremen	774,9	273,53	—
DDPM	Nr. 156	Bremen	1124,7	397,02	—
DDPN	Nr. 157	Bremen	1101,9	388,98	—
DDPO	Hamme	Bremen	1762,5	622,15	1000
DDPP	Kollund	Flensburg	1027,5	362,71	480
DDPQ	Nr. 162	Bremen	1188,1	419,41	—
DDPR	Nr. 163	Bremen	1188,1	419,41	—
DDPT	Wal	Bremen	82,5	29,05	840
DDPU	Nr. 168	Bremen	1143,2	403,55	—
DDPV	Nr. 169	Bremen	1190,0	420,07	—
DDPW	Nr. 170	Bremen	1095,4	386,69	—

DDPX — DDSO

Unter-scheidungs-signale	Namen der Schiffe	Heimathafen der Schiffe	Kubikmeter Nettoraumgehalt	Registertons Nettoraumgehalt	PS
DDPX	Nr. 171	Bremen	1094,8	386,28	–
DDPY	Oldenburg	Bremen-Vegesack	210,0	74,24	130
DDPZ	Schwarzenfels	Bremen	16623,4	5868,07	5880
DDQA	Pax+	Bremen	1860,1	656,62	1000
DDQB	Carllene+	Bremen	1303,7	460,19	500
DDQC	Cyrene+	Bremen	4413,2	1557,87	2140
DDQD	Weser	Bremen	909,0	320,89	750
DDQE	Burgenstein+	Bremen	13437,8	4743,54	9000
DDQF	Spitzfels	Bremen	16576,4	5851,46	5850
DDQG	Anna Katrin Fritzen	Bremen	19520,5	6890,75	6500
DDQH	Sperber	Bremen-Vegesack	198,0	69,70	120
DDQI	Centaur	Bremen	452,5*	159,73*	1060
DDQJ	Seefahrer	Bremen	2512,4	886,86	1530
DDQK	Lechstein+	Bremen	8892,3	3139,00	4000
DDQL	Strauss	Bremen-Vegesack	201,4	71,11	120
DDQM	Taube	Bremen-Vegesack	214,4	75,67	120
DDQN	Tilly	Strohausen	371,7	131,22	150
DDQO	Susanne Fritzen	Bremen	19520,5	6890,75	6500
DDQP	Bremen	Bremen		12894,00	60000
DDQQ	Buchenstein+	Bremen	13382,8	2724,14	9000
DDQR	Weser	Bremen	273,3	83,76	100
DDQS	Anke Pahl	Hamburg	625,2	220,68	240
DDQW	Zaunkönig	Bremen-Vegesack	203,0	71,52	120
DDQX	Hugo Arlt	Bremen	382,1	134,88	550
DDQY	Stur	Bremen	372,9*	131,64*	700
DDRB	Blumenthal	Bremen	24,4	8,63	560
DDRC	Argenfels	Bremen	14379,1	5075,82	4000
DDRD	Fauna	Bremen	1909,2	673,95	1020
DDRE	Arion+	Bremen	5172,6	1825,91	2565
DDRG	Poel	Hamburg	263,1	92,88	280
DDRH	Heddernheim	Bremen	4416,6	1559,04	1200
DDRJ	California	Bremen	450,0	158,86	300
DDRK	Ingorata	Bremen	18,4	6,51	23
DDRM	Nr. 134	Bremen	1072,6	378,64	—
DDRN	Bayern	Bremen-Vegesack	217,6	95,89	180
DDRP	Claus	Lübeck	161,0	56,83	700
DDRR	Löwe	Bremen	604,1*	213,25*	1200
DDRS	Nr. 2	Hamburg	809,0	285,59	—
DDRW	Nr. 13	Bremen	848,4	299,47	—
DDRX	Nr. 12	Bremen	828,5	292,58	—
DDRZ	Lucas Pieper	Hamburg	1049,7	370,53	520
DDSA	Kolibri	Bremen	203,3*	71,75*	475
DDSB	Hengst	Bremen	357,8	126,31	450
DDSC	Habicht	Bremen	213,9*	75,50*	360
DDSF	Iran	Bremen	1022,8	361,06	315
DDSI	Griesheim	Bremen	6818,1	2406,79	2800
DDSK	Hessen	Bremen-Vegesack	271,6	95,89	180
DDSL	Württemberg	Bremen-Vegesack	271,6	95,89	180
DDSO	Warfleth	Bremen	311,7*	110,0*	450

* = Bruttoraumgehalt.

DDSQ — DDUV

Unterscheidungssignale	Namen der Schiffe	Heimathafen	Kubikmeter (Nettoraumgehalt)	Registertons (Nettoraumgehalt)	PS
DDSQ	Aumund	Bremen	200,0*	70,61*	390
DDSR	Seefalke	Bremerhaven	83,8	29,57	2×1500
DDST	Schleswig	Bremen-Vegesack	377,0	133,07	200
DDSU	Weissesee	Bremerhaven	7422,7	2620,23	2200
DDSV	Frieda Morgenroth	Bremen	412,8	145,71	300
DDSW	Memel	Bremen	306,0	108,03	150
DDSX	Holstein	Bremen-Vegesack	377,0	133,07	200
DDTA	Monika Wiards	Bremen	9428,8	3328,38	2000
DDTC	Pylades	Bremen	1013,6	357,80	550
DDTD	Vesta	Bremen	2312,2	816,22	1020
DDTE	Ansgaritor	Bremen	9668,7	3413,06	2400
DDTF	Greiffenfels	Bremen	10662,6	3763,90	4000
DDTG	Hans	Bremen	412,8	145,71	250
DDTH	Grete Büscher	Bremen	760,1	268,32	250
DDTK	Adler	Bremen	2166,3	764,70	1500
DDTM	Crostafels	Bremen	10599,6	3741,65	3250
DDTN	Geversdorf	Bremen	712,2	251,39	250
DDTO	Oktant	Bremen	797,0	281,33	250
DDTP	Axenfels	Bremen	7775,2	2744,65	2700
DDTQ	Argo	Bremen	2204,1	778,05	1400
DDTR	Falke	Bremen	2166,3	764,07	2400
DDTS	Nautilus	Bremen	5056,4	1784,91	1250
DDTT	Ilse	Hamburg	5602,1	1977,54	1300
DDTU	Ursula	Lübeck	6367,7	2247,87	1350
DDTV	Zeus II	Bremen	814,3	287,45	250
DDTX	Antares	Bremen	4087,7	1442,97	2300
DDTY	Altair	Bremen	2521,7	890,16	1600
DDTZ	Freiheit	Bremen	846,6	298,85	250
DDUA	Flut	Bremen	701,2	247,54	250
DDUB	Möwe	Bremen	2123,1	749,46	1500
DDUC	Bellona	Bremen	1967,7	594,59	1500
DDUD	Hector+	Bremen	3778,6	1333,83	2400
DDUE	Trierstein	Bremen	7362,6	2599,00	2850
DDUF	Consul Arlt+	Bremen	4096,4	1446,02	1650
DDUG	Lumme	Bremen	2075,8	732,75	1500
DDUH	Emmy Friederich	Bremen	7603,9	2684,16	2×2250
DDUI	Baden	Bremen	423,5	149,51	480
DDUJ	Helios+	Bremen	3799,0	1341,05	1600
DDUK	Delia	Bremen	1986,6	701,26	1500
DDUL	Erpel	Bremen	2075,7	732,73	1600
DDUM	Hercules+	Bremen	3930,8	1387,41	2400
DDUN	Rheinstein	Bremen	4233,8	1494,52	3900
DDUP	Arion	Bremen	366,2*	129,27*	700
DDUQ	Herkules	Bremen	366,9*	129,50*	700
DDUR	Steinbock	Bremen	366,9*	129,50*	700
DDUS	Vulcan	Bremen	366,2*	129,27*	700
DDUT	Hestia	Bremen	3874,5	1367,69	2400
DDUU	Lahnstein	Bremen	4234,0	1494,59	3900
DDUV	Milos	Bremen	776,2	274,01	300

* = Bruttoraumgehalt.

DDUW — DECA					
Unterscheidungssignale	Namen der Schiffe	Heimathafen	Kubikmeter (Nettoraumgehalt)	Registertons (Nettoraumgehalt)	PS
DDUW	Imkenturm	Bremen	1945,9	686,90	1200
DDUX	Saarstein	Bremen	4234,0	1494,59	3900
DDUY	Elsbeth Wiards	Bremen	9171,1	3237,41	3000
DDUZ	Nordland+	Bremen	507,6	179,19	300
DEAA	Atlas	Bremen	4013,2	1416,67	2400
DEAB	Niedersachsen	Bremen	280,0	98,91	450
DEAC	Sirius	Bremen	368,7*	130,15*	700
DEAE	Innstein	Bremen	4234,0	1494,59	3900
DEAF	Eschersheim	Bremen	4663,2	1646,11	1200
DEAG	Emsstein	Bremen	4242,4	1497,56	3900
DEAH	Levante	Bremen	3991,6	1409,04	2400
DEAI	Maja	Bremen	722,7	255,11	300
DEAJ	Marga Kiepe	Bremen	392,0	138,37	300
DEAL	Ruhrstein	Bremen	4238,7	1496,27	3900
DEAN	Buntentor	Bremen	4632,9	1635,43	1400
DEAR	Traunstein	Bremen	7353,2	2595,68	4800
DEAS	Bärenfels	Bremen	11297,9	3988,17	3820
DEAT	Lichtenstein	Bremen	3612,5	1275,23	3900
DEAU	Nordsee	Bremerhaven	8871,9	3131,78	2900
DEAV	Horst Arlt	Bremen	423,9	149,63	300
DEAW	Birkenfels	Bremen	11280,9	3982,17	3820
DEAX	Liebenstein	Bremen	3612,5	1275,23	3900
DEAY	Thule	Bremen	420,0	148,25	300
DEAZ	Braunfels	Bremen	11313,9	3993,80	3820
DEBB	Gloria+	Bremen	7461,4	2633,87	2750
DEBD	Albert	Bremen	789,2	278,60	300
DEBE	Alice	Bremen	706,6	249,43	450
DEBF	Heinrich	Bremen	402,7	142,16	360
DEBG	Flora	Bremen	1800,2	635,47	1040
DEBH	Castor	Bremen	1543,2	544,75	1200
DEBI	Altenwall	Bremen	1613,3	569,51	650
DEBJ	Galtgarben+	Bremen	1510,0	533,03	550
DEBK	Bernhard	Bremen	916,4	323,49	500
DEBL	Arcturus	Bremen	2294,8	810,08	1840
DEBM	Ann-Christin	Bremen	816,5	288,23	300
DEBN	Nabob	Bremen	13110,5	4628,00	6800
DEBO	Gisela Meyer-Gerhards	Bremen	785,9	277,42	360
DEBP	Joachim Hendrik Fisser	Bremen	715,2	252,47	1000
DEBQ	Bremen	Bremen	115,7	40,86	1200
DEBR	Diamant	Bremen	1481,5	522,95	800
DEBS	Neptun	Bremen	4180,4	1475,68	3050
DEBT	Bremer Glocke	Bremen	468,0	165,22	500
DEBU	Kattenturm	Bremen	2468,9	871,52	1800
DEBV	Eifel	Bremen	2124,1	749,81	1000
DEBX	Ägäis	Bremen	4231,8	1493,82	2×1200
DEBY	Barbara Meentzen	Bremen	1476,9	521,33	800
DECA	Ciandra+	Bremen	2911,1	1027,62	1200

* = Bruttoraumgehalt.

DECB — DEEE

Unterscheidungssignale	Namen der Schiffe	Heimathafen der Schiffe	Kubikmeter Nettoraumgehalt	Registertons Nettoraumgehalt	PS
DECB	Kitty Porr	Hamburg	1476,9	521,83	800
DECC	Brandenstein	Bremen	8938,8	3155,39	7800
DECD	Kondor+	Bremen	1495,6	527,96	1250
DECE	Bremer Roland	Bremen	459,2	162,10	450
DECG	Aldebaran	Bremen	4349,5	1535,36	3200
DECH	Greif+	Bremen	1431,3	505,26	800
DECI	Brillant	Bremen	1481,5	522,95	800
DECK	Pan	Bremen	485,9	171,53	1400
DECL	Ehrenfels	Bremen	8455,6	2984,82	4650
DECM	Paul Honold	Bremen	10061,6	3551,74	3×1200
DECN	Bieberstein	Bremen	8946,6	3158,16	7800
DECO	Rolandseck+	Bremen	2282,4	805,69	1380
DECP	Mariaeck+	Bremen	2300,2	811,98	1400
DECR	Colonia+	Bremen	2909,8	1027,18	1200
DECS	Marmara	Bremen	4207,9	1485,40	3600
DECU	Drachenfels	Bremen	8817,4	3112,56	4650
DECV	Margarethe Honold	Bremen	10056,2	3549,83	3600
DECW	Turmfalke	Bremen	714,6	252,26	490
DECX	Falkenfels	Bremen	8360,5	2951,25	3600
DECY	Vinum	Bremen	794,5	280,46	600
DECZ	Bärenstein	Bremen	8946,6	3158,16	7800
DEDA	Weserstein	Bremen	11229,4	3964,00	9000
DEDB	Bussard	Bremen	1463,2	516,52	1100
DEDC	Werrastein	Bremen	11058,2	3903,55	9000
DEDD	Iris	Bremen	376,8	133,00	450
DEDF	Edda Cords+	Bremen	7595,2	2681,10	3000
DEDG	Neckarstein	Bremen	11653,7	4113,76	9000
DEDH	Algenib	Bremen	4342,0	1532,72	3200
DEDJ	Veleda	Bremen	694,2	245,05	585
DEDK	Schwanheim	Bremen	16458,8	5809,95	3500
DEDL	Hafentor	Hamburg	701,9	247,49	490
DEDM	Ceres	Bremen	370,0	130,61	450
DEDN	Bornheim+	Bremen	7205,1	2543,49	2940
DEDO	Pollux	Bremen	1551,2	547,59	1600
DEDP	Freienfels	Bremen	8799,7	3106,31	4650
DEDQ	Nestor+	Bremen	6606,1	2331,94	3335
DEDR	Moselstein	Bremen	11657,7	4115,15	9000
DEDS	Schwabenstein	Bremen	14834,4	5236,54	10560
DEDT	Silvia+	Bremen	8314,2	2934,92	3000
DEDU	Berlin	Bremen	29128,8	10288,46	13500
DEDV	Kurt Arlt	Bremen	3147,2	1110,95	1650
DEDW	Hohenfels	Bremen	10986,6	3878,27	7200
DEDX	Algol	Bremen	3605,8	1272,84	2940
DEDY	Karin Cords	Bremen	1711,4	604,14	1000
DEDZ	Audentia	Bremen	1336,8	471,88	980
DEEA	Hans Honold	Bremen	9941,6	3509,38	3600
DEEB	Habicht+	Bremen	1968,3	694,81	1330
DEEC	Stier	Bremen	65,5	23,13	700
DEEE	Farge	Bremen	84,8	29,94	1000

DEEF — DEGF

Unter-scheidungs-signale	Namen der Schiffe	Heimathafen der Schiffe	Kubikmeter Nettoraumgehalt	Registertons Nettoraumgehalt	PS
DEEF	Heinrich Honold	Bremen	9885,5	3489,57	3600
DEEH	Wesertal	Bremen	105,8	37,33	172
DEEJ	Brake	Bremen	84,8	29,94	1000
DEEK	Aries	Bremen	3597,6	1269,94	2940
DEEL	Goldenfels	Bremen	11205,7	3995,61	9000
DEEM	Havelstein	Bremen	11146,9	3934,86	9000
DEEN	Kahlenberg	Bremen	417,7	147,43	300
DEEO	Raffelberg	Bremen	731,5	258,28	300
DEEP	Bremer Wappen	Bremen	1129,0	398,55	500
DEEQ	Kurt Bastian	Bremen	1459,0	515,04	800
DEER	Kandelfels	Bremen	11581,0	4088,10	8000
DEES	Robert Meyhoefer	Bremen	454,9	160,54	380
DEET	Lichtenfels	Bremen	13434,9	4742,53	5600
DEEU	Aschanti IV	Bremen	154,9	54,69	320
DEEV	Gutenfels	Bremen	11291,2	3985,81	9000
DEEW	Hilda Ahrens	Bremen	841,3	296,97	520
DEEX	Isarstein	Bremen	11140,8	3932,70	9000
DEEY	Seeclipper	Bremen	1937,0	683,75	1260
DEEZ	Aphaia+	Bremen	1549,7	547,06	750
DEFA	Kybfels	Bremen	11571,4	4084,70	8000
DEFB	Elisabeth Berger+	Bremen	5811,4	2051,43	2620
DEFC	Vegesack	Bremen	810,8	286,23	760
DEFD	Bayernstein	Bremen	14927,5	5269,42	10560
DEFE	Thalia	Bremen	315,1	111,28	500
DEFF	Themis	Bremen	367,4	129,68	500
DEFG	Geier+	Bremen	1981,0	699,29	1330
DEFH	Roland	Bremen	19328,8	6823,05	4700
DEFI	Adria+	Bremen	4820,4	1701,60	2500
DEFJ	Brandenburg	Bremen-Vegesack	408,7	144,26	600
DEFK	Sachsen	Bremen-Vegesack	408,7	144,26	600
DEFL	Gulosenfjord	Bremen	256,7	90,63	800
DEFM	Schlesien	Bremen-Vegesack	408,7	144,26	600
DEFN	Thetis	Bremen	364,1	128,54	500
DEFO	Theseus	Bremen	330,2	116,56	500
DEFP	Mecklenburg	Bremen-Vegesack	408,7	144,26	600
DEFR	Pommern	Bremen-Vegesack	408,7	144,26	600
DEFS	Pirol+	Bremen	1271,0	448,67	590
DEFT	Elisabeth	Bremen	1400,4	494,36	1000
DEFU	Bremer Flagge	Bremen	485,1	171,24	500
DEFV	Max Arlt+	Bremen	1263,6	446,05	750
DEFW	Imsum	Bremen	247,4*	87,34*	750
DEFX	Emanuel II	Bremen	876,2	309,44	520
DEFY	Alexis	Bremen	644,9	227,66	1000
DEFZ	Dorum	Bremen	247,4*	87,34*	750
DEGA	Sielwall	Bremen	774,8	273,50	500
DEGB	Bär	Bremen	82,3	29,05	840
DEGC	Bremer Boerse	Bremen	446,6	157,64	500
DEGE	Stadthagen	Bremen	418,8	147,84	600
DEGF	Stolzenau	Bremen	418,8	147,84	600

* = Bruttoraumgehalt.

DEGG — DEOO

Unterscheidungssignale	Namen der Schiffe	Heimathafen	Kubikmeter (Nettoraumgehalt)	Registertons (Nettoraumgehalt)	PS
DEGG	Minden	Bremen	418,8	147,84	600
DEGH	Windheim	Bremen	418,8	147,84	600
DEGI	Nienburg	Bremen	418,8	147,84	600
DEGJ	Thebe	Bremen	450,0	158,84	500
DEGK	Lesum	Bremen	713,4	251,82	300
DEGL	Bremer Handel	Bremen	746,9	263,66	750
DEGM	Catrin	Bremen	547,4	193,22	500
DEGN	Mariann	Bremen	1379,0	486,80	1000
DEGO	Corona	Bremen	548,1	193,47	500
DEGP	Bremer Flotte	Bremen	442,5	156,19	750
DEGQ	Bremerlotse	Bremen	36,2	12,77	500
DEGR	Mars	Bremen	82,3	29,05	840
DEGS	Grohn	Bremen	599,8	211,71	300
DEGT	Lesum	Bremen	248,8*	87,83*	750
DEGU	Heinrich Parchmann	Bremen	548,0	193,48	375
DEGV	Wolf	Bremen	82,3	29,05	840
DEGW	Erich Haslinger	Bremen	990,0	349,45	575
DEGX	Dudizol IV	Bremen	194,2	68,57	200
DEGY	Seefalke	Bremen	607,4	214,42	300
DEGZ	Wümme	Bremen	975,2	344,26	525
DENA	Capriccio	Düsseldorf	52,3	18,46	300
DENB	Carinthia	Düsseldorf	50,3	17,74	600
DENC	Maria Karola	Duisburg	560,8	197,96	310
DEND	Lies	Düsseldorf	261,5	93,32	150
DENP	Sagitta	Bremerhaven	728,5	257,17	2000
DENQ	Andreas	Bremerhaven	63,8	22,54	120
DENR	Regensburg	Bremerhaven	696,9	246,00	1000
DENS	Spitzbergen	Bremerhaven	898,3	317,11	1100
DENT	Maria von Jever	Bremerhaven	548,3	193,54	850
DENU	Herta II	Bremerhaven		155,00	270
DENV	Island	Bremerhaven	908,8	320,79	1100
DENW	Bärbel	Lübeck-Travemünde	63,6	22,46	120
DENX	Magnet III	Hamburg	986,0	348,07	—
DENY	Aldebaran	Bremerhaven	732,8	258,58	1000
DENZ	Berta	Bremerhaven	62,6	22,11	125
DEOA	Thunfisch	Bremerhaven	1050,7	370,88	1250
DEOB	Flachsee	Bremerhaven	1844,6	651,16	1020
DEOC	Malangen	Bremerhaven	738,3	260,68	1000
DEOD	Castor	Lübeck-Travemünde	63,7	22,49	120
DEOE	Chronik	Bremerhaven	1046,8	365,53	—
DEOF	Hermann Krause	Bremerhaven	743,4	262,42	1000
DEOG	Hermann Ahlers	Bremerhaven	745,6	263,21	880
DEOH	Wolf I	Hamburg	18,9	6,67	120
DEOI	Heidi	Lübeck-Travemünde	63,6	22,45	120
DEOJ	Karlsburg	Bremerhaven	750,4	264,89	1000
DEOK	Union 7	Bremerhaven	72,0	25,41	1000
DEOM	J. Hinr. Wilhelms	Bremerhaven	593,8	209,45	1000
DEON	Braunschweig	Bremerhaven	717,2	253,20	1000
DEOO	Forelle	Hambg -Altenwerder	29,5	10,40	120

* = Bruttoraumgehalt.

DEOR — DERB

Unterscheidungssignale	Namen	Heimathafen	Kubikmeter	Registertons	PS
	der Schiffe		Nettoraumgehalt		
DEOR	Friedel	Bremerhaven	60,9	21,50	120
DEOU	Birkenau+	Bremerhaven	12369,9	4366,57	4400
DEOV	Gerda	Bremerhaven	59,7	21,06	150
DEOW	Gier..............	Bremerhaven	193,1	68,17	
DEOX	Falkland..........	Bremerhaven	755,8	266,62	1000
DEOZ	Frankfurt a. M.	Bremerhaven	717,2	253,17	1000
DEPB	Heike	Bremerhaven	64,2	22,66	150
DEPD	Hertha	Bremerhaven	64,5	22,78	120
DEPE	Wiking	Bremerhaven	741,0	261,57	1000
DEPF	Hever	Hamburg	647,2	228,45	275
DEPG	H. Klopp	Bremerhaven	26,6	9,39	80
DEPH	Hoffnung	Neustadt/Holst......	37,5	13,24	125
DEPI	Hans Heinz	Heikendorf.........	63,5	22,42	120
DEPL	Henry Everling	Bremerhaven	774,7	273,49	1000
DEPM	Ursel.............	Bremerhaven	62,7	22,15	150
DEPN	Reinhard	Cuxhaven	62,4	22,01	180
DEPO	Jan van Gent	Hamburg-Finkenwerder	61,7	21,78	150
DEPP	Jochen	Hamburg	39,6	13,98	230
DEPQ	Niederelbe	Hamburg-Finkenwerder.....	61,7	21,78	120
DEPS	Karoline...........	Heikendorf.........	65,1	22,98	150
DEPT	Ursula Rickmers+ ...	Bremerhaven	11685,6	4125,00	4400
DEPU	Hermes	Bremerhaven	44,0	15,58	1900
DEPV	Hugo Homann	Bremerhaven	981,7	346,56	1250
DEPW	Magnet	Bremerhaven	803,4	283,60	—
DEPY	Magda-Lene........	Neustadt/Holst......	29,7	10,48	125
DEPZ	Jupiter	Bremerhaven	751,1	265,12	1000
DEQA	Mechthild	Bremerhaven	733,6	258,97	1000
DEQC	Germania	Bremerhaven	733,5	258,92	1000
DEQD	Nation.............	Bremerhaven	1050,6	370,87	—
DEQF	Ludwig Schweisfurth	Bremerhaven	722,9	255,17	1000
DEQG	Nordland	Hamburg	70,8	24,81	125
DEQH	Margarethe.........	Bremerhaven.......	109,8	38,76	150
DEQI	Freddy	Hamburg	87,9	31,01	150
DEQJ	Sancta Maria	Schulau	69,0	24,35	125
DEQK	Dieter	Kiel	35,1	12,39	240
DEQL	Albatros	Bremerhaven	743,8	262,37	1250
DEQM	Meteor............	Schulau	71,0	25,08	100
DEQN	Fatima	Lübeck-Travemünde	71,1	25,11	125
DEQP	Hein Mück	Bremerhaven	416,5	147,01	760
DEQQ	Ilse-Marlen.........	Hbg.-Finkenwerder..	65,2	23,01	150
DEQS	Dohrnbank	Bremerhaven	754,4	266,30	1000
DEQT	Traute	Lübeck-Travemünde.	61,7	21,78	150
DEQU	Nixe	Hbg.-Finkenwerder..	61,8	21,80	130
DEQW	Johannes Krüss	Bremerhaven	752,2	265,52	1000
DEQZ	Bockholm..........	Flensburg	1358,7	472,62	850
DERA	Henny	Cuxhaven	62,8	22,17	120
DERB	Geestemünde+	Bremerhaven	15909,4	5616,08	7740

DERC — DETH

Unter-scheidungs-signale	Namen der Schiffe	Heimathafen	Kubikmeter Nettoraumgehalt	Registertons Nettoraumgehalt	PS
DERC	Traute Schumacher	Bremerhaven	15,5	5,31	120
DERD	Uranus	Lübeck-Travemünde	26,8	9,47	100/150
DERF	Nordsee	Bremerhaven	251,9*	88,93*	450
DERG	Doris	Bremerhaven	61,9	21,85	150
DERH	Renate Holling	Rendsburg	172,0	60,70	90
DERI	Adler	Bremerhaven	21,3	7,51	50
DERJ	Cuxhaven+	Bremerhaven	15509,5	5616,04	8000
DERK	Wilhelm Peter	Kiel	58,9	20,79	120
DERM	Wilma	Leer	59,0	20,83	125
DERO	Dora	Bremerhaven	12,1	4,29	75
DERP	Ingeborg	Bremerhaven	87,5	30,90	75
DERQ	Essen	Bremerhaven	696,8	245,79	1000
DERR	Frankfurt/Main	Bremerhaven	465,3	164,24	750
DERS	Ludwig Janssen	Bremerhaven	680,1	240,08	1000
DERT	Saarbrücken	Bremerhaven	696,9	246,00	1590
DERU	Hinrich Sieghold	Bremerhaven	1622,8	572,68	850
DERW	Heinrich Meins	Bremerhaven	983,2	347,08	1200
DERX	Straßburg	Bremerhaven	656,1	231,62	850
DESA	Jörg-Peter	Hamburg	681,8	246,87	300
DESB	St. Monika	Emden	343,0	121,07	250
DESC	Perseus	Bremerhaven	543,6	191,89	900
DESD	Wartburg	Bremerhaven	656,1	231,62	850
DESE	Koopmann Bohn	Cuxhaven	62,7	22,12	150
DESF	Margot Jacobs	Brake	301,7	106,50	120
DESG	Sirius	Arnis/Schlei	30,7	10,82	120
DESH	Taurus	Bremerhaven	357,9	126,35	120
DESJ	Paul Meentzen	Bremerhaven	646,6	228,25	800
DESK	Gneisenau	Lübeck-Travemünde	62,5	22,07	120
DESL	Nordenham	Bremerhaven	1356,5	478,88	1000
DESN	Island	Bremerhaven	664,8	234,67	1000
DESO	Schleswig-Holstein	Bremerhaven	653,6	230,71	800
DESP	Marlies	Bremerhaven	64,5	22,82	150
DESQ	Osnabrück	Bremerhaven	640,1	225,95	750
DESR	Fladengrund	Bremerhaven	657,5	232,10	860
DESS	Carl Kämpf	Bremerhaven	786,4	277,59	1250
DEST	Erna	Cuxhaven	57,0	20,13	120
DESU	Sonne	Bremerhaven	582,4	205,60	800
DESW	Schütting	Bremerhaven	705,1	248,90	750
DESX	Hans vom Hoff	Bremerhaven	667,4	239,12	850
DESY	Hans Kunkel	Bremerhaven	582,4	205,60	800
DESZ	Heinrich Bueren	Bremerhaven	679,6	239,88	875
DETA	Neptun	Bremerhaven	58,9	20,70	125
DETB	Orion	Lübeck-Travemünde	60,9	21,51	120
DETC	Germania	Heiligenhafen	60,1	21,21	120
DETD	Thüringen	Bremerhaven	737,8	260,48	1000
DETE	P. J. Marwitz	Hamburg	63,1	22,26	120
DETF	Inge	Heiligenhafen	62,2	21,96	120
DETG	Wega	Lübeck-Travemünde	59,7	21,09	120
DETH	Rolano	Schulau	55,8	19,71	200

* = Bruttoraumgehalt.

DETI — DFAI

Unter-scheidungs-signale	Namen der Schiffe	Heimathafen der Schiffe	Kubik-meter (Nettoraumgehalt)	Register-tons (Nettoraumgehalt)	PS
DETI	Neptun III	Niendorf	59,5	21,02	120
DETJ	Seelust	Heikendorf	60,1	21,22	120
DETK	Hanne	Lübeck-Travemünde	60,3	21,30	120
DETL	Pollux	Lübeck-Travemünde.	60,9	21,51	120
DETM	Atlantic	Lübeck-Travemünde.	62,4	22,03	120
DETN	Fortuna	Hbg.-Finkenwerder.	59,2	20,89	120
DETO	Tübingen	Bremerhaven	509,6	179,88	700
DETP	Rainer Falko	Lübeck-Travemünde	62,9	22,20	120
DETQ	Bernhard Grundmann	Bremerhaven	679,6	239,88	850
DETR	Elke-Brigitte	Burgstaaken	61,1	21,57	120
DETS	Paula	Heiligenhafen	63,6	22,46	150
DETU	Anneliese	Kiel	59,5	21,02	150
DETV	Richard Kaselowsky.	Bremerhaven	648,8	229,01	875
DETW	Nymphe	Hamburg-Finkenwerder	58,1	20,51	165
DETY	Theoja III	Cuxhaven	64,4	22,73	240
DEUA	Gotland	Kiel	58,9	20,78	120
DEUB	Friedrich Busse	Bremerhaven	679,6	239,88	875
DEUC	Hannelore	Lübeck-Travemünde.	59,5	21,02	120
DEUD	Peter von Danzig	Lübeck-Travemünde.	59,6	21,04	120
DEUE	Gudrun	Laboe	59,2	20,89	150
DEUF	Neuwerk	Niendorf	66,3	23,41	120
DEUG	Salzburg	Bremerhaven	737,8	260,48	1000
DEUH	Roland	Bremerhaven	676,9	238,95	1000
DEUI	Gerh. van Heukelum	Bremerhaven	641,4	226,41	875
DEUJ	Haltenbank	Bremerhaven	672,7	237,46	1000
DEUK	Wesel	Bremerhaven	402,1	141,95	750
DEUL	Saturn	Bremerhaven	940,0	331,82	1250
DEUM	Mönchengladbach	Bremerhaven	555,1	195,95	850
DEUN	Mond	Bremerhaven	555,1	195,95	800
DEUP	Preußen	Bremerhaven	675,4	238,40	750
DEUQ	Hein Davidsen	Bremerhaven	578,0	204,05	875
DEUR	Union 5	Bremerhaven	72,0	25,43	850
DEUS	Bonn	Bremerhaven	507,4	179,11	720
DEUT	Anna Busse	Bremerhaven	537,4	189,70	800
DEUU	Süderau	Bremerhaven	1971,9	696,09	1430
DEUV	Norderau+	Bremerhaven	4051,1	1430,05	1430
DEUW	Andenes	Bremerhaven	674,9	238,24	1000
DEUX	Rogge I	Bremerhaven	370,9	130,93	—
DEUY	Rogge XVII	Bremerhaven	686,7	242,40	—
DEUZ	Rogge XVIII	Bremerhaven	686,7	242,40	—
DFAA	Carl	Bremerhaven	101,0*	35,67*	145
DFAB	Nordsee	Bremerhaven	205,6*	72,59*	350
DFAC	Rogge 25	Bremerhaven	318,8	112,55	—
DFAE	Dortmund	Bremerhaven	670,9	236,82	990
DFAF	Regulus	Bremerhaven	671,9	237,19	1000
DFAG	Max Gundelach	Bremerhaven	557,3	196,72	850
DFAH	van Ronzelen	Bremerhaven	771,3	272,27	800
DFAI	Teutonia	Bremerhaven	571,0	201,56	800

* = Bruttoraumgehalt.

DFAJ — DFLD

Unterscheidungssignale	Namen der Schiffe	Heimathafen der Schiffe	Kubikmeter Nettoraumgehalt	Registertons Nettoraumgehalt	PS
DFAJ	Speyer	Bremerhaven	620,2	218,92	800
DFAK	Max Pust	Bremerhaven	668,2	235,86	1000
DFAL	Delphin	Bremerhaven	458,1	161,71	800
DFAM	Nürnberg	Bremerhaven	713,4	251,82	880
DFAN	Bremen	Bremerhaven	670,9	236,82	990
DFAO	Frisia	Bremerhaven	686,7	242,41	1000
DFAP	Varuna	Bremerhaven	20,0	7,08	10/12
DFAQ	Helgoland	Bremerhaven	676,1	238,66	1000
DFAR	Hans Homann	Bremerhaven	557,9	196,95	850
DFAU	Stadt Herten	Bremerhaven	742,8	262,22	880
DFAV	Bremerhaven	Bremerhaven	1517,6	535,71	1000
DFAW	Alemannia	Bremerhaven	746,2	263,41	1000
DFAX	Christian Homann	Bremerhaven	563,1	198,77	820
DFAY	Friedenau+	Bremerhaven	14420,8	5090,88	5800
DFAZ	Mosel	Bremerhaven	555,9	196,22	820
DFBA	Gustav Dahrendorf	Bremerhaven	806,4	284,67	1250
DFGI	Gebrüder	Otterndorf	19,7	6,95	100
DFGK	Gerhard	Geversdorf	113,5	40,07	50
DFGR	Grete	Cuxhaven	31,3	11,06	75
DFGX	Hans Friedrich	Oberndorf	185,9	65,61	60
DFHH	Ilse	Cuxhaven	5,2	1,84	40
DFHK	Insulaner	Helgoland	147,6	52,11	80
DFHL	Irmgard	Cuxhaven	20,1	7,10	75
DFHO	Johann	Oldenburg	80,3	28,33	30
DFHQ	Theoja II	Cuxhaven	108,4	38,28	120
DFHS	Roland von Wedel	Cuxhaven	80,0	28,24	150
DFID	Margretha	Ostrhauderfehn	322,6	113,89	75
DFIG	Marion	Cuxhaven	13,8	4,87	40
DFIO	Nige Oge	Neufeld	20,8	7,35	80
DFIQ	Nordlicht	Cuxhaven	19,6	6,92	100
DFIZ	Präsident Freiherr von Maltzahn	Cuxhaven	49,4	17,43	120
DFJC	Rügen	Cuxhaven	26,9	9,50	100
DFJD	Sathurn	Hamburg	264,5	93,36	165
DFJL	Seemöwe	Cuxhaven	18,1	6,37	70
DFJO	Seestern	Cuxhaven	16,9	5,96	75
DFKD	Lisa I	Hamburg	89,1	31,44	160
DFKE	Taucher Sievers	Cuxhaven	63,6	22,49	150
DFKG	Traute	Neuhaus/Oste	79,6	28,09	22
DFKS	Schlesien	Cuxhaven	656,1	231,61	750
DFKU	Sachsen	Cuxhaven	656,1	231,62	750
DFKV	Koblenz	Cuxhaven	645,5	227,87	800
DFKX	Hochsee I	Cuxhaven	136,7*	48,25*	225
DFKZ	Seeteufel	Bremen	975,0	344,18	300
DFLA	Franken	Cuxhaven	608,4	214,78	850
DFLB	Hornsriff	Hbg.-Finkenwerder	60,1	21,09	120
DFLC	Dithmarschen	Cuxhaven	60,9	21,51	120
DFLD	Jürgen Dieter	Cuxhaven	60,5	21.87	240

* = Bruttoraumgehalt.

DFLE — DFNH

Unter-scheidungs-signale	Namen der Schiffe	Heimathafen der Schiffe	Kubikmeter Nettoraumgehalt	Registertons Nettoraumgehalt	PS
DFLE	Anita	Hbg.-Finkenwerder	59,0	21,08	120
DFLF	Bayern	Cuxhaven	608,4	214,78	850
DFLG	Alte Liebe	Heikendorf	60,3	21,30	120
DFLH	Gretchen	Otterndorf	102,8	36,31	20
DFLI	Butendiek	Haffkrug	59,7	21,09	120
DFLJ	Witten	Cuxhaven	640,1	225,95	750
DFLK	Münster	Cuxhaven	528,7	186,62	850
DFLL	Schwaben	Cuxhaven	602,3	212,63	850
DFLM	Pinguin	Cuxhaven	59,5	21,02	120
DFLN	Karlsruhe	Cuxhaven	640,1	225,95	800
DFLO	Freiburg i. Br.	Cuxhaven	509,6	178,88	900
DFLP	Waltraut	Cuxhaven	62,4	22,03	120
DFLQ	Fladengrund	Heiligenhafen	60,1	21,23	150
DFLR	Fischereidirektor Meinken	Cuxhaven	59,7	21,90	180
DFLS	Ronald	Osten	405,0	142,96	250
DFLT	Helgoland	Lübeck-Travemünde	63,2	22,31	150
DFLV	Günther	Cuxhaven	86,4	30,51	—
DFLW	Darmstadt	Cuxhaven	476,0	168,1	920
DFLZ	Hermann Fischer	Cuxhaven	39,6	13,09	120
DFMA	Hildesheim	Cuxhaven	640,1	225,95	800
DFMB	John Olbers I	Cuxhaven	101,6	35,87	100
DFME	Hermann	Oberndorf	42,9	15,13	12
DFMG	Borkum	Cuxhaven	548,4	193,58	850
DFMH	Friedrichshafen	Cuxhaven	548,4	193,58	850
DFMI	Emmy Ottens	Cuxhaven	2129,4	751,67	670
DFMJ	Heidelberg	Cuxhaven	506,5	178,51	900
DFMK	Taucher O. Wulf II	Cuxhaven	68,5	24,19	290
DFML	Lore Ottens	Cuxhaven	2149,4	758,75	850
DFMN	Kurmark	Cuxhaven	678,2	239,42	1000
DFMO	Mark Brandenburg	Cuxhaven	671,6	237,06	1000
DFMP	Duisburg	Cuxhaven	548,3	193,54	850
DFMQ	Hannover	Cuxhaven	670,8	236,78	1000
DFMR	Wuppertal	Cuxhaven	713,4	251,82	875
DFMS	Harald Ottens	Cuxhaven	2394,3	845,19	1150
DFMT	Lörrach	Cuxhaven	516,4	182,29	735
DFMU	Heimatland	Cuxhaven	58,1	20,55	120
DFMV	Margrit	Cuxhaven	57,5	20,28	120
DFMW	Uta	Cuxhaven	62,7	22,13	120
DFMY	Andernach	Cuxhaven	520,4	183,69	1000
DFMZ	Westfalen	Cuxhaven	766,8	270,66	1000
DFNA	Württemberg	Cuxhaven	766,8	270,66	1000
DFNB	Hof	Cuxhaven	717,2	253,17	1000
DFNC	Baden	Cuxhaven	753,3	265,93	1000
DFND	Sperber	Cuxhaven	27,3	9,62	120
DFNE	Land Hadeln	Otterndorf	887,2	313,19	490
DFNF	Taucher Otto Wulf IV	Cuxhaven	100,3	35,41	500
DFNG	Antje	Otterndorf	30,4	10,72	120
DFNH	Seelotse	Cuxhaven	21,4	7,56	275

DFNJ — DFUB

Unterscheidungssignale	Namen der Schiffe	Heimathafen der Schiffe	Kubikmeter Nettoraumgehalt	Registertons Nettoraumgehalt	PS
DFNJ	Bielefeld	Cuxhaven	696,9	246,00	1130+ 540
DFNK	Wega	Cuxhaven	71,8	25,33	120
DFNL	Taucher O. Wulf 6	Cuxhaven	19,1	6,73	200
DF*RP*	Sabine	Uetersen	1138,9	402,08	290
DFSJ	Luci	Barnkrug	138,7	48,96	25
DFSK	Henny	Assel	127,0	44,82	20
DFSL	Frieda	Assel	65,6	23,15	18
DF*SM*	Stadersand+	Stade	868,0	306,40	500
DFSN	Waltraut	Grünendeich	110,5	38,99	60
*DF*SO	Wilhelmine Oltmann	Stade	464,8	164,09	250
DFSP	Johanne	Drochtersen	78,1	27,56	25
DFSQ	Mary	Barnkrug	129,5	45,73	25
DFSR	Emma Fitschen	Assel	62,7	22,14	16
DFSS	Margaretha	Barnkrug	105,2	37,14	25
DFST	Anna	Ostendorf	114,5	40,41	24/28
DFSU	Adolph	Gauensiek	79,6	28,11	28
DFSV	Alwine	Barnkrug	65,5	23,18	25
DFSW	Margareta	Assel	127,7	45,09	45
DFSX	Katharina Becker	Westmoorende	67,1	23,68	25
DFSY	Johanne	Assel	77,1	27,22	25
DFSZ	Anne	Assel	90,8	32,06	25
DFTA	Oste	Stade	670,7	214,52	300
DFTB	Anna	Gräpel	154,6	54,57	50
DFTC	Undine	Hamburg	63,4	22,38	18
DFTD	Henny	Keitum/Sylt	24,4	8,62	25
DFTE	Johanna	Hamburg	85,1	30,03	30
DFTF	Alma	Dornbusch	98,3	34,71	25
DFTG	Heinz Bernhard	Stade	381,6	134,71	290
DFTH	Pohlmann II	Assel	88,2	31,13	75
DFTI	Germane	Stade	383,1	135,23	250
DFTK	Vaterland	Stade	650,7	229,68	500
DFTL	Gunda	Stade	376,6	132,95	290
DFTM	Hermann Elsen	Stade	376,9	133,06	290
DFTN	Jan Suhr	Stade	510,1	180,07	300
DFTO	Rita Holst	Stade	410,3	144,85	270
DFTP	Renate Becker	Stade	334,5	118,06	300
DFTQ	Atlantis	Stade	517,2	182,59	300
DFTR	Helga Dehde	Stade	333,9	117,87	300
DFTS	Holstentor	Lübeck	612,6	216,24	520
DFTT	Hanngrid	Stade	519,6	183,42	450
DFTU	Basbeck	Osten	721,9	254,81	520
DFTV	Rebena	Stade	665,8	235,04	300
DFTW	Lühe	Stade	530,1	187,13	300
DFTX	Hanno	Stade	529,4	186,86	160
DFTY	Alk	Dornbusch	525,5	185,52	300
DFTZ	Groverort	Stade	712,0	251,35	300
DFUA	Hinrich Kolster	Osten	646,2	228,12	300
DFUB	Klaus Jagemann	Stade	404,5	142,80	300

DFUH — DFWN

Unterscheidungssignale	Namen der Schiffe	Heimathafen der Schiffe	Kubikmeter Nettoraumgehalt	Registertons Nettoraumgehalt	PS
DFUH	Adda	Grünendeich	355,1	125,86	160
DFUJ	Adele	Wischhafen	204,1	72,08	30
DFUK	Adele	Gauensiek	96,1	33,91	66
DFUL	Agnes	Krautsand	286,1	100,98	60
DFUM	Alma	Bützfleth	175,1	61,83	75
DFUN	Alwine	Assel	201,2	71,02	70
DFUP	Amalie	Abbenfleth	154,9	54,67	80
DFUQ	Amanda	Ritsch/Kehdingen	128,0	45,19	80
DFUR	Amanda	Grünendeich	119,1	42,04	36
DFUT	Anna	Wischhafen	262,7	92,73	48
DFUU	Anna	Krautsand	110,8	39,12	60
DFUV	Anna	Assel	234,5	82,77	100
DFUW	Anna Dieckmann	Emden	113,6	40,09	25
DFUX	Anna-Maria	Dornbusch	113,0	39,88	100
DFUY	Anne	Bützfleth	158,2	55,84	90
DFUZ	Anni	Wischhafen	150,0	52,93	75
DFVB	Marianne Söhl	Ritsch/Kehdingen	93,3	32,95	36
DFVC	Bertha	Hamburg	121,8	42,99	60
DFVD	Betty	Krautsand	195,1	68,86	60
DFVE	Catharina	Abbenfleth	222,1	78,39	120
DFVF	Comet	Krautsand	117,6	41,52	75
DFVG	Contentia	Assel	106,0	37,43	35
DFVI	Daheim	Krautsand	166,9	58,91	50
DFVK	Dora	Dornbusch	83,2	29,36	25
DFVL	Edelweiß	Krautsand	258,3	91,17	75
DFVM	Elisabeth	Wischhafen	163,0	57,55	80
DFVN	Marlies II	Uetersen	96,5	34,07	25
DFVO	Ella	Bützfleth	154,7	54,61	100
DFVP	Else Marie	Heiligenhafen	101,4	35,78	35
DFVR	Jan Reinhold	Nordstrand	130,2	45,97	50
DFVS	Frieda	Dornbusch	91,1	32,15	50
DFVT	Frieda Elisabeth	Wischhafen	225,0	79,42	75
DFVW	Grete	Krautsand	199,7	70,50	70
DFVX	Günter	Wischhafen	260,9	92,08	50
DFVZ	Hans	Krautsand	167,8	59,22	75
DFWA	Walter	Lübeck	218,7	77,19	120
DFWB	Heini	Hamburg-Neuenfelde	260,7	92,04	150
DFWC	Heinrich	Dornbusch	109,4	38,60	75
DFWD	Helios	Stade	112,9	39,84	55
DFWE	Elke-Marie	Krautsand	147,7	52,15	90
DFWF	Hoffnung	Krautsand	208,9	73,74	90
DFWG	Ro. 14	Hamburg	124,6	43,97	36
DFWH	Ida	Krautsand	254,9	89,99	50
DFWI	Irma	Gauensiek	132,0	46,60	50
DFWJ	Johanna	Gauensiek	291,5	102,90	75
DFWK	Johanne	Neuland/Kehdingen	122,0	43,05	50
DFWL	Johanne	Bützfleth	196,6	69,38	50
DFWM	Johanne	Mühlenhafen	216,4	76,38	55
DFWN	Johannes-Emil	Amrum	108,3	38,22	40

DFWO — DFYS

Unterscheidungssignale	Namen der Schiffe	Heimathafen	Kubikmeter Nettoraumgehalt	Registertons Nettoraumgehalt	PS
DFWO	Erhard	Ritsch/Kehdingen	153,3	54,11	80
DFWQ	Käte	Hamburg	334,5	118,07	200
DFWR	Käthe	Bremervörde	200,2	70,66	75
DFWT	Katharina	Mühlenhafen	191,9	67,73	70
DFWU	Kehrwieder	Wischhafen	201,4	71,09	75
DFWV	Herta Marlies	Hamburg	89,4	31,55	25
DFWW	Magda	Krautsand	141,6	49,98	100
DFWX	Margaretha	Stade	267,8	94,53	80
DFWY	Margaretha	Gauensiek	125,8	44,42	75
DFWZ	Margaretha	Krautsand	168,7	59,54	75/95
DFXA	Margrid	Krautsand	405,6	143,19	150
DFXB	Maria	Abbenfleth	98,9	34,91	35
DFXC	Maria Dorothea	Assel	77,4	27,32	25
DFXD	Tilde	Munkmarsch/Sylt	69,4	24,49	75
DFXE	Marie	Ritsch/Kehdingen	197,6	69,75	75
DFXG	Mary	Königreich	112,8	39,83	25
DFXH	Mathilde	Wischhafen	211,4	74,62	50
DFXI	Merkur	Freiburg/Elbe	106,0	37,41	50
DFXJ	Meta Adele	Gauensiek	273,5	96,55	75
DFXK	Norderelbe	Hamburg	123,0	43,43	60
DFXL	Paul Gährs	Estebrügge	399,6	141,06	150
DFXM	Persia	Dornbusch	158,5	55,00	75
DFXN	Erika Nagel	Krautsand	232,5	82,07	140
DFXO	Peter	Ritsch/Kehdingen	144,0	50,85	55
DFXQ	Rebecka	Barnkrug	91,9	32,45	75
DFXR	Ruhr	Bützfleth	260,5	91,97	110
DFXS	Seeadler	Wischhafen	132,0	46,60	80
DFXU	Sophie	Laboe	118,8	41,95	36
DFXV	Süderelbe	Dornbusch	164,3	57,99	75
DFXX	Heinz-Georg	Barssel	214,8	75,84	75
DFXZ	Venus	Oberndorf	215,8	76,19	90
DFYA	Venus	Gauensiek	111,1	39,20	75
DFYB	Vineta	Barnkrug	116,5	41,14	60
DFYC	Walter	Weserdeich	113,6	40,10	80
DFYD	Windhuk	Assel	100,7	35,54	70
DFYE	Windsbraut	Borstel/Jork	161,8	57,11	100
DFYF	Windsbraut	Wischhafen	287,1	101,33	80
DFYG	Windsbraut	Laboe	100,5	35,51	50
DFYH	Keen Tied	Itzehoe	115,1	40,61	80
DFYI	Lisa	Krautsand	77,4	27,33	15
DFYJ	Adele	Neuland/Kehdingen	122,7	43,32	25
DFYK	Trinchen	Freiburg	115,2	40,67	25
DFYL	Johanna	Wischhafen	182,3	64,34	60
DFYN	Uranus	Abbenfleth	130,0	46,02	60
DFYO	Johanna	Freiburg/Elbe	128,5	45,30	80
DFYP	Dora	Freiburg/Elbe	151,0	53,31	40
DFYQ	Frieda	Bützfleth	108,4	38,27	25
DFYR	Sirene	Freiburg/Elbe	127,6	45,03	25/28
DFYS	Bertha	Abbenfleth	170,7	60,26	80

Unter-scheidungs-signale	Namen der Schiffe	Heimathafen	Kubik-meter (Nettoraumgehalt)	Register-tons (Nettoraumgehalt)	PS
	DFYT — DGAS				
DFYT	Cäcilie	Freiburg/Elbe	118,5	41,84	25
DFYU	Marie	Gauensiek	85,5	30,16	25
DFYV	Johanne	Grünendeich	178,1	62,88	75
DFYW	Johannes	Estebrügge	222,1	78,39	100
DFYX	Frieda	Gräpel	124,0	43,76	30
DFYY	Anni	Gräpel	108,8	38,40	30
DFYZ	Friedrich	Bremervörde	86,2	30,43	25
DFZA	Betty	Gräpel	94,1	33,23	30
DFZB	Frieda	Barnkrug	218,2	77,04	75
DFZC	Sophie	Wischhafen	124,6	43,98	30
DFZD	Jürgen	Stade	405,0	142,96	250
DFZE	Ruth-Dieter	Stade	508,9	179,63	200
DFZF	Anna Sietas	Grünendeich	962,4	339,72	250
DFZH	Fortuna	Wischhafen	63,3	22,36	30
DFZJ	Magda Elfers	Assel	166,1	58,63	100
DFZK	Heinz	Lühe	192,6	67,99	—
DFZL	Elfriede	Assel	32,6	11,50	24
DFZM	Gerda Adele	Elm/Stade	130,2	45,95	25
DFZN	Courier	Dornbusch	76,4	26,95	18
DFZO	Ponape	Grünendeich	180,2	63,60	40
DFZQ	Johanne-Marie	Bützfleth	101,8	35,92	25
DFZR	Claus	Bützfleth	63,9	22,54	25
DFZS	Hanni-Lene	Bremen	796,6	281,20	250
DFZT	Anna	Assel	110,7	39,09	25
DFZU	Gretchen	Ritsch/Kehdingen	83,4	29,44	40
DFZV	Adele	Barnkrug	54,9	19,38	22
DFZW	Rolf Behrmann	Krautsand	422,8	149,24	250
DFZX	Schwinge	Stade	338,5	119,49	180
DFZY	Renate	Stade	462,6	163,30	250
DFZZ	Cremona 2	Hamburg	438,0	154,52	240
DGAA	Heinrich	Stade	82,0	28,96	50
DGAB	Aar	Hamburg	497,6	175,64	250
DGAC	Achim Griese	Kiel	422,3	149,07	200
DGAD	Scheersberg^{+}	Hamburg	3007,1	1061,50	1650
DGAE	Jens Jensen	Hamburg	282,9	99,87	165
DGAF	Jan Wilfried	Hamburg	299,9	105,88	150
DGAG	Bernd Leonhardt	Hamburg	9671,4	3414,0	3500
DGAH	Adele	Hamburg	268,4	94,75	75
DGAI	Adelheid	Hamburg	277,6	97,99	80
DGAJ	Adelheid	Hamburg	195,9	69,14	75
DGAK	Antje Adelheid	Hamburg	113,3	40,01	120
DGAL	Adler	Hamburg	276,1	97,46	75
DGAM	Dieksand	Hamburg-Finkenwdr.	60,2	21,24	130
DGAN	Mikado	Hamburg	92,7*	32,71*	240
DGAO	Eckstein	Leer	372,8	131,60	145
DGAP	Agnes	Hamburg	136,5	48,20	80
DGAQ	Neuwied	Hamburg	1497,1	528,27	800
DGAR	A. H. Both	Hamburg	751,3	265,19	200
DGAS	Albatross	Hamburg-Finkenwdr.	41,7	14,72	80

* = Bruttoraumgehalt.

DGAT — DGCS

Unterscheidungssignale	Namen der Schiffe	Heimathafen der Schiffe	Kubikmeter (Nettoraumgehalt)	Registertons (Nettoraumgehalt)	PS
DGAT	Albert	Hamburg	110,0	38,84	50
DGAU	Sankt Marien	Hamburg	1851,1	653,44	1500
DGAW	Albert Gido	Hamburg	239,7	84,61	85
DGAX	Alida	Hamburg	160,4	56,64	75
DGAY	Angeln	Hamburg	839,2	296,29	520
DGAZ	Alita III	Hamburg	260,3	91,88	125
DGBA	Fehmarn III	Hamburg	89,8	31,70	60
DGBB	Allegro	Hamburg	213,4	75,34	110
DGBC	Alma	Hamburg	402,3	142,03	150
DGBD	Alma	Hamburg	122,3	43,17	70
DGBE	Alma	Hamburg	271,7	95,90	75
DGBF	Alma	Hamburg	118,1	41,69	75
DGBG	Alster	Hamburg	103,6	36,56	50
DGBH	Pickhuben	Hamburg	963,7	340,18	1050
DGBI	Alteland	Hamburg	238,5	84,18	72
DGBJ	Laumühlen	Hamburg	404,3	142,73	300
DGBK	Inka Ritscher+	Hamburg	925,7	326,77	300
DGBL	A. M. 1	Hamburg	194,1	68,50	100
DGBM	A. M. 2	Hamburg	108,9	38,46	55
DGBN	Birte Hugo Stinnes	Kiel	13765,8	4859,34	6000
DGBO	Othmarschen	Hamburg	186,8	65,95	420
DGBP	Amandus	Hamburg	142,9	50,46	75
DGBQ	Georgswerder	Hamburg	72,6	25,63	850
DGBR	Amazone	Hamburg	353,1	124,63	150
DGBS	Amor	Hamburg-Finkenwdr.	38,9	13,74	120
DGBT	Andome	Hamburg	124,1	43,82	75
DGBU	Anita	Hamburg	281,8	85,35	135
DGBV	Ness	Hamburg	1290,8	455,67	1530
DGBW	Seefalke III	Hamburg	174,0	61,44	130
DGBX	Anna	Hamburg	196,6	69,40	90
DGCA	Anna	Hamburg	98,7	34,85	50
DGCB	BP Olex 95	Emden	102,2	36,09	50
DGCC	Anna	Hamburg-Finkenwdr.	49,7	17,54	120
DGCD	Alsterfleet	Hamburg	1754,7	619,42	800
DGCE	Bilbao	Hamburg	3436,5	1213,07	2520
DGCF	Ernst G. Russ	Hamburg	21008,7	7416,07	7200
DGCG	Anna-Frieda	Hamburg	285,8	100,88	90/115
DGCH	Anna-Helene	Hamburg	298,8	105,47	90
DGCI	Nordland I	Wyk/Föhr	128,6	45,39	50
DGCJ	Hilda-S	Hamburg	124,6	43,99	50
DGCK	Anna Marie	Hamburg	292,3	103,17	110
DGCL	Anna Marta	Hamburg	378,7	133,67	200
DGCM	Anna Thekla	Hamburg	277,4	97,92	100
DGCN	Anna Woldmann	Hamburg-Finkenwdr.	70,9	25,04	200
DGCO	Annchen Peters	Hamburg	971,3	342,87	350
DGCP	A. M. 3	Hamburg	156,6	55,28	100
DGCQ	Anne Helene	Hamburg	145,5	51,38	95
DGCR	Flensburg	Hamburg	4045,3	1428,00	3500
DGCS	Annemarie	Hamburg	459,1	126,06	150

Unterscheidungssignale	Namen der Schiffe	Heimathafen der Schiffe	Kubikmeter Nettoraumgehalt	Registertons Nettoraumgehalt	PS
DGCT	Anni	Hamburg	183,9	64,98	90
DGCU	Anni	Hamburg	329,2	116,21	80
DGCV	Eros	Hamburg	888,7	313,72	500
DGCW	Antares	Hamburg	324,9	114,70	100
DGCX	Antje	Hamburg	735,9	259,76	180
DGCY	Antje Mahler	Hamburg	369,9	130,58	120
DGCZ	Antje Oltmann	Hamburg	410,1	144,75	300
DGDA	Aquarius	Emden	146,6	51,74	120
DGDB	Argonaut	Orth/Fehmarn	212,3	74,93	80
DGDC	Arnolde	Hamburg	421,3	148,74	165
DGDD	Münsterland	Hamburg		6627,00	5800
DGDE	Astrid	Hamburg	95,9	33,84	150
DGDF	Atlantik	Hamburg	413,1	145,82	150
DGDG	Audieck	Hamburg-Finkenwdr.	60,9	21,51	120
DGDH	Auguste	Hamburg	330,7	116,73	120
DGDI	Auguste	Hamburg	4,3	1,53	525
DGDJ	Aurora	Hamburg	117,5	41,49	100
DGDK	Ausdauer	Hamburg	4905,1	731,50	2×180
DGDL	Aventura	Hamburg	275,4	97,22	150
DGDM	Baldur	Hamburg	111,4	39,31	60
DGDN	Antje	Hamburg	3,0	1,06	15
DGDO	Barnkrug	Hamburg	159,5	56,32	120
DGDP	Jupiter	Hamburg	37,4	13,21	250
DGDQ	Baumwall	Hamburg	10,2	3,59	525
DGDR	E. u. M. Schwimmkran III	Hamburg	1253,3	442,41	—
DGDS	Magnet II	Hamburg	869,4	306,88	—
DGDT	Berger V	Bremerhaven	906,5	319,99	—
DGDU	Berger VII	Hamburg	907,9	320,49	—
DGDV	Berta Louise	Hamburg	256,9	90,68	70
DGDW	Bertha	Hamburg	345,8	122,08	110
DGDX	Bertha	Hamburg	192,8	68,05	105
DGDY	Berta Hermine	Hamburg-Finkenwdr.	21,5	7,59	85
DGDZ	Bertha Johanna	Hamburg	369,5	130,43	110
DGEA	Berta Köhlmann	Hamburg	392,7	138,62	150
DGEB	Bertha Troles	Hamburg	226,4	79,93	115
DGEC	Betty	Hamburg	156,1	55,10	50
DGED	Langeoog III	Langeoog	309,7	109,33	200
DGEE	Albertine	Hamburg	57,8	20,42	25
DGEF	Bugsier 4	Hamburg	68,1	24,05	850
DGEG	Brigitta	Strande	35,6	12,57	100
DGEH	Brix Hansen	Hamburg-Finkenwdr.	53,6	18,91	90
DGEI	Traute	Hamburg	525,0	185,33	300
DGEJ	Sundpilen	Hamburg	1127,1	397,88	1000
DGEK	Naumburg	Hamburg	4350,7	1535,80	3600
DGEL	Hornbay	Hamburg	4342,2	1532,80	5340
DGEM	Bussard	Hamburg	67,1	23,69	180
DGEN	Bützfleth	Hamburg	224,7	79,34	100
DGEO	B. & V. Kranich	Hamburg	526,2	185,75	1000

DGEP — DGGJ

Unter-scheidungs-signale	Namen der Schiffe	Heimathafen	Kubik-meter (Nettoraumgehalt)	Register-tons (Nettoraumgehalt)	PS
DGEP	Hansahöft	Hamburg	854,8	301,78	525
DGER	Christian Russ+	Hamburg	19948,6	7041,87	5340
DGES	Carlshütte	Hamburg	418,5	147,43	200
DGET	Ariadne	Hamburg	10730,1	3787,71	8650
DGEU	Sottorf	Hamburg	2266,3	799,99	1250
DGEV	Marietta Bolten	Hamburg	2585,2	912,59	2000
DGEW	Balkan+	Hamburg	12241,9	4321,88	4000
DGEX	C. A. Woldmann	Hamburg-Finkenwerder	50,1	17,69	120
DGEY	Charlotte	Hamburg	161,5	57,02	70
DGEZ	Charlotte	Hamburg	653,8	230,81	350
DGFA	Nanni Russ	Hamburg	1765,0	623,05	1500
DGFB	Mary Robert Müller	Hamburg	2838,5	1001,98	1800
DGFC	C. H. Kreft	Hamburg-Finkenwdr.	61,9	21,83	130
DGFD	Walküre	Hamburg	393,0	138,73	200
DGFE	Christa Juls	Hamburg	322,0	113,65	100
DGFF	Martin Friedrichs	Hamburg	770,4	271,95	1000
DGFG	Barbara	Hamburg	778,2	274,72	500
DGFH	Clara	Hamburg	198,8	70,19	75
DGFI	Palmyra	Hamburg	341,6	120,60	150
DGFJ	Hohenlinden	Hamburg	968,2	341,76	750
DGFK	Rita	Munkmarsch/Sylt	57,1	20,16	50
DGFL	Jenny Porr	Hamburg	637,2	224,54	360
DGFM	Claus Erich	Hamburg	336,3	118,73	100
DGFN	Bernd Becker	Hamburg	781,1	277,86	300
DGFO	Condor	Hamburg	233,2	82,33	100
DGFP	Condor	Hamburg	88,0	31,06	30
DGFQ	Condor	Hamburg	2,0	0,72	180
DGFR	Marie-Louise Haltermann	Hamburg	1132,5	399,75	840
DGFS	Stuttgart	Hamburg	670,9	236,82	990
DGFT	Courier	Hamburg	223,5	78,90	100
DGFU	Unterelbe	Hamburg	355,4	125,46	200
DGFV	Herta Raap	Hamburg	106,0	37,41	50
DGFW	Delphin III	Hamburg	411,0	145,08	150
DGFX	Delphin IV	Hamburg	344,4	121,58	200
DGFY	Schauenburg	Hamburg	6493,5	2292,21	5400
DGFZ	Derfflinger	Hamburg	501,7	177,10	150
DGGA	Deutschland	Hamburg	579,0	204,39	200
DGGB	Diamant	Neustadt/Holst.	35,4	12,51	90
DGGC	Diana	Wyk/Föhr	111,5	39,34	80/90
DGGD	Dide	Hamburg	298,3	105,29	100
DGGE	Grete Hagenah	Hamburg	174,1	61,46	75
DGGF	Dora	Hamburg	232,0	81,90	90
DGGG	Krischan Stark	Hamburg	455,0	160,62	150
DGGH	Dora	Hamburg	271,8	95,94	70
DGGI	Elselotte Rehder	Hamburg	1399,6	494,06	830
DGGJ	Dorotea	Hamburg	291,4	102,87	100

DGGK — DGIH					
Unter-scheidungs-signale	Namen der Schiffe	Heimathafen	Kubik-meter Nettoraumgehalt	Register-tons	PS
DGGK	Dorothea	Hamburg	276,5	97,59	75
DGGL	Dorothea	Hamburg	216,5	76,48	110
DGGM	Stuttgart	Hamburg	8977,7	3169,18	8000
DGGN	Thorwald	Hamburg	720,5	254,32	400
DGGO	Norderelbe II	Hamburg	280,4	98,99	65
DGGP	Eben Ezer	Hamburg-Finkenwdr.	31,2	11,02	85
DGGQ	Edith	Hamburg	281,2	99,27	90
DGGR	Egerland	Hamburg	392,8	138,76	200
DGGS	Argonaut	Hamburg	606,5	214,10	300
DGGT	Odin	Kiel	73,3	25,88	320
DGGU	Elbe	Hamburg	416,1	146,86	200
DGGV	Elbe	Hamburg	137,8	48,65	75
DGGW	Eric Reckmann	Hamburg	896,0	316,29	1240
DGGX	Elbe	Hamburg	99,8	35,22	25
DGGY	Elbe	Hamburg	697,0	246,05	—
DGGZ	Tankleichter Elbe	Hamburg	2199,9	776,55	—
DGHA	Elenore	Hamburg	312,7	110,38	90
DGHB	Anna Rehder+	Hamburg	1342,8	474,01	750
DGHC	Victor	Hamburg	2376,5	838,91	600
DGHD	Käte Hamm	Hamburg	1127,2	396,84	700
DGHE	Thomas Schulte+	Hamburg	3878,3	1369,04	1680
DGHF	Safi	Hamburg	4332,6	1529,41	1300
DGHG	Elise	Hamburg	158,2	55,85	90
DGHH	Ella	Hamburg	251,8	88,89	80
DGHI	Ellen	Hamburg	759,9	268,23	420
DGHJ	Düsseldorf	Hamburg	11703,8	4131,44	9000
DGHK	Elsa	Hamburg	191,4	67,55	80
DGHM	Emanuel	Hamburg	269,4	95,12	100
DGHN	Emanuel	Hamburg	255,6	90,22	70
DGHO	Darmstadt	Hamburg	11523,5	4067,79	9000
DGHP	Emil	Hamburg	4,4	1,55	475
DGHQ	Emma	Hamburg	304,7	100,57	70
DGHR	Christa Thielemann	Brake	244,8	86,42	75
DGHS	Emma	Hamburg	223,3	78,82	150
DGHT	Emma	Hamburg	166,4	58,76	120
DGHU	Ottensen	Hamburg	186,8	65,95	420
DGHV	Kajen	Hamburg	978,3	345,35	1150
DGHW	Emma	Hamburg-Altenwdr.	22,3	7,87	100
DGHX	Emma	Hamburg	219,0	77,31	120
DGHY	Marina	Hamburg	127,2	44,91	75
DGHZ	Emma Irene	Hamburg	300,7	106,15	125
DGIA	Dixy Porr	Hamburg	1451,4	512,36	1000
DGIB	Emma Lucie	Hamburg	203,9	71,98	75
DGIC	Emma Oltmann	Hamburg	207,5	73,26	90
DGID	Energie	Hamburg	4905,1	1731,50	800
DGIE	Gerd	Hamburg	415,1	146,54	235
DGIF	Erich	Hamburg	191,5	67,61	60
DGIG	Lüneburg	Hamburg	7526,2	2656,69	2750
DGIH	Ferdinandstor	Hamburg	1907,8	673,44	1250

DGII — DGKH

Unterscheidungssignale	Namen der Schiffe	Heimathafen	Kubikmeter (Nettoraumgehalt)	Registertons (Nettoraumgehalt)	PS
DGII	Erika	Hamburg	168,2	59,36	85
DGIJ	Erna	Heiligenhafen	157,1	55,47	50
DGIK	Blitz	Hamburg	417,2	147,28	360
DGIL	Erika Bischoff +	Hamburg	4279,0	1510,48	1650
DGIM	Erna Marie	Hamburg	225,9	79,73	120
DGIN	Erna Meyer	Hamburg	314,2	110,91	100
DGIP	Ernst	Hamburg	166,1	58,65	90
DGIQ	Tema Palm	Hamburg	9635,9	3401,48	2300
DGIR	Transatlanta	Hamburg	9362,5	3304,98	3350
DGIS	Ernst August	Hamburg	130,5	46,07	100
DGIT	Erwin	Hamburg	148,3	52,36	50
DGIU	Erwin	Hamburg	225,1	79,45	100
DGIV	Esriel	Hamburg	106,4	37,54	50
DGIW	Esso 60	Hamburg	382,4	134,98	—
DGIX	Estetal	Hamburg	163,4	57,67	120
DGIY	Hermann Blume	Hamburg	531,3	187,54	300
DGIZ	Oldenburg	Hamburg	690,2	243,64	300
DGJA	Ewald Ehlert	Rendsburg	560,7	197,94	200
DGJB	Adler	Hamburg	77,9	27,50	75
DGJD	Christianna Pikuritz	Hamburg	3919,9	1383,71	3600
DGJE	Johan Carel Oetker	Hamburg	17613,2	6217,45	5500
DGJF	Erwin Schröder	Hamburg	2907,7	1026,40	2800
DGJG	Fairplay VIII	Hamburg	254,8*	89,95*	379
DGJH	Fairplay IX	Hamburg	209,6*	73,98*	349
DGJI	Fairplay X	Hamburg	140,8	49,70	650
DGJJ	Fairplay XI	Hamburg	210,9*	74,44*	347
DGJK	Fairplay XII	Hamburg	230,9*	81,85*	312
DGJL	Consul Horn	Hamburg	475,6	167,90	750
DGJM	Hornland	Hamburg	6785,9	2395,41	5850
DGJO	Falke	Hamburg	295,0	104,12	200
DGJP	Falke	Hamburg	252,9	89,28	100
DGJQ	Falkenstein	Hamburg	280,7	99,08	150
DGJR	Fanto XVIII	Hamburg	235,8	83,24	125
DGJS	Fiducia	Hamburg	144,7	51,07	50
DGJT	Finkwarder	Hamburg	406,4	143,45	180
DGJU	Fischland	Hamburg	317,5	112,07	120
DGJW	Uni Porr	Hamburg	1226,8	433,03	775
DGJX	F. M. Harmstorf	Hamburg	171,8	60,65	—
DGJY	Fortuna	Hamburg	218,3	77,07	75
DGJZ	Fortuna	Hamburg	215,0	75,90	100
DGKA	Annaliese Wehlen	Hamburg	334,2	117,96	215
DGKB	Fortuna	Hamburg	314,4	110,97	200
DGKC	Fortuna	Hamburg	102,9	36,33	55
DGKD	Fortuna	Hamburg	233,5	82,42	90
DGKE	Franz Holm	Hamburg	337,8	133,37	150
DGKF	Franziska	Hamburg	267,3	94,35	125
DGKG	Annelies	Glückstadt	220,8	77,95	120
DGKH	Freia	Burgstaaken	147,3	52,00	50

* = Bruttoraumgehalt.

DGKI — DGME

Unterscheidungssignale	Namen der Schiffe	Heimathafen	Kubikmeter (Nettoraumgehalt)	Registertons (Nettoraumgehalt)	PS
DGKI	Freia	Hamburg-Finkenwdr.	22,1	7,80	96
DGKJ	Freia	Hamburg-Finkenwdr.	331,8	11,28	120
DGKK	Freiherr vom Stein	Hamburg	435,7	135,81	150
DGKL	Frida	Hamburg	91,2	32,19	25
DGKM	Fridmariwalt	Hamburg	285,4	100,75	120
DGKN	Medem	Hamburg	224,6	79,30	110
DGKO	Frieda	Hamburg	328,9	116,11	110
DGKP	Frieda	Hamburg	301,6	106,46	100
DGKQ	Frieda	Hamburg	185,1	65,33	100
DGKR	Frieda	Hamburg	260,9	92,09	80
DGKS	Frieda	Hamburg	108,5	38,29	80
DGKT	Gerlinde	Rendsburg	565,2	199,52	250
DGKU	Erich Schröder	Hamburg	2834,9	1001,08	2800
DGKV	Frieda Mariechen	Hamburg	113,8	40,16	50
DGKW	Friedrich Campsen	Hamburg	161,9*	57,14*	240
DGKX	Hornberg	Hamburg	6566,7	2318,05	3330
DGKY	Friedrich Wilhelm	Hamburg	294,5	103,95	120
DGKZ	Fritz Reuter	Hamburg	86,4	30,51	120
DGLA	Fritz Schindler	Hamburg	392,7	138,62	110
DGLB	Fritz Vollmers	Hamburg	304,4	107,46	150
DGLC	Gebrüder	Hamburg	22,2	7,85	75
DGLD	Gebrüder	Büsum	13,8	4,88	50
DGLE	Heijo	Haren/Ems	445,8	157,36	150
DGLF	Gemeinschaft	Bremerhaven	264,7	93,44	—
DGLG	Gerda	Hamburg	165,2	58,33	40
DGLH	Gretel Marina	Hamburg	345,8	122,07	150
DGLI	Heros	Hamburg	378,8	133,73	200
DGLJ	Gerda Waller	Hamburg	272,0	96,01	110
DGLK	Gerfried	Hamburg	456,3	161,06	150
DGLL	Konrad	Kiel	59,8	21,11	120
DGLM	Gertha	Hamburg	285,8	100,87	90
DGLN	Gertrud	Hamburg	498,8	176,06	329
DGLO	Gertrud	Hamburg	357,9	126,35	150
DGLP	Gertrud	Hamburg	312,8	110,41	90
DGLQ	Gertrud	Cranz/Elbe	469,8	165,86	150
DGLR	Gertrud	Hamburg	190,7	67,30	75
DGLS	Gertrud II	Hamburg	494,4	174,53	150
DGLT	Katharina Kolkmann	Hamburg	1501,7	530,10	1000
DGLU	Gesche	Hamburg	161,1	56,92	50
DGLV	Gesine	Hamburg	128,5	45,37	50
DGLW	Hannchen	Lübeck-Schlutup	20,1	7,08	80
DGLX	Gloria	Hamburg	404,1	142,64	200
DGLY	Glückauf	Hamburg	63,2	22,31	150
DGLZ	Louise Schupp	Hamburg	1279,8	451,59	750
DGMB	Wiesbaden +	Hamburg	14067,2	4965,72	9000
DGMC	Angelika I	Düsseldorf	788,1	278,36	405
DGMD	Gorch Fock	Hamburg	348,8	123,12	150
DGME	Gorch Fock	Hamburg-Finkenwdr.	72,6	25,82	180

* = Bruttoraumgehalt.

DGMF — DGOE

Unterscheidungssignale	Namen der Schiffe	Heimathafen der Schiffe	Kubikmeter (Nettoraumgehalt)	Registertons (Nettoraumgehalt)	PS
DGMF	Anke Grothmann ...	Hamburg	176,1	62,17	50
DGMG	Grauerort	Hamburg	262,7	92,72	150
DGMH	Greif	Hamburg	296,7	104,73	450
DGMI	Gundula+	Hamburg	1878,1	662,97	1000
DGMJ	Greta	Hamburg	136,2	48,09	60
DGML	Gretchen	Hamburg	183,5	64,77	120
DGMM	Gretchen	Hamburg	257,2	90,79	60
DGMN	Leverkusen	Hamburg	11361,6	4010,65	9000
DGMO	Reinhard I	Hamburg	117,6	41,50	80
DGMP	Grete	Hamburg	201,2	71,02	60
DGMQ	Marita-R.	Hamburg	229,6	81,06	80
DGMR	Juelsand	Hamburg	790,8	278,97	520
DGMS	Amazone II	Hamburg	623,0	219,98	300
DGMT	Griep	Hamburg	1905,6	672,67	—
DGMU	Heino	Hamburg	866,4	305,84	300
DGMV	Gudrun	Hamburg	335,0	118,27	100/135
DGMW	Johann Blumenthal .	Hamburg	2929,2	1034,02	2200
DGMY	Bernd	Hamburg	247,7	87,44	105
DGMZ	Antares	Hamburg	62,8	21,98	120
DGNA	Gustav Adolf	Hamburg	214,2	75,62	120
DGNB	Martha Friesecke	Hamburg	780,9	275,67	300
DGNC	Hamburg	Hamburg	226,1	79,82	150
DGND	Emily Sauber	Hamburg	4932,8	1741,12	2000
DGNE	Silesia	Hamburg	407,8	143,97	112
DGNF	Hanna	Hamburg	421,7	148,85	200
DGNG	Hannchen Allers	Hamburg	336,7	118,87	120
DGNH	Cranz I	Hamburg-Finkenwdr.	85,4	30,15	150
DGNI	Hannover	Hamburg	214,5	75,73	120
DGNJ	Hans	Ritsch	136,7	48,26	75
DGNK	Hans	Hamburg	126,3	44,58	50
DGNL	Hans	Hamburg	185,5	65,50	70
DGNM	Erika Reinhold	Hamburg	139,3	49,19	60
DGNN	Carola Reith+	Hamburg	16091,8	5680,41	2000
DGNO	Hans Albert	Hamburg	151,1	53,34	75
DGNP	Marxburg	Hamburg	2028,3	716,01	1700
DGNQ	Hans Günther	Hamburg	299,9	105,85	100
DGNR	Kettwig	Hamburg	4578,2	1616,09	1096
DGNS	Hans Hinrich	Hamburg	193,8	68,40	100
DGNT	Gustav Pistor	Hamburg	9676,5	3415,79	3000
DGNU	Luise Leonhardt	Hamburg	9287,6	3278,52	3500
DGNV	Essen	Hamburg	11254,0	3972,66	9000
DGNW	Hans und Grete	Helgoland	145,3	51,27	75
DGNX	Elli	Hamburg	381,0	134,49	100
DGNY	Hans Werner	Hamburg	204,3	72,12	107
DGNZ	Hanseat	Hamburg	185,4	65,44	150
DGOA	Schürbek	Hamburg	3753,9	1325,14	2000
DGOB	Wittebank	Hamburg	58,9	20,79	150
DGOC	Hartwig	Hamburg	311,3	109,89	120
DGOE	Hebe	Hamburg	162,7	57,45	150

DGOF — DGQC

Unter-scheidungs-signale	Namen der Schiffe	Heimathafen der Schiffe	Kubikmeter Nettoraumgehalt	Registertons Nettoraumgehalt	PS
DGOF	Cap Roca+	Hamburg	15062,4	5317,03	7000
DGOG	Muschelgrund	Hamburg-Finkenwerder	60,1	21,20	120
DGOH	Heidberg	Hamburg	2279,6	804,70	1500
DGOI	Heimat	Hamburg	396,2	139,86	300
DGOJ	Heimat	Hamburg	271,8	95,96	120
DGOK	Heimatland	Hamburg	271,9	96,00	150
DGOL	Heimkehr	Hamburg	265,9	93,85	180
DGOM	Heimkehr	Hamburg	184,6	65,16	70
DGON	Heimwärts	Hamburg	271,4	95,81	100
DGOO	Natal+	Hamburg	12464,9	4400,10	4000
DGOQ	Lugano+	Hamburg	5604,9	1978,58	3500
DGOR	Heinrich	Cranz	99,0	34,95	50
DGOS	Osiris	Hamburg	387,6	136,80	240
DGOT	Heinz	Hamburg	159,5*	56,45*	180
DGOU	Heinz-Heino	Hamburg	300,4	106,03	100
DGOV	Lotte Nagel	Krautsand	352,1	124,28	75
DGOW	Heinz Schriewer	Hamburg	346,2	122,20	150
DGOX	Helene	Hamburg	281,8	99,49	150
DGOY	Helene	Hamburg	122,7	43,31	75
DGOZ	Helene	Hamburg-Altenwdr.	30,6	10,80	80
DGPA	Adler	Hamburg	351,8	124,00	440
DGPB	Helene B. Schupp	Hamburg	1111,9	392,50	520
DGPC	Helga	Hamburg	388,0	136,97	90
DGPD	Helga	Hamburg-Finkenwdr.	60,9	21,48	150
DGPE	Helga	Hamburg	171,8	60,47	25
DGPF	Nanna	Hamburg	540,7	159,09	300
DGPG	Triglav	Hamburg	44,0	15,53	150
DGPH	Hertha Henning	Hamburg	228,2	80,56	75
DGPI	Helmuth	Hamburg	321,1	113,36	180
DGPJ	Plan+	Hamburg	1026,2	362,25	520
DGPK	Helmut	Hamburg	220,3	77,78	85
DGPM	Bussard III	Büsum	21,4	7,57	100
DGPN	Euros	Hamburg	625,1	220,67	1500
DGPO	Morian	Uetersen	240,4	84,85	115
DGPP	Monsun	Hamburg	223,6*	78,92*	280
DGPR	Transcanada	Hamburg	5221,6	1843,24	6000
DGPS	Hermann	Hamburg	222,8	78,65	50
DGPT	Hermann	Lübeck-Travemünde	87,7	30,94	45
DGPU	Hermine	Hamburg	167,4	59,11	90
DGPV	Hansestadt Lübeck	Hamburg	1056,6	372,99	600
DGPW	Claus Schriewer	Hamburg	360,8	127,35	300
DGPX	Herta	Neuenfelde	184,2	65,02	140
DGPY	Elli-Margot	Hamburg	258,8	91,37	75
DGPZ	Hertha	Hamburg	82,9	29,25	120
DGQA	Hertha	Hamburg	94,5	33,34	50
DGQB	Hiev	Hamburg	1785,3	630,22	—
DGQC	Hilda	Hamburg-Finkenwdr.	72,5	25,59	120

* = Bruttoraumgehalt.

DGQD — DGRY

Unter-scheidungs-signale	Namen der Schiffe	Heimathafen	Kubikmeter (Nettoraumgehalt)	Registertons (Nettoraumgehalt)	PS
DGQD	Hilda	Husum	11,9	4,21	60
DGQE	Hilde Loop	Hamburg-Finkenwdr.	60,9	21,48	120
DGQF	Deneb+	Hamburg	1067,0	376,65	475
DGQG	Käte Boll	Duisburg-Ruhrort	843,3	297,69	—
DGQH	Lisa Eichmann	Hamburg	782,4	276,17	300
DGQI	Hinrich Wilhelm	Hamburg	284,7	100,50	150
DGQJ	Bugsier 6	Hamburg	68,1	24,05	850
DGQK	Hoffnung	Hamburg	153,7	54,26	80
DGQL	Haseldorf	Hamburg	1403,4	495,40	830
DGQM	Gisela Russ	Hamburg	1727,6	609,86	1575
DGQN	Belgrano	Hamburg	10173,0	3591,07	3680
DGQO	Hummel	Hamburg	661,2	233,41	400
DGQP	Stubbenhuk	Hamburg	3972,1	1402,15	2880
DGQQ	Ida	Hamburg	302,8	106,89	155
DGQR	Dammtor	Hamburg	1880,4	663,77	1250
DGQS	Immanuel	Hamburg	378,9	133,74	180
DGQT	Inge	Rendsburg	284,4	109,39	150
DGQU	Ingeborg	Stade	453,9	160,22	150
DGQV	Adrian+	Hamburg	13682,3	4829,85	6000
DGQW	Ingeborg	Hamburg	186,8	65,94	90
DGQX	Ingeborg III	Hamburg	321,3	113,32	125
DGQY	Irene	Hamburg	405,9	143,28	210
DGQZ	Irene	Kiel	34,0	12,01	150
DGRA	Ingrid Metzendorff	Hamburg	200,9	70,92	150
DGRB	Marie-Elise	Flensburg	163,9	57,85	80/100
DGRC	Mariechen II	Hamburg	321,2	113,37	105
DGRD	Emma Sell	Kiel	124,6	43,98	100
DGRE	Irmgard	Hamburg	312,0	110,13	100
DGRF	Irmgard	Hamburg	420,5	148,42	100
DGRG	Isar	Hamburg	176,9	62,46	80
DGRH	Jacobus	Hamburg	308,1	108,77	150
DGRI	Sapele Palm	Hamburg	7687,6	2713,72	2850
DGRJ	Jason	Hamburg	65,8	23,22	250
DGRK	J. C. Wriede	Hamburg-Finkenwdr.	54,7	19,31	120
DGRL	Adele+	Hamburg	901,6	318,27	300
DGRM	Erlangen	Hamburg	10313,8	3640,76	9 000
DGRN	Cairo	Hamburg	4221,0	1490,02	2750
DGRO	Diana M	Hamburg	404,4	142,76	600
DGRP	R. C. Rickmers+	Hamburg	13310,0	4698,43	5400
DGRQ	Partner	Hamburg	779,4	275,14	300
DGRR	Johanna	Hamburg-Finkenwdr.	30,4	10,73	90
DGRS	Johanna Höge	Hamburg	300,3	105,99	75
DGRT	Johanne	Hamburg	294,2	103,85	75
DGRU	Johanne	Hamburg	127,3	44,95	75
DGRV	Falke	Lübeck	64,4	22,72	25
DGRW	Johanne Becker	Hamburg	248,0	87,53	150
DGRX	Johannes	Hamburg	235,3	83,05	75
DGRY	Remscheid	Hamburg	5037,4	1778,19	4200

DGRZ — DGTV

Unterscheidungssignale	Namen der Schiffe	Heimathafen	Kubikmeter (Nettoraumgehalt)	Registertons (Nettoraumgehalt)	PS
DGRZ	Comet	Krautsand	268,6	94,83	90
DGSA	Johannes Matthies	Hamburg	291,7*	102,98*	400
DGSB	Windhuk+	Hamburg	12463,1	4399,49	4000
DGSC	Obereider	Rendsburg	233,8	82,54	150
DGSD	Ahrensburg	Hamburg	4709,9	1662,60	5140
DGSF	Jonni Wilhelmine	Hamburg	244,4	86,26	110
DGSG	Karin W	Hamburg	66,6	23,51	136
DGSH	Wuppertal	Hamburg	5037,5	1778,24	4200
DGSI	Vriendschap	Hamburg	48	17	120
DGSJ	Weissenburg	Hamburg	4344,8	1533,58	3600
DGSK	Justizia	Hamburg	147,9	52,19	50
DGSL	Jutta	Hamburg	149,8	52,89	75
DGSM	Jutta	Hamburg	17,5	6,18	—
DGSN	Käte	Hamburg	168,4	95,45	50
DGSO	Käte	Hamburg	252,2	88,95	80
DGSP	Frida Thorborg	Hamburg	448,7	158,39	200
DGSQ	Elise Oltmann	Hamburg	434,5	153,37	150
DGSR	E. u. M. Schwimmkran I	Hamburg	939,5	331,65	400
DGSS	Käthe	Hamburg	131,0	46,23	120
DGST	Seefalke	Hamburg	525,0	185,33	300
DGSU	Unkas	Hamburg	1348,8	476,14	1050
DGSV	Käthe Block	Hamburg	166,6	58,81	75
DGSW	Reibel I.	Hamburg	1918,7	677,32	700
DGSX	Käthe Ritscher	Hamburg	402,8	142,20	200
DGSY	Kamerad	Hamburg	256,3	90,48	110
DGSZ	Kaptaube	Hamburg	161,8	57,12	75
DGTA	Heinrich Wegener	Hamburg	141,6	49,98	120
DGTB	Frieda Wilckens	Hamburg	792,0	279,57	300
DGTC	Rugard	Hamburg	3291,1	1161,75	990
DGTD	Karla	Burgstaaken	254,9	89,97	100
DGTE	Ilse Matthiesen	Hamburg	1124,8	397,04	500
DGTF	Katerine	Hamburg-Finkenwdr.	60,9	21,48	150
DGTG	Katharina	Hamburg	197,1	69,56	50
DGTH	Kattegat	Hamburg-Finkenwdr.	54,9	19,38	175
DGTI	Kehdingen	Hamburg	438,7	154,86	150
DGTJ	Hans Oltmann	Hamburg	830,2	293,07	700
DGTK	Kehrwieder II	Hamburg	498,3	175,90	250
DGTL	Uhlenhorst	Hamburg	1773,8	625,96	450
DGTM	Königsberg	Hamburg	280,1	98,88	145
DGTN	Kondor	Hamburg	279,6	98,70	90
DGTO	Lori Dreyer	Hamburg	423,9	149,65	200
DGTP	Julius Hauschildt	Hamburg	781,7	275,95	300
DGTQ	Landkirchen	Hamburg	281,5	99,36	150
DGTR	Erna	Hamburg	13,1	4,61	70
DGTS	Landrath Küster	Hamburg-Finkenwdr.	34,1	12,03	85
DGTT	Cord Eckelmann	Hamburg	1113,6	393,11	800
DGTU	Leda	Büsum	109,6	38,68	75
DGTV	Lene Reinhold	Hamburg	140,3	49,54	75

* = Bruttoraumgehalt.

DGTW — DGVT

Unterscheidungssignale	Namen	Heimathafen	Kubikmeter	Registertons	PS
	der Schiffe		Nettoraumgehalt		
DGTW	Juist	Hamburg	468,5	165,39	200
DGTX	Nerissa	Hamburg	970,4	342,56	1000
DGTY	Liesbeth	Hamburg	137,9	48,66	70
DGTZ	Lilly	Hamburg	312,4	110,28	90
DGUA	Wally	Hamburg	406,7	143,55	150
DGUB	Line Hinsch	Hamburg	146,9	51,85	70
DGUC	Lisa	Hamburg	950,1	335,40	500
DGUE	Lisa	Wischhafen	169,7	59,91	100
DGUF	Lisa	Hamburg-Finkenwdr.	66,7	23,54	150
DGUG	Lisa Oltmann	Hamburg	275,5	97,26	125
DGUH	Liselotte	Hamburg	155,1	58,27	100
DGUI	Lothar	Hamburg	1215,1	428,93	450
DGUJ	Winnie Lattmann	Hamburg	2492,0	879,67	1200
DGUK	Ursel	Hamburg	187,6	66,21	50
DGUL	Hadersleben	Hamburg	546,1	192,77	225
DGUM	Mehetal	Hamburg	203,4	71,80	60
DGUN	Luise	Hamburg	125,7	44,38	50
DGUO	Gesa	Hamburg	222,2	78,44	165
DGUP	Magdalena	Pellworm	123,9	43,73	70
DGUQ	Claere Jung	Hamburg	3705,9	1308,19	2520
DGUR	Magret-Inge	Hamburg	209,2	73,84	200
DGUS	Gustav	Hamburg	33,6	11,85	180
DGUT	Marga	Hamburg	250,8	88,53	120
DGUU	Margaretha	Hamburg	279,6	98,69	75
DGUV	Magaretha	Hamburg	206,5	72,90	60
DGUW	Margaretha	Hamburg	164,8	58,18	80
DGUX	John Beckedorf	Hamburg	1163,6	410,76	—
DGUY	Margaretha Nibbe	Cranz	390,8	137,97	150
DGUZ	Salmo	Hamburg	338,8	119,60	160
DGVA	Carlsson II	Hamburg	187,2	59,01	155
DGVB	Ingeborg II+	Hamburg	1030,9	363,89	300
DGVC	Willi Huber	Hamburg	4536,9	1601,52	1650
DGVD	Sintra	Hamburg	68,2	24,13	190
DGVE	Margit	Hamburg-Finkenwdr.	68,9	24,33	180
DGVF	Maria	Hamburg	105,1	37,09	75
DGVG	Maria	Hamburg	138,0	48,69	110
DGVH	Gerd Schöning	Hamburg	115,5	40,76	90
DGVI	Calliope	Hamburg	4190,9	1479,38	1250
DGVJ	Helga Russ	Hamburg	1765,0	623,05	1500
DGVK	Concordia	Hamburg	2837,8	1001,74	1400
DGVL	Vagabund	Hamburg	409,7	144,62	100
DGVM	Elisabeth Boll	Haren/Ems	565,0	199,43	240
DGVN	Marianne	Brake	227,1	80,15	60
DGVO	Marianne	Hamburg	208,4	73,57	80
DGVP	Marianne	Hamburg	253,8	89,58	75
DGVQ	Marieanne	Hamburg	129,2	45,63	36
DGVR	Marido	Hamburg	259,0	91,41	80
DGVS	Marie	Hamburg	149,1	52,62	90
DGVT	Marie	Hamburg	148,7	52,49	60

DGVU — DGXS

Unter-scheidungs-signale	Namen der Schiffe	Heimathafen	Kubik-meter Nettoraumgehalt	Register-tons	PS
DGVU	Jan Hamm	Hamburg	1097,9	387,55	475
DGVV	Dalbek+	Hamburg	7266,6	2565,11	2910
DGVW	Hannes Fesefeldt	Hamburg	778,1	274,66	300
DGVX	Montania+	Hamburg	21680,9	7653,37	6650
DGVY	Altenwerder	Hamburg	72,6	25,63	850
DGVZ	Ida Kuhlencort	Hamburg	141,2	49,86	75
DGWC	Elke	Düsseldorf	670,5	36,67	400
DGWD	Hannah Böge	Hamburg	2919,3	1030,50	1850
DGWE	Breiholz	Rendsburg	247,9	87,52	95
DGWF	Bugsier 7	Hamburg	68,1	24,05	850
DGWG	Alcedo	Hamburg	362,6	128,00	125
DGWH	Martha	Hamburg	106,1	37,44	50
DGWI	Martha	Hamburg	117,9	41,64	45
DGWJ	Hans Pickenpack	Hamburg	920,2	324,82	1250/1570
DGWL	Ellerbek	Hamburg	2899,2	1023,43	1875
DGWM	Martha Ahrens	Hamburg	342,0	120,71	200
DGWN	Martha Christine	Hamburg	223,5	78,89	120
DGWO	August Peters	Hamburg	1615,4	570,25	750
DGWP	Emmalies Funk	Hamburg	210,0	74,12	150
DGWQ	Mary	Hamburg	177,3	62,67	100
DGWR	Matador	Hamburg	297,4	104,98	90
DGWS	Matador	Rendsburg	242,0	85,41	75
DGWT	Matador II	Hamburg	263,2	92,90	70
DGWU	Thea	Hamburg	315,3	111,32	90
DGWV	Wilhelm Doerenkamp	Hamburg	4833,9	1706,36	2520
DGWW	Ozean	Hamburg	814,1	287,36	300
DGWX	Max	Hamburg	79,9	28,20	60
DGWY	Ernst Gaulke	Hamburg	278,3	98,26	150
DGWZ	Melpomene	Hamburg	321,3	113,41	120
DGXA	Memelland	Hamburg	489,1	172,66	240
DGXB	Meridian	Brake	232,4	82,02	120
DGXC	Merkur	Hamburg	181,0	63,91	100
DGXD	Meta	Hamburg	273,8	96,65	75
DGXE	Meta	Hamburg	114,9	40,54	75
DGXF	J. C. Ertel	Hamburg	4495,5	1586,93	1470
DGXG	Jürgen Stahmer	Hamburg	606,5	214,10	300
DGXH	Meta-Grete	Hamburg	215,0	75,91	180
DGXI	Meta Holst	Hamburg-Finkenwdr.	74,1	26,15	180
DGXJ	Ernst Uwe	Hamburg	258,7	91,32	150
DGXK	Meta Schröder	Hamburg-Finkenwdr.	59,2	20,89	150
DGXL	Meteor	Hamburg	233,5	82,44	85
DGXM	Dockenhuden	Hamburg		1148	1400
DGXN	Else Parchmann	Bremen	983,0	347,00	350
DGXO	Mimi	Hamburg	219,4	77,46	75
DGXP	Minna	Hamburg	179,8	63,48	120
DGXQ	Vale+	Hamburg	17699,2	6247,83	5400
DGXR	Minna Catharina	Hamburg	234,6	82,81	90
DGXS	Minna Marie	Hamburg	163,1	57,56	50

DGXT — DGZP

Unterscheidungssignale	Namen der Schiffe	Heimathafen	Kubikmeter (Nettoraumgehalt)	Registertons (Nettoraumgehalt)	PS
DGXT	Klaus Turowsky	Hamburg	712,6	251,58	300
DGXU	Jürgen Wehr	Hamburg	784,5	276,94	300
DGXV	Möwe	Hamburg	180,4	63,68	75
DGXW	Aenne Tänzler	Hamburg	52,0	18,36	14
DGXX	Monica	Warsingsfehn	503,6	117,77	400
DGXY	Otto	Hamburg	1042,0	367,82	1200
DGXZ	Mulli	Hamburg	184,5	65,11	90
DGYA	Muschi	Hamburg-Finkenwdr.	29,1	10,27	90
DGYB	Najade	Lübeck	141,2	49,83	320
DGYC	Neckar	Hamburg	546,9	193,07	300
DGYD	Neptunes	Hamburg	142,6	50,33	60
DGYE	Nessdiek	Hamburg-Finkenwdr.	57,2	20,18	120
DGYF	Neuenfelde	Hamburg	281,6	99,42	200
DGYG	Niederelbe	Hamburg	562,5	198,57	150
DGYH	Niedersachsen	Hamburg	376,6	132,93	165
DGYI	Niobe	Hamburg	137,4	48,52	80
DGYJ	Niobe	Hamburg	246,1	86,86	75
DGYK	Nixe	Hamburg	198,0	69,91	90
DGYL	Nobiskrug	Hamburg	452,4	159,69	175
DGYM	Norden	Hamburg	472,8	166,88	180
DGYN	Grete Hauschildt	Hamburg	790,9	279,17	300
DGYO	Clara Blumenfeld	Hamburg	4365,1	1540,88	1200
DGYP	Nordmark	Hamburg	380,4	134,28	200
DGYQ	Nordstern	Hamburg-Finkenwdr.	60,9	21,48	125
DGYR	Ilse Russ	Hamburg	1731,9	611,38	1575
DGYS	Nymphe	Wilhelmshaven	38,6	13,63	100
DGYT	Nordwind+	Hamburg	2503,8	883,84	1400
DGYU	Leipzig	Hamburg	11257,2	3973,79	9000
DGYV	Olga	Hamburg	477,7	168,64	200
DGYW	Ingrid Becker	Rendsburg	394,5	139,25	108
DGYX	Orion	Hamburg	315,8	111,47	200
DGYY	Lothareins	Hamburg	697,4	239,88	305
DGYZ	Oste	Hamburg	136,5	48,17	100
DGZA	Ostetal	Hamburg	208,0	73,41	110
DGZB	Ostmark	Hamburg	485,0	171,22	560
DGZC	Ostsee	Hamburg	258,9	91,41	150/155
DGZD	Pallos	Hamburg	149,5	52,76	75
DGZE	Thorgerd	Hamburg	904,4	319,25	650
DGZF	Margarete Peters+	Hamburg	1804,4	636,96	800
DGZG	Erik Seyd	Hamburg	728,6	257,21	300
DGZH	Louise	Hamburg	460,1*	162,48*	1330
DGZI	Luise I	Hamburg	394,8	139,87	240
DGZJ	Petrolina	Hamburg	1006,0	355,11	—
DGZK	Pinnau	Hamburg	273,6	96,58	125
DGZL	Nordstern	Hamburg	13489,5	4761,80	4200
DGZM	Widar	Hamburg	8639,8	3049,86	3500
DGZN	Pirat	Hamburg	538,7	190,15	200
DGZO	Leanna	Hamburg	3902,8	1377,69	1400
DGZP	Welheim+	Hamburg	14542,0	5133,32	6000

* = Bruttoraumgehalt.

DGZQ — DHBR

Unter-scheidungs-signale	Namen der Schiffe	Heimathafen der Schiffe	Nettoraumgehalt Kubikmeter	Nettoraumgehalt Registertons	PS
DGZQ	Esteburg	Hamburg	890,9	314,49	400
DGZR	Polaris	Hamburg	335,9	118,58	110
DGZS	Polarstern	Hamburg	126,2	44,54	60
DGZT	Portia	Hamburg	1255,1	443,04	800
DGZU	Preciosa	Hamburg	121,6	42,92	70
DGZV	Presto	Hamburg	39,5	13,95	85
DGZW	Christian Goedeken	Hamburg	766,8	270,52	1200
DGZX	Regina	Hamburg	138,5	48,90	70
DGZY	Reina	Hamburg	131,3	46,34	50
DGZZ	Nordlicht	Hamburg	483,5	170,68	300
DHAB	Roland	Hamburg	396,0	139,78	150
DHAC	Peter S	Hamburg	430,5	151,97	280/300
DHAD	Rolf Hubert	Hamburg	202,8	71,58	100
DHAE	Esperanza+	Hamburg	8064,6	2846,81	4200
DHAF	Rügen	Flensburg	14,0	4,99	35
DHAG	Rungholt	Hamburg	566,5	199,99	200
DHAJ	Nordland+	Hamburg	13643,2	4816,04	4200
DHAK	Erik Blumenfeldt+	Hamburg	21430,6	7565,00	5400
DHAL	Troyburg+	Hamburg	6920,0	2442,77	3600
DHAM	Orion II	Hamburg	930,2	328,37	430
DHAN	Schlei	Hamburg	155,9	55,04	120
DHAO	Schwalbe	Hamburg	436,5	154,08	120
DHAP	Schwalbe	Hamburg	106,9	37,73	125
DHAQ	Schwalbe	Hamburg	253,3	89,41	90
DHAR	Schwalbe	Hamburg-Finkenwdr.	73,4	13,32	90
DHAS	Schwalbe II	Hamburg	237,1	83,71	150
DHAU	Seeadler	Hamburg	109,9	38,78	80
DHAV	Bayern	Leer	282,1	99,57	300
DHAW	Seefalke	Hamburg	143,6	50,71	75
DHAX	Tübingen	Hamburg	10302,0	3636,60	9000
DHAY	Seemöve	Hamburg	214,9	75,85	150
DHAZ	Seemöve	Hamburg	272,4	96,16	100
DHBA	Seestern	Kiel	171,7	60,62	135
DHBB	Fairplay VI	Hamburg	109,4	38,60	800
DHBC	Saarland+	Hamburg	14549,2	5135,86	9000
DHBD	Selma	Hamburg	455,7	160,87	150
DHBE	Borkum	Hamburg	322,6	113,86	200
DHBF	Hertha Gerdau	Hamburg	788,3	278,28	300
DHBG	Siegfried Brey	Hamburg	293,4	103,59	110
DHBH	Käte Hinz	Hamburg	391,9	138,36	180
DHBI	Sirene	Brake	243,8	86,07	70
DHBJ	Sleipner	Hamburg	249,2	87,97	80
DHBK	Pegasus I	Hamburg	423,4	149,46	200
DHBL	Cap Verde+	Hamburg	15054,9	5314,36	7000
DHBM	Sperber	Hamburg	55,5	19,61	150
DHBN	Spika	Hamburg	157,4	55,55	75
DHBO	Richard Kaselowsky	Hamburg	20683,6	7301,32	7200
DHBP	Spongia	Hamburg	97,1	34,29	90
DHBR	Lucie Schulte	Hamburg	3236,4	1142,46	1250

DHBS — DHDO

Unterscheidungssignale	Namen der Schiffe	Heimathafen	Kubikmeter (Nettoraumgehalt)	Registertons (Nettoraumgehalt)	PS
DHBS	Trude	Rendsburg	433,3	152,94	165
DHBT	Berta Beck	Hamburg	468,6	165,42	250
DHBU	Stör	Hamburg	399,6	141,05	150
DHBV	Stormarn	Hamburg	988,0	348,47	750
DHBW	Käthe Brunckhorst	Hamburg	592,3	209,09	300
DHBX	Süderilw	Hamburg-Finkenwdr.	45,8	16,16	125
DHBY	Sülfmeister	Hamburg	173,6	61,27	120
DHBZ	Ingeborg	Hamburg	1870,8	660,39	750
DHCA	Taube	Elsfleth	133,8	47,23	50
DHCB	Ubena	Hamburg	8104,6	2860,92	5340
DHCC	Taucher Flint I	Hamburg	86,9	30,66	200
DHCD	Taucher Flint II	Hamburg	54,7	19,29	160
DHCE	Taucher Flint III	Hamburg	60,1	21,21	180
DHCF	Taucherfahrzeug III	Hamburg	45,4	16,02	65
DHCG	Taucher Harmstorf 5	Hamburg	47,8	16,87	75
DHCH	Taucher Harmstorf 6	Hamburg	23,2	8,20	50
DHCI	Taucher Ottar Harmstorf IX	Hamburg	274,6	96,92	
DHCK	Thea	Hamburg	300,2	105,97	100
DHCL	Thomas	Hamburg	790,8	279,16	250
DHCM	Elfi Breuer	Hamburg	782,2	276,12	300
DHCN	Hove	Hamburg	956,2	337,53	480
DHCO	Tine Schröder	Hamburg	140,1	49,44	70
DHCP	Marga Henning	Hamburg	313,7	110,75	215
DHCQ	Pionier	Bensersiel	71,4	25,19	150
DHCR	Treue	Hamburg	394,8	139,38	214
DHCS	Triton	Hamburg	121,2	42,80	60
DHCT	Undine	Hamburg	422,6	149,17	150
DHCU	Undine	Hamburg	269,4	95,10	75
DHCV	Uranus	Hamburg	130,1	45,92	50
DHCW	Göttingen	Hamburg	10311,5	3639,94	9000
DHCX	Uwe-Ursula	Hamburg	295,0	104,14	180
DHCY	Valborg	Hamburg	473,1	167,01	150
DHCZ	Vertrauen	Hamburg	237,6	83,86	50
DHDA	Elke Freese	Hamburg	465,5	164,32	250
DHDB	Geier	Hamburg	78,2	27,61	250
DHDC	Fischbek +	Hamburg	7316,0	2582,55	3000
DHDD	Vorwärts	Hamburg	301,1	106,29	90
DHDE	Vorwärts	Hamburg	145,5	51,35	80
DHDF	Carl Julius	Hamburg	9112,3	3216,63	4000
DHDH	Walter	Hamburg	127,2	44,89	90
DHDI	Walter	Hamburg	122,0	43,06	100
DHDJ	Marita	Haren/Ems	385,2	135,97	200
DHDK	Ane Jess	Rendsburg	210,8	74,42	120
DHDL	Wanda	Hamburg	218,5	77,13	60
DHDM	Urania	Osten	342,8	121,00	190
DHDN	Wega	Cuxhaven	54,6	19,26	100
DHDO	Weißer Greif	Eckernförde	389,9	137,62	150

DHDP — DHFP

Unter-scheidungs-signale	Namen der Schiffe	Heimathafen der Schiffe	Kubikmeter Nettoraumgehalt	Registertons Nettoraumgehalt	PS
DHDP	Hermann Tiedemann	Hamburg	62,6*	22,10*	260
DHDR	Werner	Hamburg	1358,0	479,39	650
DHDS	Weser	Hamburg	749,2	264,45	—
DHDT	Rothenburg	Hamburg	4030,0	1422,61	3500
DHDU	Wilfried	Hamburg	424,7	149,93	150
DHDV	Wilfriede Klünder ...	Hamburg	292,5	103,25	100
DHDW	Wilhelmina.........	Brake	264,5	93,96	105
DHDX	Louise Lattmann....	Hamburg	4121,8	1455,01	1800
DHDY	Steendiek^{+}	Hamburg	3254,1	1148,68	2000
DHDZ	Willida	Hamburg	138,1	48,74	75
DHEA	Willy Charles	Hamburg	244,7*	86,36*	525
DHEB	Willy Marie	Hamburg	454,2	160,33	110
DHEC	Windhund	Hamburg	322,0	113,66	150
DHED	Wolf	Hamburg	515,2	181,85	150
DHEE	Arkona	Hamburg	111,5	39,36	50
DHEF	Wotan	Hamburg	220,5	77,83	120
DHEG	Woterküken	Tönning	153,	5,39	75
DHEH	Mangan	Hamburg	1643,4	580,12	850
DHEJ	E. u. M. Schwimmkran IV	Hamburg	1405,3	496,08	—
DHEK	Dortmund..........	Hamburg	11536,9	4072,54	9500
DHEL	Pollux	Oldersum	74,1	26,15	16/18
DHEN	Erika Schulte	Hamburg	1715,7	605,63	1470
DHEO	Erna Liebisch	Hamburg	497,4	175,57	330
DHEP	Süd-West	Hamburg	726,8	256,55	250
DHEQ	Asgard	Hamburg	23,1	8,16	45
DHER	Paul..............	Hamburg	749,9	280,61	250
DHES	Bewa.............	Hamburg	782,6	276,24	300
DHET	Elvdiek...........	Hamburg	761,3	268,75	300
DHEU	Stintfang..........	Hamburg	4462,2	1575,17	3500
DHEV	Helmut	Hamburg	158,1	55,82	100
DHEW	Valeria^{+}	Hamburg	5723,2	2020,30	4000
DHEX	Emma Sauber	Hamburg	4288,5	1513,84	1320
DHEY	Emsriff	Hamburg	9030,7	3187,83	1800
DHEZ	Bergungsschute 4 ...	Hamburg	246,3	86,95	—
DHFA	Bugsier 11	Hamburg	68,1	24,05	850
DHFC	Martha Russ	Hamburg	2119,0	748,01	1200
DHFD	Brook	Hamburg	2252,3	795,08	1250
DHFE	Adolph	Hamburg	98,2	34,67	250
DHFF	Dorothea Weber	Hamburg	691,0	243,92	250
DHFG	Juliane Schröder	Hamburg	1802,7	636,35	1500
DHFH	Klaus Wilhelm	Hamburg	513,2	181,17	360
DHFI	Nesserland	Hamburg	1409,4	497,52	570
DHFJ	Sinstorf...........	Hamburg	2141,2	755,83	1750
DHFK	Helgoland	Husum	18,2	6,43	100
DHFM	Bugsier 9	Hamburg	44,9	15,86	470
DHFN	Meta	Elsfleth..........	196,3	69,29	130
DHFO	Helga Howaldt^{+}	Hamburg	16287,4	5749,45	4000
DHFP	Tanganjika	Hamburg	7610,6	2686,55	4600

DHDP – DIFN

* = Bruttoraumgehalt.

DHFQ — DHHO

Unterscheidungssignale	Namen der Schiffe	Heimathafen	Kubikmeter (Nettoraumgehalt)	Registertons (Nettoraumgehalt)	PS
DHFQ	Rudolf Oetker	Hamburg	20678,3	7299,45	7200
DHFR	Cranz	Hamburg	610,8	215,60	250
DHFS	Johannes Friedrich	Hamburg	294,7	104,04	120
DHFT	Gertrud	Hamburg	161,5	57,00	75
DHFU	Carlshütte IV	Rendsburg	110,4	38,96	50
DHFV	E. Russ	Hamburg	2102,5	742,18	1200
DHFW	Wilhelmine Essberger	Hamburg	20579,2	7264,54	7200
DHFX	Ludwigshafen	Hamburg	11279,4	3981,61	9000
DHFY	Norderney	Cuxhaven	421,9	148,92	600
DHFZ	Transmichigan	Hamburg	2423,8	855,61	700
DHGA	Genius	Hamburg	387,0	136,59	200
DHGB	Hermann-Hans	Hamburg	521,0	183,91	250
DHGC	Tilly Russ	Hamburg	2129,0	751,53	1200
DHGD	Charlotte Schröder	Hamburg	3195,2	1127,90	1250
DHGE	Welle	Hamburg	369,9	140,10	350
DHGG	Cormoran II	Hamburg	471,0	166,27	2 × 300
DHGH	Carla	Warsingsfehn	128,6	45,39	75
DHGI	Adele	Hamburg	267,8	94,54	105
DHGJ	Lucy Essberger+	Hamburg	4101,0	1447,66	1200
DHGK	Berta Marie	Hamburg	61,8	21,81	
DHGL	Friedel	Hamburg	384,5	135,78	250
DHGM	Este	Hamburg	566,0	199,79	250
DHGN	Erna	Hamburg	139,5	49,25	30
DHGO	Lucetta	Hamburg	460,2	162,47	300
DHGP	Pergamon	Hamburg	5927,9	2092,56	1450
DHGQ	Hans Hermann	Hamburg	559,4	197,48	250
DHGR	Thetis	Hamburg	765,2	270,11	250
DHGS	Herta Giese	Hamburg	566,4	199,95	300
DHGT	Leopard	Hamburg	511,9	180,71	250
DHGU	Robert Bornhofen+	Hamburg	9614,6	3393,96	3800
DHGV	Carlo Porr	Hamburg	1707,8	602,85	1000
DHGX	Esso München	Hamburg	28594,7	10093,92	12700
DHGY	Sonderburg	Hamburg	31,3	11,04	640
DHGZ	Hamburg	Hamburg	724,7	255,81	250
DHHA	Francis N	Hamburg		1110	1200
DHHB	Julius Pickenpack	Hamburg	627,7	221,59	800
DHHC	Seevogel	Hamburg	2323,4	820,17	800
DHHE	Christa Köncke	Hamburg	471,0	166,27	2 × 300
DHHF	Alfred	Hamburg	1297,9	458,64	460
DHHG	Tross	Lübeck	117,8	41,59	100
DHHI	Reinbek	Hamburg	4449,4	1588,29	1850
DHHJ	Ella Feldtmann	Hamburg	612,7	216,27	250
DHHK	Triton	Hamburg	18,1	6,39	90
DHHL	Dörte II	Flensburg	444,8	157,08	250
DHHM	Rheinland	Hamburg	4114,9	1452,55	1200
DHHN	Thor	Hamburg	3440,4	1214,48	1800
DHHO	Gretchen v. Allwörden	Osten	509,9	179,98	250

DHHP — DHJS

Unterscheidungssignale	Namen der Schiffe	Heimathafen	Kubikmeter (Nettoraumgehalt)	Registertons (Nettoraumgehalt)	PS
DHHP	Edelgard	Hamburg	391,6	138,24	250
DHHQ	Vormann Rass	Hamburg	1874,8	661,79	800
DHHR	Paul Lübcke	Hamburg	627,7	221,59	800
DHHS	Doggerbank	Hamburg	57,8	20,21	150
DHHT	Hamburg	Hamburg	14951,6	5277,93	10560
DHHU	Wolfsburg	Hamburg	9318,8	3289,58	3100
DHHV	Mühlheim-Ruhr	Hamburg	6354,7	2243,20	2×950
DHHW	Anita Hauschildt	Hamburg	341,5	120,54	180
DHHX	Thüringen	Hamburg	827,0	291,93	250
DHHY	Harald Schröder	Hamburg	2241,8	791,34	1250
DHHZ	Transerie	Hamburg	2389,8	843,41	1120
DHIB	Rügen	Hamburg	657,2	231,98	250
DHIC	Simson	Hamburg	690,7	243,81	—
DHID	Klaus	Hamburg	271,5	95,83	125
DHIE	Annemarie Renate	Hamburg	391,0	138,01	300
DHIG	Claus Möller	Hamburg	627,1	221,59	800
DHIH	Hanseat	Hamburg	675,9	238,60	250
DHII	Levensau	Hamburg	1515,6	534,99	1430
DHIJ	Weser	Hamburg	566,8	200,10	—
DHIK	Tetuan	Hamburg	2359,8	832,84	1450
DHIL	Wiking	Hamburg	576,7	203,57	300
DHIM	Jan Peter	Hamburg	415,5	146,66	250
DHIN	Matador	Hamburg	133,2*	47,04*	390
DHIO	Otto Schubert	Hamburg	691,0	243,92	800
DHIQ	Peter	Hamburg	435,8	160,19	175
DHIR	Uta	Hamburg	865,4	302,30	300
DHIS	Gebina	Haren/Ems	1061,8	374,63	300
DHIT	Wolfgang Russ	Hamburg	4523,5	1596,81	4000
DHIU	Holger	Hamburg	2548,2	899,51	1165
DHIV	Tanga	Hamburg	9532,7	3365,06	2×2000
DHIW	Wotan	Hamburg	177,3	62,58	2×850
DHIX	Joachim Schulte	Hamburg	9357,1	3303,06	2800
DHIY	Senior	Hamburg	4956,8	1749,74	1550
DHIZ	Stralsund	Hamburg	429,9	151,74	750
DHJA	Almut	Hamburg	2465,4	870,29	900
DHJB	Rita	Hamburg	678,0	239,34	250
DHJC	Quadriga	Hamburg	4888,4	1724,29	5200
DHJD	Wihinapa	Hamburg	17753,7	6267,06	6100
DHJE	Matthias Föcher	Hamburg	609,5	215,15	880
DHJF	Alteland	Hamburg	561,2	198,11	850
DHJH	Bahrenfeld	Hamburg	428,4	151,23	970
DHJI	Bellatrix	Hamburg	6877,3	2427,70	1750
DHJK	Anton Castens	Hamburg	1693,8	597,75	700
DHJM	Bertha	Hamburg	94,1	33,33	60
DHJN	Keitum	Rendsburg	2549,0	899,79	1600
DHJO	Lühesand	Hamburg	1317,7	445,16	550
DHJP	Ludwigsburg+	Hamburg	6831,9	2411,67	3600
DHJR	Heinrich Colsmann	Hamburg	561,2	198,11	800
DHJS	Cordelia	Hamburg	3140,5	1108,59	1000

* = Bruttoraumgehalt.

DHJT — DHLU

Unterscheidungssignale	Namen der Schiffe	Heimathafen	Kubikmeter (Nettoraumgehalt)	Registertons (Nettoraumgehalt)	PS
DHJT	Burstah	Hamburg	1841,0	649,86	2200
DHJU	Änne-Ursula	Hamburg	463,7	163,70	250
DHJV	Antilope	Hamburg	719,9	254,12	250
DHJW	Harriet Siedler	Hamburg	3272,3	837,42	700
DHJX	Ursula Schulte	Hamburg	7018,2	2477,43	4000
DHJZ	Morsum	Rendsburg	2549,0	899,79	1600
DHKA	Barmbek	Hamburg	428,4	151,23	970
DHKB	Korbach	Hamburg	3070,0	1083,70	1650
DHKC	Seeadler	Hamburg	200,2	70,67	125
DHKD	Claus Böge	Hamburg	3581,8	1264,38	1200
DHKE	Hilda-Rebecka	Hamburg	654,2	230,94	250
DHKF	Kapmöwe	Lübeck	1533,1	541,18	800
DHKG	Glückauf	Hamburg	8123,3	2867,54	2900
DHKH	Carl	Hamburg	1556,0	549,26	600
DHKI	Winnetou	Hamburg	10810,6	3816,16	3500
DHKJ	Günther Schulte	Hamburg	7041,3	2485,58	2240
DHKK	MargaretheReckmann	Hamburg	632,1	223,13	800
DHKL	Saxonia	Hamburg	3054,0	1078,06	800
DHKN	Bugsier 8	Hamburg	68,1	24,05	850
DHKO	Cap Ortegal+	Hamburg	14984,8	5289,63	7200
DHKP	Annemarie Krüger	Hamburg	1898,2	670,07	850
DHKQ	Brunsbüttel	Hamburg	4588,9	1619,88	5140
DHKR	Mobil Oil 6	Hamburg	88,8	31,34	90
DHKS	Puck	Bremen	401,5	141,73	250
DHKU	Setubal+	Hamburg	2426,2	856,44	1470
DHKV	Lystum	Rendsburg	2552,7	901,12	1600
DHKW	Nobistor+	Hamburg	7030,5	2481,75	3000
DHKX	Nordenham+	Hamburg	2102,2	742,00	1000
DHKY	Franz Mathies	Hamburg	1285,8	453,90	550
DHKZ	Virgilia+	Hamburg	5721,2	2019,59	4000
DHLA	Oldenburg	Hamburg	1861,9	657,24	2×700
DHLB	W. Th. Stratmann	Hamburg	463,5*	163,62*	1140
DHLD	Shell 42	Hamburg	136,3	48,12	200
DHLE	Coburg	Hamburg	3507,2	1238,04	1600
DHLF	Sylvia	Hamburg	908,3	320,62	660
DHLG	Martin Lütje	Hamburg	971,4	342,90	300
DHLH	Günther Russ	Hamburg	1526,4	538,81	675
DHLI	Glückauf	Hamburg	491,4	173,46	250
DHLJ	Pollux	Hamburg	86,1	30,38	24
DHLK	Krautsand	Hamburg	793,4	280,07	250
DHLL	John Aug. Essberger	Hamburg	15190,0	5362,06	2800
DHLM	Las Palmas+	Hamburg	4926,6	1739,10	2×1000
DHLO	Berlin	Hamburg	9179,5	3240,38	2600
DHLP	Beteigeuze	Hamburg	7869,6	2777,96	1800
DHLQ	Rabat	Hamburg	1860,7	656,82	2400
DHLR	Wilhelm Bornhofen	Hamburg	5229,3	1845,95	1450
DHLS	Kapt. Jan Reinecke	Hamburg	1994,5	704,06	920
DHLT	Blinkfuer	Hamburg-Finkenwdr.	59,3	20,92	120
DHLU	Tenerife+	Hamburg	4953,6	1748,63	2000

* = Bruttoraumgehalt

DHLV — DHNT

Unterscheidungssignale	Namen	Heimathafen	Kubikmeter	Registertons	PS
	der Schiffe		Nettoraumgehalt		
DHLV	Else Hugo Stinnes ..	Hamburg	3873,8	1367,27	1950
DHLW	Köhlfleet	Hamburg	420,7	148,52	250
DHLX	Shell 43	Hamburg	149,6	52,80	200
DHLY	Kolonius	Hamburg	8041,5	2838,65	1750
DHLZ	Tanger+	Hamburg	4946,3	1746,05	2000
DHMA	Mai Rickmers	Hamburg	7909,7	2792,14	1700
DHMB	Irma-Renate	Kiel-Friedrichsort ..	61,6	21,78	150
DHMC	Ellen Hugo Stinnes ..	Hamburg	6119,2	2160,08	2000
DHMD	Jacob Becker	Hamburg	903,7	319,01	300
DHME	Hoechst	Hamburg	11321,3	3996,43	9000
DHMF	Brandenburg	Hamburg	4146,3	1463,64	2350
DHMG	Messina+	Hamburg	3548,8	1252,73	2000
DHMH	Luise	Hamburg	17,6	6,23	40
DHMI	Svealand+	Hamburg	3484,2	1229,93	2400
DHMJ	Algier+	Hamburg	3548,5	1252,63	2400
DHMK	Heinrich Ihde	Hamburg	546,8	193,03	750
DHML	Lisboa	Hamburg	1858,6	665,10	1400
DHMN	Bugsier 10	Hamburg	44,9	15,86	470
DHMO	Valencia+	Hamburg	3566,0	1258,79	2400
DHMP	Santa Ursula	Hamburg	11612,6	4099,25	3600
DHMQ	Niedersachsen+	Hamburg	6888,2	2431,54	4540
DHMR	Komtur+	Kiel	1380,2	487,20	540
DHMS	Hai	Hamburg	34,2	12,06	120
DHMT	Hecht	Hamburg	34,2	12,06	120
DHMU	Timandra	Hamburg	640,0	225,90	800
DHMV	Palermo+	Hamburg	3562,3	1257,50	2400
DHMW	Astarte	Hamburg	781,7	275,94	300
DHMX	Norrland	Hamburg	3487,0	1230,91	1600
DHMY	Elbstrom	Hamburg	555,3	196,03	300
DHMZ	Marianne	Hamburg	74,9	26,44	18
DHNA	Sankt Johann	Hamburg	2848,7	1005,58	1200
DHNB	Atlantic	Hamburg	12031,2	4247,01	2250
DHNC	Hannover	Leer	524,7	185,21	560
DHND	Antje	Heiligenhafen	62,9	22,20	120
DHNE	Jersbek	Hamburg	2855,4	1007,97	1850
DHNF	Benno	Hamburg	3631,8	1282,02	2000
DHNG	Planet	Hamburg	737,9	260,46	300
DHNH	Ruhrland	Hamburg	1199,9	423,55	760
DHNI	Helga I	Hamburg	136,9	48,33	35
DHNJ	Baumwall	Hamburg	1428,4	504,21	1500
DHNK	Esther Schulte	Hamburg	8078,9	2851,87	2100
DHNL	Santa Elena	Hamburg	11607,5	4097,45	4000
DHNM	Burkhard Bröhan+ .	Hamburg	3716,4	1311,90	1650
DHNN	Titania	Hamburg	640,0	225,92	800
DHNO	Käthe Jonas+	Hamburg	947,3	334,39	300
DHNP	Helene	Kiel	52,7	18,62	18
DHNR	Leichter 1	Hamburg	943,8	333,17	—
DHNS	Klaus Schoke	Hamburg	9241,4	3262,22	3000
DHNT	Lina Robert Müller ..	Hamburg	2185,1	771,35	1480

DHNU — DHPT

Unterscheidungssignale	Namen der Schiffe	Heimathafen der Schiffe	Kubikmeter Nettoraumgehalt	Registertons Nettoraumgehalt	PS
DHNU	Petra	Hamburg	1111,9	392,49	1040
DHNV	Aegir	Hamburg	8520,9	3007,88	3500
DHNW	Achilles	Hamburg	993,7	350,79	300
DHNX	Ganges	Hamburg	16257,0	5738,74	3300
DHNY	Duisburg	Hamburg	4180,7	1475,78	2350
DHNZ	Elisabeth Bornhofen	Hamburg	3387,0	1195,63	2300
DHOA	L. F. Mathies	Hamburg	1931,5	681,88	750
DHOB	Liselotte Essberger	Hamburg	3604,9	1272,54	1200
DHOC	Proteus	Hamburg	4284,1	1512,28	4100
DHOD	Hans Hinnick	Hamburg	65,9	23,28	1500
DHOE	Odenwald	Hamburg	8043,1	2839,21	4200
DHOF	Neuwerk	Hamburg	398,2	140,57	300
DHOG	Rehhorst	Hamburg	2142,4	756,26	900
DHOI	Heluan	Hamburg	1399,5	819,64	1200
DHOJ	Ostpreussen+	Hamburg	8523,1	3008,64	2000
DHOK	Atlanta	Hamburg	1389,7	490,58	1400
DHOL	Scharhörn	Hamburg	1460,7	515,64	1250
DHOM	Cremon	Hamburg	642,8	226,89	800
DHON	Eider	Hamburg	1076,5	380,00	—
DHOO	Hermes	Hamburg	679,9	240,01	300
DHOP	Herta Johanne III	Hamburg	835,7	294,99	300
DHOR	Stör	Hamburg	603,6	213,08	500
DHOS	Pollux	Hamburg	77,9*	27,50*	230
DHOT	Paula	Hamburg	396,6	140,00	250
DHOU	Perseus	Hamburg	4284,1	1512,28	4100
DHOV	Bernd Wesch	Hamburg	2336,5	824,79	900
DHOW	Ocean	Hamburg	138,2	48,79	75
DHOX	Spreewald	Hamburg	8120,9	2866,66	4200
DHOY	Esso 61	Hamburg	88,4	31,21	88
DHOZ	Adema	Bremerhaven	917,0	323,70	750
DHPA	Fairplay I.	Hamburg	19,7	6,95	970
DHPB	Adolf Leonhardt	Hamburg	11272,8	3379,28	3500
DHPC	Santa Catarina	Hamburg	11651,6	4113,01	3520
DHPD	Seefalke	Hamburg	60,5	21,36	125
DHPE	Vangard	Hamburg	2660,2	939,06	840
DHPF	Frieda Peters	Hamburg	1877,1	662,60	1050
DHPG	Hornfels	Hamburg	6386,8	2254,53	2700
DHPH	Stadeland	Bremen	763,4	269,50	300
DHPI	Pinguin	Hamburg	37,6	13,26	150
DHPK	Reinhart Lorenz Russ	Hamburg	4261,2	1504,19	2800
DHPL	August Bolten	Hamburg	4236,6	1495,50	3000
DHPM	Heimo Reckmann	Hamburg	958,2	338,35	1200
DHPN	Gretchen Müller	Hamburg	1496,4	528,22	1100
DHPO	Kaltehofe	Hamburg	268,4	94,75	150
DHPP	Transvaal	Hamburg	6202,1	2189,34	3300
DHPQ	Esso 65	Hamburg	93,2	32,89	120
DHPR	Diana	Hamburg	75,6	26,70	108
DHPS	Continent	Hamburg	9491,7	3350,57	3360
DHPT	Hornsund	Hamburg	6392,4	2256,53	2700

* = Bruttoraumgehalt.

DHPV — DHRR

Unter-scheidungs-signale	Namen der Schiffe	Heimathafen der Schiffe	Kubikmeter Nettoraumgehalt	Registertons Nettoraumgehalt	PS
DHPV	Amrum	Hamburg	1714,9	605,37	1200
DHPW	Flensburg	Flensburg	208,7*	73,66*	350
DHPX	Athen	Hamburg	4270,1	1507,34	2750
DHPY	Hermann Sauber	Hamburg	3942,6	1391,78	1700
DHPZ	Angelburg	Hamburg	4298,6	1517,42	4800
DHQA	Johann Ahlers	Hamburg	1933,5	682,51	1000
DHQB	Julia	Hamburg	447,1	157,84	490
DHQC	Flottbek	Hamburg	3723,7	1314,48	2200
DHQD	Kamerun	Hamburg	6163,9	2186,45	3330
DHQE	Anni	Hamburg	146,4	51,66	36
DHQF	Hildegard Peters	Hamburg	2727,7	962,87	950
DHQG	Tarpenbek	Hamburg	3694,0	1303,98	2000
DHQH	Ernst Blumenfeld +	Hamburg	7869,2	2777,83	2400
DHQI	Ehrenfeld	Hamburg	3334,6	1177,11	1400
DHQJ	Burg Sparrenberg	Hamburg	6699,8	2365,02	3500
DHQK	Wagrien	Hamburg	811,4	286,41	500
DHQL	Pegasus	Hamburg	4295,3	1516,28	5100
DHQM	Eifeltal	Bremen	1461,8	516,02	750
DHQN	Jan	Hamburg	144,4	50,99	750
DHQO	Hildegard Z. Nimtz +	Hamburg	5849,5	2064,86	2300
DHQP	Konsul Nimtz	Hamburg	7144,7	2522,09	2300
DHQQ	Otterberg	Hamburg	2830,5	999,16	900
DHQR	Santa Isabel	Hamburg	11618,1	4101,19	3520
DHQS	Onabe	Hamburg	110,2	36,89	250
DHQT	Heinrich Grammerstorf +	Kiel	7530,6	2658,30	2 × 1200
DHQU	Nady	Hamburg	2607,0	920,26	1000
DHQV	Assel	Hamburg	787,5	277,98	300
DHQW	Oste	Hamburg	603,1	212,90	500
DHQX	Moseltal	Hamburg	1461,8	516,02	800
DHQY	Anita	Hamburg	6702,5	2365,97	4000
DHQZ	Helga Böge	Hamburg	3730,4	1316,88	1450
DHRA	Otto Blumenfeld	Hamburg	4698,8	1658,69	1500
DHRC	Magdeburg	Hamburg	4183,2	1476,67	2350
DHRD	Nigeria	Hamburg	6188,2	2184,45	2750
DHRE	Else Müller	Hamburg	1493,7	527,27	1150
DHRF	Marga	Hamburg	7674,9	2709,23	2200
DHRG	Johann Haltermann	Hamburg	3203,2	1130,73	1680
DHRH	Eilenau	Hamburg	8874,2	3132,59	2800
DHRI	Poseidon	Hamburg	9287,9	3275,63	4000
DHRJ	Porto +	Hamburg	2383,0	841,21	1470
DHRK	Sarrius	Hamburg	76,9	27,16	25
DHRL	Holnis	Hamburg	7654,4	2702,08	2000
DHRM	Jacob Rüsch +	Hamburg	1479,1	522,11	300
DHRN	Albert	Hamburg	161,1	56,88	120
DHRO	Claus Bischoff	Hamburg	7473,3	2638,08	1700
DHRQ	Transontario	Hamburg	2150,0	758,96	1400
DHRR	Niedermehnen	Hamburg	635,4	224,28	850

DHRT — DIBP

Unter-scheidungs-signale	Namen der Schiffe	Heimathafen der Schiffe	Kubikmeter (Nettoraumgehalt)	Registertons (Nettoraumgehalt)	PS
DHRT	Rolf	Hamburg	853,0	301,22	300
DHRU	Rügen	Hamburg	1228,4	433,63	860
DHRV	Habicht	Lübeck	144,7*	51,06*	400
DHRW	Olga	Hamburg	11082,6	3912,15	2000
DHRX	Isebek	Hamburg	764,9	270,00	520
DHRY	Christa II	Hamburg	614,7	216,98	300
DHRZ	Taucher Ottar Harmsdorf IV	Hamburg	94,9*	33,50*	325
DIAA	Desdemona	Hamburg	3296,5	1163,68	1470
DIAB	Atlantik	Hamburg	6076,9	2145,14	3000
DIAC	Helga Bolten	Hamburg	14997,8	5294,24	2400
DIAD	Esso 62	Hamburg	78,5	27,72	90
DIAE	Peter Frese	Hamburg	410,3	144,83	250
DIAF	Schwinge	Hamburg	599,7	211,69	500
DIAG	Electra	Bremen	1461,8	516,02	800
DIAH	Oberg	Hamburg	765,1	270,08	520
DIAI	Galata	Hamburg	4266,0	1505,00	2750
DIAJ	St. Michael	Hamburg	3110,9	1098,15	2100
DIAK	Hans Bröhan+	Hamburg	1817,4	641,56	1000
DIAL	Koblenz	Hamburg	56,2	19,83	400
DIAM	Cleopatra	Hamburg	3296,5	1163,68	1470
DIAN	Baldur	Hamburg	8630,6	3046,62	3500
DIAO	Werner Meyburg	Hamburg	534,1	188,54	300
DIAQ	Paul Hoop	Hamburg	526,2	185,78	300
DIAR	Tarragona	Hamburg	3082,5	1088,13	1500
DIAS	Amazonas	Hamburg	3928,1	1386,64	2700
DIAT	Mok Wi	Hamburg	959,9	338,84	360
DIAU	Roland Russ	Hamburg	4292,0	1515,08	2750
DIAV	Agnes Essberger	Hamburg	801,4	282,91	360
DIAW	Rheinland	Hamburg	1923,8	678,94	1300
DIAX	Ungeheuer	Hamburg	9,8	3,47	60
DIAY	Fatima	Bremen	3110,9	1098,15	2680
DIAZ	Helene	Hamburg	127,0	44,84	36
DIBA	Käthe-Marie	Hamburg	685,0	241,81	500
DIBB	Heilbronn	Hamburg	1220,9	430,98	700
DIBC	Leada	Hamburg	3766,6	1329,60	1400
DIBD	Martha	Hamburg-Finkenwdr.	31,7	11,20	120
DIBE	Hohewisch	Hamburg	53,7*	18,96*	200
DIBF	Vulkan	Hamburg	6820,3	2407,55	4200
DIBG	Dresden+	Hamburg	21641,6	7639,48	12500
DIBH	Pazifik	Hamburg	6145,5	2169,35	3000
DIBI	Esso Bolivar	Hamburg	17100,6	6036,51	3600
DIBJ	Werratal	Hamburg	3546,4	1251,87	2560
DIBK	Mercur	Flensburg	1471,3	519,36	900
DIBL	Hinrich Hey	Hamburg	627,5	221,49	1100
DIBM	Kaspir Robert Müller	Hamburg	2839,9	1002,49	1800
DIBN	Claudia	Hamburg	1026,5	362,35	490
DIBO	Sturmvogel	Hamburg	170,7	60,26	65
DIBP	Otto Kamm II	Hamburg	169,2	59,74	150

* = **Bruttoraumgehalt.**

DIBQ — DIDM

Unterscheidungssignale	Namen der Schiffe	Heimathafen der Schiffe	Kubikmeter Nettoraumgehalt	Registertons Nettoraumgehalt	PS
DIBQ	Alstertor	Hamburg	3808,9	1344,53	4670
DIBR	Mathi de	Hamburg	219,4	77,45	100
DIBS	Heinrich Lorenz+	Hamburg	2702,1	953,83	2500
DIBT	Oetje	Oldenburg	105,8	37,35	90
DIBU	Usedom	Hamburg	120,08	42,43	200
DIBV	Libanon	Hamburg	7448,4	2629,27	2750
DIBW	Augsburg	Hamburg	4268,1	1506,64	3600
DIBX	Hein Hoyer	Hamburg	10107,0	3567,77	2600
DIBY	Christa	Hamburg	3865,9	1364,67	1400
DIBZ	Quartole	Hamburg	3969,8	1401,32	4200
DICA	Flottbek	Hamburg	107,9	38,07	180
DICB	Spitzerdorf+	Hamburg	1095,1	386,57	475
DICC	Grimm+	Hamburg	1469,1	582,12	800
DICD	Heinrich Erich	Hamburg	170,4	60,17	18
DICE	Marie	Hamburg	49,8	17,58	18
DICF	Helmuth	Hamburg	87,0	30,71	30
DICG	Eduard Becker	Hamburg	2047,1	722,64	1050
DICH	Alstertal	Hamburg	3546,4	1251,87	2560
DICI	Marie Rüsch	Hamburg	790,9	279,18	300
DICJ	William	Hamburg	381,0	134,48	180
DICK	Peka+	Hamburg	1171,8	413,49	500
DICL	Werner Felter	Hamburg	588,7	207,82	300
DICM	Georg Russ	Hamburg	3531,6	1246,66	2400
DICN	Julin	Hamburg	1614,3	569,84	750
DICO	Köln	Cuxhaven	670,9	236,82	990
DICP	Alsterdamm+	Hamburg	1623,1	572,94	800
DICQ	Wien+	Hamburg	14050,3	4959,76	9000
DICR	Frankfurt	Hamburg	14857,9	5444,84	10560
DICS	Würzburg	Düsseldorf	1549,6	547,03	700
DICT	Eduard Schupp	Hamburg	1844,2	651,01	1000
DICU	Pamela	Hamburg	844,2	298,01	950
DICV	Quadrivium	Hamburg	3926,1	1385,91	4200
DICW	Bugsier 1	Hamburg	68,0	23,99	600
DICX	Hansestadt Hamburg	Hamburg	1182,0	417,23	700
DICY	Lautertal+	Hamburg	1456,6	514,19	900
DICZ	Atalanta	Hamburg	141,4	49,93	116
DIDA	Värmland	Hamburg	971,6	342,99	1000
DIDB	Simplon	Hamburg	794,3	280,40	886
DIDC	Hammonia	Hamburg	1507,6	532,18	1000
DIDD	St. Patrick	Lübeck	527,5	186,21	500
DIDF	Hasselburg+	Hamburg	9899,8	3494,63	5340
DIDG	Ausdauer	Hamburg	10,7	3,78	25
DIDH	Starline Progress	Hamburg	1424,8	502,94	720
DIDI	Elsa Essberger	Hamburg	18731,9	6612,35	6650
DIDK	Bugsier 2	Hamburg	68,2	24,06	850
DIDL	Anna Catharina	Hamburg	3490,1	1232,00	1800
DIDM	Edmund Hugo Stinnes	Hamburg	4153,7	1466,26	3600

DIDN — DIFN

Unterscheidungssignale	Namen der Schiffe	Heimathafen	Kubikmeter (Nettoraumgehalt)	Registertons (Nettoraumgehalt)	PS
DIDN	Anneliese Porr	Hamburg	1147,8	405,00	660
DIDO	Pelion+	Hamburg	3325,5	1173,90	1500
DIDP	Kassel	Hamburg	8967,1	3165,40	8000
DIDQ	Johanna	Hamburg	3827,2	1351,01	1400
DIDR	Karl Leonhardt	Hamburg	5630,0	1977,90	2000
DIDT	Steckelhörn	Hamburg	3866,7	1364,49	2700
DIDU	Passau	Bremerhaven	670,9	236,82	990
DIDV	Santa Teresa+	Hamburg	18928,8	6681,88	4000
DIDW	Energie	Hamburg	99,7	35,19	90
DIDY	Cressida	Hamburg	953,5	336,59	1000
DIDZ	Krautsand	Hamburg	1030,0	363,60	700
DIEA	Margaret C. Ertel	Hamburg	2421,9	854,98	925
DIEB	Hans Gosch	Hamburg	676,8	238,90	1000
DIEC	Lucie Vollmers	Hamburg	983,1	347,02	430
DIED	von Beckerath	Hamburg	422,4	149,10	750
DIEE	Ute Parchmann	Bremen	1135,5	400,84	300
DIEF	Württemberg+	Hamburg	13790,0	4867,87	6000
DIEG	Lissy Schulte	Hamburg	1074,2	379,20	1250
DIEI	Bugsier 3	Hamburg	68,1	24,05	850
DIEJ	Berlin	Hamburg	6062,0	2139,89	3360
DIEK	Tarbek	Hamburg	679,0	239,70	520
DIEL	Heidelberg+	Hamburg	15757,7	5562,47	9000
DIEM	Alsterpark	Hamburg	1646,8	581,14	800
DIEN	Babitonga	Hamburg	7631,2	2693,81	2750
DIEO	Waldeck	Hamburg	4839,8	1708,44	2800
DIEP	Santa Inés+	Hamburg	18877,1	6663,68	4000
DIEQ	Roland II	Hamburg	63,1	22,27	18
DIER	Billetal	Hamburg	3573,6	1261,48	2560
DIES	Palma	Hamburg	1132,5	399,76	840
DIET	Hinrich	Hamburg	2512,8	887,04	1600
DIEV	Hermann Schulte	Hamburg	1836,7	648,36	1470
DIEW	Köln	Hamburg	8976,6	3168,74	8000
DIEX	Eduard Rusche	Hamburg	1520,6	536,79	750
DIEY	Transatlantic+	Hamburg	9110,4	3215,96	3335
DIEZ	Amalie Essberger	Hamburg	593,0	209,32	400
DIFA	Paula Rahmann	Hamburg	597,8	211,02	300
DIFB	Falkenstein	Hamburg	8896,9	3140,59	5600
DIFC	Barbara	Hamburg	6839,8	2414,47	3600
DIFD	Rodenbek	Hamburg	3627,8	1280,61	2700
DIFE	Harald Becker	Hamburg	2053,4	724,84	1045
DIFF	Malaga+	Hamburg	2928,4	1033,74	1280
DIFG	Warendorp	Lübeck	1572,1	554,95	1000
DIFH	Victoria	Hamburg	47,8	16,71	400
DIFI	Trave	Hamburg	2041,5	720,67	—
DIFJ	Freundschaft	Hamburg	58,5	20,47	65
DIFK	Parnass	Hamburg	3336,9	1177,91	1500
DIFL	Wiedenborstel	Hamburg	2875,1	1014,91	1400
DIFM	Freya	Hamburg	106,7	37,66	28
DIFN	Fairway	Hamburg	2849,0	1005,69	1400

* = Bruttoraumgehalt.

DIFO — DIHJ

Unter-scheidungs-signale	Namen	Heimathafen	Kubik-meter (Nettoraumgehalt)	Register-tons (Nettoraumgehalt)	PS
	der Schiffe				
DIFO	Braunschweig	Hamburg	11218,3	3960,06	9000
DIFP	Ophelia	Hamburg	3397,8	1199,43	1470
DIFQ	Alca	Hamburg	351,3	124,00	440
DIFR	Heimat	Hamburg-Finkenwdr.	61,5	21,71	130
DIFS	Nicola	Bremerhaven	1302,7	459,85	850
DIFT	Bussard	Hamburg Finkenwerder	61,9	21,86	120
DIFU	Käte	Hamburg-Finkenwerder	61,9	21,86	120
DIFV	Ingrid Leonhardt	Hamburg	8955,3	3161,23	3500
DIFW	Alk	Hamburg	112,7	39,79	460
DIFX	Hermann Krone	Hamburg	539,3	190,37	1440
DIFY	Michael M	Hamburg	1413,2	498,85	800
DIFZ	Mönkedamm	Hamburg	2017,0	712,01	1200
DIGA	Egon Wesch	Hamburg	725,2	255,98	1000
DIGB	Butt	Hamburg	593,3	209,44	300
DIGC	Transpacific+	Hamburg	8822,6	3114,39	3335
DIGD	Julius Hugo Stinnes	Hamburg	2928,1	1033,64	950
DIGE	Santa Rita+	Hamburg	17078,2	6028,62	4000
DIGF	Alsen	Hamburg	500,3	176,60	560
DIGG	Boreas	Hamburg	719,6	254,02	1500
DIGH	Nordmeer	Hamburg	13475,0	4756,74	4200
DIGI	Hüxter	Hamburg	942,6	332,75	1050
DIGJ	Simon von Utrecht	Hamburg	9254,8	3266,95	3000
DIGK	Alteland	Hamburg	1022,7	361,02	500
DIGL	Helga	Hamburg	447,9	158,13	300
DIGM	Frauke Danz	Hamburg	686,2	242,22	500
DIGN	Perikles	Hamburg	4281,9	1511,51	4670
DIGO	Konstanz	Hamburg	689,4	243,37	1000
DIGP	Marie Boettger	Hamburg	2180,3	769,65	1465
DIGQ	Katharina	Hamburg	631,4	222,89	300
DIGR	Karen Bolten	Hamburg	2922,6	1031,67	1850
DIGS	Mainz	Hamburg	689,4	243,37	875
DIGT	Gelsenkirchen	Hamburg	739,6	261,07	875
DIGU	Inge-Ursula+	Hamburg	883,5	311,88	250
DIGV	Transozean Hugo Stinnes	Hamburg	15252,4	5384,10	3600
DIGW	Santa Rosa+	Hamburg	16970,8	5990,71	4000
DIGX	Humor	Hamburg	140,5*	49,58	375
DIGY	Karl	Hamburg	227,2	80,19	350
DIHA	Muansa	Hamburg	6311,6	2227,99	3800
DIHB	Hans August	Hamburg	80,0	28,23	18
DIHD	Hornkliff	Hamburg	6458,4	2279,83	3300
DIHE	Albatross	Hamburg	75	26	275
DIHF	Marwa	Hamburg	448,5	158,32	300
DIHG	Grönnebek	Hamburg	3866,1	1364,72	2000
DIHH	Navico III	Hamburg	188,3	66,47	275
DIHI	Leichter III	Hamburg	1022,2	360,85	—
DIHJ	Charles Eckelmann	Hamburg	1165,0	411,24	750

* = Bruttoraumgehalt.

DIHK — DIJG

Unterscheidungssignale	Namen der Schiffe	Heimathafen	Kubikmeter Nettoraumgehalt	Registertons Nettoraumgehalt	PS
DIHK	Heimdal	Hamburg	5309,5	1874,26	1775
DIHL	Valda Ahrenkiel	Hamburg	4391,0	1550,01	1650
DIHM	Annie Hugo Stinnes	Hamburg	3057,5	1079,29	850
DIHN	Jan Jonas	Hamburg	607,0	214,26	300
DIHO	Hildegard Doerenkamp+	Hamburg	7808,9	2756,55	3800
DIHP	Fairplay IV	Hamburg	110,5	39,00	800
DIHR	Hansa	Hamburg	392,5	138,54	300
DIHS	Johannes Russ+	Hamburg	19838,7	7003,08	5340
DIHT	Navico IV	Hamburg	127,6	45,06	250
DIHU	Esso Düsseldorf	Hamburg	28775,0	10157,59	12672
DIHV	Alsterufer	Hamburg	4191,1	1479,45	4670
DIHW	Bugsier 12	Hamburg	44,8	15,88	470
DIHX	Emilia	Hamburg	447,1	157,84	450
DIHY	Ute	Hamburg	930,1	328,31	300
DIHZ	Uwe	Hamburg	550,2	194,21	300
DIIA	Borkumriff	Hamburg	60,1	21,23	120
DIIB	Hedwig Lünstedt	Hamburg	701,1	247,49	300
DIIC	Karin	Hamburg-Finkenwdr.	63,5	22,43	120
DIID	Seilmoker	Hamburg-Finkenwdr.	59,5	21,02	150
DIIE	Urundi	Hamburg	8067,6	2847,86	4900
DIIF	Frank Leonhardt	Hamburg	9501,9	3354,19	4200
DIIH	Bravo	Hamburg	198,8	70,18	350
DIII	Cap Blanco	Hamburg	9676,4	3415,77	7200
DIIJ	Günther	Hamburg	619,8	218,80	300
DIIK	Steendiek	Hamburg-Finkenwdr.	60,9	21,48	120
DIIL	Bismarckstein	Hamburg	829,5	292,88	300
DIIM	Hamburg	Hamburg	37,4	13,19	120
DIIN	Heinrich Hugo Stinnes	Bremen	4327,7	1527,69	1600
DIIO	Botilla Russ	Hamburg	1177,7	415,73	1530
DIIP	Juno	Hamburg	107,2	37,83	2×150
DIIQ	Paul Rickmers+	Hamburg	12707,0	4485,57	5400
DIIR	Piräus	Hamburg	4085,7	1442,27	4650
DIIS	Jupiter	Hamburg	830,7	293,22	280
DIIT	Hannover	Hamburg	14866,2	5247,76	10560
DIIU	Cap Frio	Hamburg	9606,1	3390,96	7200
DIIV	Congo	Hamburg	6076,0	2144,82	2700
DIIW	Ellen M	Hamburg	407,5	143,84	300
DIIX	Therese	Hamburg	103,6*	36,57*	320
DIIY	Quartett	Hamburg	4523,1	1596,66	5340
DIIZ	Michel	Hamburg	461,7*	162,98*	1140
DIJA	Johann Petersen	Hamburg	189,6*	66,94*	378
DIJB	Hasselwerder	Hamburg	599,8	211,73	300
DIJC	Klaus Leonhardt	Hamburg	9671,4	3414,00	3500
DIJD	Falke	Hamburg	25,2	8,91	300
DIJE	Theresia Russ	Hamburg	1182,1	417,29	1500
DIJF	Klaus+	Hamburg	2463,4	869,59	1250
DIJG	Pagensand	Hamburg	2045,9	722,20	1200

* = Bruttoraumgehalt.

DIJH — DILF

Unterscheidungs-signale	Namen der Schiffe	Heimathafen	Kubikmeter (Nettoraumgehalt)	Registertons (Nettoraumgehalt)	PS
DIJH	Geert Howaldt	Hamburg	8735,4	3083,61	4000
DIJI	Ölsauger II	Hamburg	147,7	52,14	416
DIJJ	Portunus	Hamburg	4647,8	1640,67	5140
DIJK	Nordkap	Hamburg	774,8	273,50	300
DIJL	Jörn Witt	Hamburg	1110,2	391,89	600
DIJM	Commerz	Hamburg	9266,4	3271,06	3360
DIJN	Trotzenburg	Hamburg	602,4	212,65	450
DIJO	Nord	Hamburg	97,2*	34,82*	250
DIJP	Wappen von Hamburg	Hamburg	3245,1	1145,54	5 × 1200
DIJQ	Voline	Hamburg	702,6	248,01	475
DIJR	Kondor	Hamburg	351,1*	47,68*	275
DIJS	John Schröder	Hamburg	1905,6	672,66	1650
DIJT	Ditmar Koel	Hamburg	11425,4	4033,16	2500
DIJU	Horncap	Hamburg	4360,3	1539,18	5340
DIJV	Hedwig Henning	Hamburg	621,0	219,23	360
DIJW	Marschenland	Hamburg	417,0	147,20	280
DIJX	Gilda	Hamburg	450,1	158,89	300
DIJY	Heidenau	Hamburg	564,4	192,88	300
DIJZ	Gisela Essberger	Hamburg	857,4	302,66	520
DIKA	Esso Hamburg	Hamburg	28596,2	10094,44	12500
DIKB	Plato	Hamburg	525,7	185,57	300
DIKD	Ulanga	Hamburg	6133,8	2165,23	3800
DIKE	Cap Norte	Hamburg	10607,6	3744,69	7200
DIKF	Brunshausen	Hamburg	4586,0	1618,85	5140
DIKG	Faust	Hamburg	18870,8	6661,89	6500
DIKH	Henry Böge	Hamburg	3098,0	1093,59	1200
DIKI	Quo vadis	Hamburg	480,4	169,58	280
DIKJ	Klaus Block	Hamburg	609,7	215,24	300
DIKK	Millerntor	Hamburg	8890,4	3138,30	4000
DIKL	Esso Frankfurt	Hamburg	28632,4	10107,23	12670
DIKM	Saturn	Hamburg	35,2	12,41	300
DIKN	Ravensberg+	Hamburg	3952,2	1395,11	3600
DIKO	Birka	Hamburg	1451,6	512,43	600
DIKP	Solveig Rickertsen	Hamburg	10013,9	3534,89	2800
DIKQ	Ingrid	Hamburg	450,5	159,04	300
DIKR	Greif	Hamburg	168,7*	59,57*	300
DIKS	Anne Marie	Hamburg	540,7	190,86	300
DIKT	Julius Schindler	Hamburg	20593,0	6269,38	7200
DIKV	Cap Vilano	Hamburg	10619,4	3748,65	7200
DIKW	Fairplay XIV	Hamburg	109,3	38,60	800
DIKX	Solingen	Hamburg	5005,9	1767,09	4200
DIKY	Rita Bartels	Hamburg	450,7	159,09	300
DILA	Borkum	Hamburg	1470,7	519,15	1100
DILB	Hinrich Peters	Hamburg	1936,2	683,47	650
DILC	Leabeth+	Hamburg	4085,6	1442,23	1680
DILD	Selma Nimtz	Hamburg	3622,5	1278,74	3800
DILE	Ammerland	Hamburg	16060,2	5669,27	4100
DILF	Usaramo	Hamburg	8103,6	2860,58	5335

* = Bruttoraumgehalt.

DILG — DINC

Unter-scheidungs-signale	Namen der Schiffe	Heimathafen	Kubikmeter (Nettoraumgehalt)	Registertons (Nettoraumgehalt)	PS
DILG	Usambara+	Hamburg	12810,6	4522,14	5000
DILH	Cap Finisterre+	Hamburg	14989,2	5291,17	7200
DILI	Eilenburg	Hamburg	530,0	187,09	300
DILJ	Krefeld	Hamburg	5037,5	1778,23	4200
DILK	Kuhwerder	Hamburg	69,9	24,66	850
DILL	Hedwigshütte	Hamburg	14394,7	5081,82	2500
DILM	Sleipner II	Hamburg	670,1	263,58	460
DILN	Fairwind+	Hamburg	5335,5	1883,42	2000
DILO	Helmuth Hardekopf	Hamburg	156,1	55,11	120
DILP	Parthenon	Hamburg	4095,5	1445,70	4670
DILQ	Bökelnburg	Hamburg	962,6	339,78	430
DILR	August Thyssen	Hamburg	11927,0	4210,23	2500
DILS	Augusta	Hamburg	446,5	157,61	180
DILT	Lissabon+	Hamburg	7768,5	2742,27	3340
DILU	Holsten	Hamburg	3850,0	1359,07	1850
DILV	Pasajes+	Hamburg	2391,0	844,03	1470
DILW	Rudolf Karstens	Hamburg	486,8	171,85	300
DILX	Ortrud Müller	Hamburg	1626,2	574,04	1000
DILY	Elbe	Hamburg	6057,8	2138,41	2700
DILZ	Hilda Wesch+	Hamburg	3097,7	1093,47	1250
DIMA	Dithmarschen	Hamburg	671,3	276,96	300
DIMB	Ebba Blumenfeld	Hamburg	8232,0	2905,91	3400
DIMC	Hanna Dreier	Hamburg	671,8	237,13	300
DIMD	Klaus Buck	Hamburg	513,3	181,21	300
DIME	Westfalen+	Hamburg	14778,5	5216,81	6750
DIMF	Patricia	Hamburg	393,1	138,76	198
DIMG	Hornstern	Hamburg	6773,1	2390,90	5850
DIMH	Brunswick	Hamburg	4600,4	1623,94	4200
DIMI	Helge	Hamburg	475,7	167,92	300
DIMJ	Beate	Hamburg	963,3	340,04	300
DIMK	Heinz-Helmut	Hamburg	517,1	182,54	300
DIML	Nordstern	Hamburg	1001,9	353,66	300
DIMM	Cläre Hugo Stinnes+	Hamburg	15290,1	5397,36	6300
DIMN	Nelly Haltermann	Hamburg	1078,0	380,54	520
DIMO	Kirchwerder	Hamburg	69,9	24,66	850
DIMP	Finkenwerder	Hamburg	69,9	24,66	850
DIMQ	Tilly Böge	Hamburg	3129,5	1104,72	1950
DIMR	Bonita+	Hamburg	2808,7	991,47	1350
DIMS	Glückauf	Hamburg	798,7	281,93	800
DIMT	Alsterkamp	Hamburg	4968,1	1753,73	4450
DIMU	Lealott+	Hamburg	7795,3	2751,74	4200
DIMV	Frieda Buss	Hamburg	787,8	278,10	300
DIMW	Luise Bornhofen	Hamburg	9789,4	3455,66	3800
DIMX	Silvana	Hamburg	596,9	210,72	300
DIMY	H.-Günther Bülow	Hamburg	978,9	345,55	520
DIMZ	Austria	Hamburg	30,3	10,70	150
DINA	Augustenburg	Hamburg	5688,4	2008,02	4800
DINB	Heike	Hamburg	559,2	197,40	300
DINC	Frauke	Hamburg	786,3	277,56	300

DIND — DIPB

Unterscheidungssignale	Namen der Schiffe	Heimathafen der Schiffe	Nettoraumgehalt Kubikmeter	Nettoraumgehalt Registertons	PS
DIND	Hermann Langreder +	Hamburg	1720,9	607,49	1000
DINE	Marie Steffens	Hamburg	178,8	63,10	80
DINF	Heinrich Christian Oetker	Hamburg	17556,7	6197,50	5500
DING	Ernst Schröder	Hamburg	2823,2	996,58	2800
DINH	Carlota Bolten	Hamburg	2921,4	1031,27	1850
DINI	Zephyros	Hamburg	850,1	300,07	1800
DINJ	Gerd Frese	Hamburg	775,0	273,56	300
DINK	Montan +	Hamburg	14069,3	4966,45	6300
DINL	Nessand +	Hamburg	1041,4	367,63	700
DINM	Stubbenhuk	Hamburg	67,4*	23,78*	320
DINN	Togo	Hamburg	8078,3	2851,64	5100
DINO	Kelon	Hamburg	69,8	24,63	170
DINP	Griesenwerder	Hamburg	69,9	24,66	850
DINQ	Verano II	Hamburg	29,2	10,31	190
DINR	Ursula Peters	Hamburg	2147,2	757,97	1140
DINS	Fleth	Hamburg	968,8	341,82	500
DINT	Süllberg	Hamburg	2378,7	839,69	1000
DINV	Anna-Marie	Hamburg	77,7*	27,42*	360
DINW	Elmo	Hamburg	235,7	83,19	112
DINX	Athlet	Hamburg	491,0	173,31	1600
DINY	Birte	Hamburg	780,5	275,52	300
DINZ	Urania	Hamburg	2527,8	892,12	1250
DIOA	Eilbek +	Hamburg	5998,2	2117,37	2200
DIOB	Magda Wegener	Hamburg	779,1	275,01	300
DIOC	Thorstein	Hamburg	821,7	290,07	450
DIOD	Brage	Hamburg	8556,3	3020,36	3500
DIOE	Bugsier 14	Hamburg	68,9	24,31	850
DIOF	Heinrich Knüppel	Hamburg	596,0	210,38	300
DIOG	Margaretha Bischoff +	Hamburg	3104,6	1095,92	1320
DIOH	Carl Levers	Hamburg	1995,6	704,43	1208
DIOI	Imperator	Hamburg	409,1	144,41	300
DIOJ	Braunsfeld	Hamburg	2297,8	811,14	1250
DIOK	Usedom	Hamburg	552,5	195,02	350
DIOL	Corona	Hamburg	7808,5	2756,40	5400
DIOM	Hoheneichen	Hamburg	974,5	344,00	675
DION	Sagitta	Hamburg	968,9	342,03	750
DIOP	Oscar Mathies	Hamburg	1866,0	658,70	1000
DIOQ	Bernd-Gunda	Hamburg	693,8	244,73	300
DIOR	Auguste Weitert	Hamburg	6058,4	2138,62	1800
DIOT	Clio	Hamburg	503,4	177,70	300
DIOU	Cormoran	Hamburg	92,4	32,60	345
DIOV	Caroline Oetker	Hamburg	37286,7	13162,20	16500
DIOW	Annegret	Hamburg	596,9	210,72	300
DIOX	Bugsier 15	Hamburg	68,9	24,31	850
DIOY	Ingeborg	Hamburg	603,2	212,94	150
DIOZ	Jonny Jonas	Hamburg	973,3	343,57	500
DIPA	Vogelsberg	Hamburg	3897,7	1375,88	1760
DIPB	Carsten Rehder	Hamburg	736,2	259,86	1200

* = Bruttoraumgehalt.

DIPC — DISW

Unterscheidungssignale	Namen	Heimathafen	Kubikmeter	Registertons	PS
	der Schiffe		Nettoraumgehalt		
DIPC	Apollo	Hamburg	777,8	274,55	300
DIPD	Hammaburg	Hamburg	611,6	215,91	300
DIPE	Welf	Hamburg	397,7	140,40	300
DIPF	Weimar +	Hamburg	14147,8	4994,18	9000
DIPG	Walter Richter	Hamburg	594,1	209,72	300
DIPH	Heinrich Udo Schulte	Hamburg	3880,2	1369,71	1680
DIPI	Käthe Bartels	Hamburg	867,4	306,20	525
DIPJ	Hohenbuchen	Hamburg	974,1	343,85	675
DIPK	Hornsriff	Hamburg	799,8	282,34	300
DIPL	Alsterkamp	Hamburg	1753,8	619,09	800
DIPM	J. H. Jonas	Hamburg	596,9	210,72	500
DIPN	Ilse Feldmann	Hamburg	778,6	274,84	300
DIPO	Freiburg +	Hamburg	8041,8	2838,74	4200
DIPP	BP Olex 34	Hamburg	136,9	48,34	170
DIPQ	Nordwald	Hamburg	1296,2	447,54	870
DIPR	Cap Palmas +	Hamburg	14438,0	5096,62	6300
DIPS	Herford +	Hamburg	3291,5	1161,89	2000
DIPT	Rungholt	Hamburg	41,1	14,52	120
DIPU	Dieksand	Hamburg	1040,1	367,15	700
DIPV	Esso Vegesack	Hamburg	152,2	53,72	133
DIPW	Nordenfeld	Hamburg	889,5	313,98	500
DIPX	Kösterberg	Hamburg	870,9	307,41	525
DIPY	Amélie Thyssen +	Hamburg	21599,3	7624,56	6650
DIPZ	Erna Witt +	Hamburg	3504,9	1237,23	2000
DIQA	Inge Leonhardt	Hamburg	1769,9	624,77	1000
DIQB	Elisabeth Bröker	Hamburg	610,6	215,55	300
DIQC	Therese Horn +	Hamburg	1319,9	465,91	750
DIQD	Bunte Kuh	Hamburg	3225,3	1138,52	6000
DIQE	Werner Franck	Hamburg	1132,1	399,63	650
DIQF	Palmyra	Hamburg	2554,5	901,75	1200
DIQG	Sevilla +	Hamburg	2426,2	856,44	1450
DIQI	Adelheid	Uetersen	274,9	97,06	150
DIQU	Anna	Bützfleth	173,5	61,25	110
DIQW	Anna	Schulau	30,3	10,69	90
DIRD	Astarte	Wilhelmshaven	32,6	11,52	50
DIRE	Bernd	Hamburg	322,4	113,81	150
DIRI	F. Werner	Uetersen	427,9	151,04	200
DIRL	Eleonore	Uetersen	411,4	145,24	240
DIRP	Condor	Schulau	66,2	23,37	150
DIRS	Diamant	Friedrichskoog	14,3	5,05	50
DIRX	Ostetal I	Hamburg	343,5	121,25	160
DISH	Ernst Heinrich	Moorege	109,0	38,49	72
DISI	Ernte	Oberndorf	204,7	72,25	35
DISL	Falke	Schulau	59,6	21,04	135
DISM	Fortuna	Glückstadt	300,7	106,16	150
DISQ	Frieda	Schulau	36,6	12,90	100
DISU	Frija	Glückstadt	251,7	88,86	150
DISW	Alfred Hinsch	Hamburg	199,2	70,31	75

DITG — DIYL					
Unter-scheidungs-signale	Namen	Heimathafen	Kubik-meter	Register-tons	PS
	der Schiffe		Nettoraumgehalt		
DITG	Holstein	Uetersen	420,7	148,51	200
DITI	Ida Joerk	Hamburg	1524,7	538,22	550
DITN	Ingerta	Hamburg	39,9	14,08	150
DITO	Irmgard	Wischhafen	220,1	77,70	60
DITS	Käte	Seesteraudeich	34,5	12,19	100
DITT	Nova	Stade	374,4	132,17	240
DITX	Kehrwieder	Burg/Dithm.	111,3	39,29	50
DITY	Kehrwieder	Seester	35,5	12,53	105
DIUI	Adlergrund	Lübeck-Travemünde	32,3	11,40	150
DIUJ	Marie-Eleonore	Helgoland	247,9	87,52	160
DIUN	Hannchen Staeglich	Schulau	35,5	12,53	75
DIVB	Odin	Glückstadt	252,0	88,86	150
DIVC	Orion	Burg/Dithm.	248,2	87,63	40
DIVK	Rheingold	Hamburg	277,6	98,00	120
DIVS	Seerose II	Neufeld	7,9	2,79	60
DIVU	Seestern	Burg/Dithm.	98,4	34,75	36
DIVV	Sirius	Seester	28,5	10,06	90
DIWE	Thea	Kollmar/Holstein	258,9	91,37	120
DIWH	Traute	Glückstadt	275,5	97,25	250
DIWK	Walter	Hamburg	133,2	47,01	50
DIWO	Windsbraut	Dieksanderkoog	20,4	7,20	24
DIWP	Zukunft	Uetersen	345,6	122,0	150
DIWT	Widder	Bremen	768,9	282,01	250
DIWU	Saxnot	Glückstadt	416,3	146,98	550
DIWW	Erna	Elmshorn	412,9	145,74	120
DIWX	Frieda	Elmshorn	272,0	96,02	100
DIWZ	Gretchen Vollmers	Uetersen	412,6	146,64	250
DIXF	Hildegard Bülow	Kollmar/Holstein	423,8	149,61	180
DIXH	Nordsee	Schulau	57,3	20,21	120
DIXM	Berta	Elmshorn	276,0	97,42	110
DIXN	Thyra	Elmshorn	265,2	93,63	120
DIXO	Kiel	Kiel	33,6	11,86	60
DIXP	Marta	Elmshorn	266,0	83,89	110
DIXQ	Zita	Elmshorn	229,9	81,16	65
DIXR	Antje Jansen	Uetersen	411,1	145,12	250
DIXT	Anke Christa	Glückstadt	62,4	22,04	150
DIXU	Grete	Itzehoe	58,1	20,52	—
DIXW	Amigo	Glückstadt	67,2	23,73	200
DIXX	Julianka	Itzehoe	950,9	335,67	250
DIXY	Edelweiß	Seester	27,2	9,61	105
DIXZ	Elbe	Elmshorn	58,9	20,80	180
DIYA	Ingrid	Uetersen	436,9	154,21	250
DIYD	Hans Bülow	Kollmar	682,4	240,88	520
DIYE	Bishorst	Haseldorf	616,9	217,76	300
DIYF	Schwalbe	Lägerdorf	125,2	44,19	66
DIYG	Albatros	Beidenfleth	92,4	32,63	40
DIYH	Anke	Niendorf	58,5	20,66	150
DIYK	Luise	Friedrichskoog	16,6	5,88	90
DIYL	Ernst Sturm	Glückstadt	159,1	56,15	120

Unterscheidungssignale	Namen der Schiffe	Heimathafen der Schiffe	Kubikmeter Nettoraumgehalt	Registertons Nettoraumgehalt	PS
DIYM	Anita Schütt	Itzehoe	430,5	151,96	300
DIYP	Rosita Maria	Uetersen	541,8	191,09	300
DIYQ	Peter Meyer	Uetersen	353,6	124,8	350
DIYR	Hinrich Koppelmann	Schulau............	412,5	145,62	300
DIYS	Seerose	Schulau	57,2	20,18	120
DIYT	Adler...............	Schulau	61,2	21,59	120
DIYU	Mittelriff	Schulau	60,3	21,28	150
DIYV	Käte	Schulau	59,5	21,02	120
DIYW	Bussard.............	Schulau	59,1	20,86	120
DIYX	Wotan	Glückstadt	375,5	132,56	600
DIYY	Hödur	Glückstadt	375,5	132,56	600
DIZA	Quellental	Pinneberg..........	84,7	29,88	—
DIZB	Steinburg	Itzehoe	920,1	324,79	300
DIZC	Hermod	Glückstadt	405,0	142,98	600
DIZD	Marie Both..........	Glückstadt	996,1	351,64	520
DIZE	P. C. Asmussen	Elmshorn	554,2	195,62	300
DIZF	Ameland............	Glückstadt	886,7	313,00	450
DIZG	Bruno	Brunsbüttelkoog	515,0	181,80	215
DIZH	Elbmarschen	Glückstadt	948,5	334,82	480
DIZI	Olaf	Itzehoe	547,8	193,37	250
DIZJ	Lux	Glückstadt	932,0	329,04	500
DIZK	Kai	Glückstadt	930,6	328,50	500
DIZY	Ingrid Weide+	Flensburg	3632,0	1282,11	1400
DIZZ	Albatros	Flensburg	211,9	74,81	260
DJAA	Harnis..............	Flensburg	1118,0	394,65	560
DJAB	Alexandra...........	Flensburg	155,5	54,90	420
DJAC	Ambronia	Amrum	23,7	8,35	100
DJAD	Ägir	Hamburg	275,2	97,15	150
DJAE	Annemarie	Keitum/Sylt........	32,8	11,59	25
DJAF	Astrea	List/Sylt	110,8	39,20	86
DJAG	Carsten Witt	Bremen.............	1726,4	609,42	1200
DJAH	En Attendent.......	Dagebüll	32,6	11,52	35
DJAI	Christel	Neustadt/Holstein...	21,1	7,44	75
DJAJ	Christine...........	Wyk/Föhr..........	97,9	34,57	100
DJAK	Doris	Flensburg	776,6	274,15	340
DJAL	Henriette	Munkmarsch	19,4	6,84	35/45
DJAM	Schleswig	Flensburg	246,3*	86,94*	380
DJAP	Inge R.-Christophersen ...	Flensburg	2925,0	1032,58	950
DJAQ	Seestern II	Kiel	60,9	21,51	125
DJAR	Hansa	Flensburg	239,1	84,49	240
DJAS	Hilligenlei	Wyk/Föhr..........	184,9	65,28	320
DJAT	Forelle..............	Flensburg	63,3	22,33	125
DJAU	Frisia...............	Wyk/Föhr..........	123,9	43,73	80
DJAV	Magdalene	Flensburg	782,1	276,08	300
DJAW	Annik	Flensburg	2076,3	732,93	1100
DJAX	Grete..............	Flensburg	80,9	28,55	50
DJAY	Uthlande	Wyk/Föhr..........	520,4	183,71	400
DJBA	Maria Elise	Flensburg	40,1	14,15	130

* = Bruttoraumgehalt.

DJBB — DJDJ

Unterscheidungssignale	Namen	Heimathafen	Kubikmeter	Registertons	PS
	der Schiffe		Nettoraumgehalt		
DJBB	Hedwig Pannbacker	Flensburg	537,8	189,65	300
DJBC	Hermine	Wyk/Föhr	92,5	32,64	50
DJBD	Venus	Flensburg	529,0	186,72	300
DJBE	Irmgard	Amrum	18,2	6,43	100
DJBF	Käthe Marie	Amrum	71,1	25,10	70
DJBG	Pollux	Flensburg	4640,6	1638,12	2000
DJBH	Karl Friedrich	Dagebüll	43,9	15,49	95
DJBI	Libelle	Flensburg	63,3	22,33	100
DJBJ	Schleswig-Holstein	Wyk/Föhr	502,7	177,45	480
DJBK	Edith N.-Christophersen	Flensburg	1311,4	462,92	860
DJBL	Marie Ursula	Flensburg	310,0	109,42	150
DJBM	Nordfriesland	Wyk/Föhr	423,4	149,46	300
DJBN	Oste	Wyk/Föhr	83,6	29,52	120
DJBO	Rolf Verhey	Dagebüll	23,4	8,27	75
DJBP	Rungholt	Wyk/Föhr	35,3	12,48	72
DJBQ	Rimberg	Hamburg	1649,8	582,36	1020
DJBR	Jul	Wyk/Föhr	143,9	90,81	120
DJBT	Siegfried	Neustadt/Holst.	20,0	7,06	90
DJBU	Neptun+	Flensburg	7398,8	2611,78	2400
DJBW	Kapitäne Christiansen	Wyk/Föhr	300,3	106,00	200
DJBX	Liselotte	Flensburg	695,0	245,33	700
DJBY	Käthe	Wyk/Föhr	31,9	11,25	16
DJBZ	Antje-Doris	Wyk/Föhr	48,2	17,03	
DJCA	Pommern	Flensburg	615,9	217,41	500
DJCB	Henry Horn+	Glücksburg	1002,4	353,86	700
DJCE	Hubert	Langballigholz	18,1	6,38	120
DJCG	Bodil Schmidt	Flensburg	1493,3	527,15	1000
DJCH	Karl Gunther Lohse	Flensburg	1807,0	637,86	1000
DJCI	Mimi Horn+	Glückstadt	1014,9	358,26	700
DJCJ	Waldtraut Horn	Glücksburg	1630,5	575,57	1000
DJCK	Claus Horn+	Glücksburg	1684,3	594,57	1000
DJCL	Anna	Amrum	18,2	6,43	
DJCO	Hildegard	Dagebüll	60,9	21,49	100
DJCP	Bianka	Heiligenhafen	18,0	6,37	105
DJCT	Flensau	Flensburg	2151,3	759,39	1200
DJCV	Charlotte Bohl	Flensburg	418,4	147,71	250
DJCW	Jupiter	Flensburg	2116,6	747,16	1200
DJCX	Schwennau	Flensburg	2120,8	748,63	1200
DJCY	Jan Meeder	Flensburg	768,5	271,30	250
DJCZ	Pallas	Flensburg	2085,9	736,31	1200
DJDD	Merkur	Flensburg	780,1	275,38	250
DJDE	Krusau	Flensburg	2324,7	820,61	1200
DJDF	Schleswig-Holstein	Flensburg	724,7	255,83	250
DJDG	Hilligenlei	Langeness	21,2	7,48	68
DJDH	Meteor II	Hamburg	90,1	31,82	150
DJDJ	AnnelisChristophersen	Flensburg	1402,4	495,05	830

DJDK — DJKR

Unter-scheidungs-signale	Namen der Schiffe	Heimathafen	Kubik-meter (Nettoraumgehalt)	Register-tons (Nettoraumgehalt)	PS
DJDK	Münster	Flensburg	755,4	266,67	250
DJDL	Fritz Raabe	Bremen	712,8	251,61	250
DJDM	Bernhard Howaldt	Flensburg	8708,6	3074,15	3000
DJDN	Hermann Althoff	Flensburg	711,8	251,25	250
DJDO	Birknack	Flensburg	4232,1	1493,93	1600
DJDQ	Amisia	Flensburg	1576,2	556,39	520
DJDR	Diana	Flensburg	4230,0	1493,17	1600
DJDS	Holstein +	Glücksburg	2307,9	814,69	1000
DJDU	Heinrich	Pellworm	49,3	17,40	55
DJDZ	Albert	Cuxhaven	97,2	34,32	50
DJEA	Mars	Büsum	16,0	5,65	60
DJEB	Miranda	Büsum	451,3	159,32	300
DJED	Anna	Pellworm	43,6	15,37	95
DJEG	Claus Hermann	Büsum	28,0	9,90	80
DJEI	Anni	Pellworm	91,8	32,41	25
DJEK	Waltraud Thorborg	Hamburg	863,6	304,84	300
DJEM	Bertha	Flensburg	19,3	6,83	120
DJEN	Arn VIII	Arnis	965,9	340,96	495
DJES	Carl Jensen	Kiel	149,6	52,83	120
DJEU	Catrina	Friedrichstadt	138,9	49,03	100
DJEY	Mariechen	Kappeln	34,5	12,18	150
DJFG	Seefalke I	Büsum	21,1	7,45	100
DJFJ	Eider	Süderstapel	184,2	65,02	100
DJFO	Heike	Maasholm	59,7	21,09	150
DJFQ	Orion	Büsum	20,9	7,39	90
DJFW	Feuerland	Büsum	14,8	5,22	100
DJGB	Frida	Büsum	18,8	6,63	75
DJGF	Fürchtenicht	Tönning	14,7	5,19	90
DJGM	Günther	Niendorf	23,5	8,30	100
DJGN	Gustav	Pellworm	137,3	48,48	55
DJGS	Hedi Engels	Büsum	31,3	11,05	120
DJHB	Herta	Arnis/Schlei	148,5	52,41	120
DJHD	Hildegard-Marie	Husum	21,7	7,66	75
DJHO	Hans Jürgen	Hamburg	127,7	45,06	120
DJHP	Kehrwieder	Cuxhaven	60,1	21,21	150
DJHR	Klaus Groth	Büsum	21,2	7,48	80
DJHX	Nordmeer	Büsum	60,0	21,20	150
DJIG	Marie	Husum	57,5	20,31	65
DJII	Rungholt	Husum	30,5	10,76	50
DJIU	Fairplay III	Hamburg	12,3	4,34	400
DJIW	Frieda	Pellworm	26,2	9,24	45
DJJL	Pellworm	Pellworm	135,7	47,90	2×165
DJJM	Pellworm	Pellworm	389,7	137,55	150
DJJR	Heimat	Kappeln	22,9	8,09	150
DJKB	Sturmvogel	Büsum	18,6	6,57	100
DJKG	Paulina	Büsum	496,9	175,41	490
DJKH	Paloma	Büsum	58,0	20,46	150
DJKO	Wilhelm Külper	Büsum	34,1	12,02	120
DJKR	Herma Ohle	Hamburg	164,5	58,08	75

DJKS — DJOL

Unterscheidungssignale	Namen der Schiffe	Heimathafen der Schiffe	Kubikmeter Nettoraumgehalt	Registertons Nettoraumgehalt	PS
DJKS	Rudolf Engels	Büsum	59,2	20,89	150
DJKV	Nordwest	Maasholm	16,7	5,91	120
DJKX	Zukunft	List/Sylt	15,8	5,95	75
DJLA	Elsa	Maasholm	18,1	6,37	105
DJLB	Nordlicht	Büsum	16,7	5,91	75
DJLD	Annemarie	Kappeln	26,5	9,36	150
DJLG	Meteor	Pellworm	92,8	32,76	
DJLK	Gebrüder	Büsum	19,7	6,95	20
DJLM	Stadt Husum	Husum	67,9	23,95	100
DJLO	Mariana	Büsum	495,4	174,89	490
DJLU	Wiking	Büsum	16,1	5,68	
DJLZ	Tamora	Büsum	452,4	59,69	470
DJMB	Barbara	Büsum	25,4	8,96	75
DJMF	Concordia	Kappeln/Schlei	31,5	11,10	
DJMG	Puck	Kappeln/Schlei	38,0	13,40	
DJMH	Nöck	Kappeln/Schlei	84,8	29,94	100
DJMK	Seehund	Maasholm	19,5	6,88	15
DJMM	Antje	Kappeln/Schlei	15,3	5,39	100/120
DJMO	Pidder Lüng	Hallig Hooge	31,7	11,18	15
DJMQ	Anne Ohl	Ulsnis	749,9	264,70	250
DJMR	Marga	Maasholm	29,3	10,35	
DJMS	Wik	Kiel	86,5	30,53	117
DJNB	Nordmeer	Burgstaaken	18,7	6,61	150
DJNC	Sturmvogel	Kappeln/Schlei	26,9	9,33	120
DJND	Adler	Kappeln/Schlei	20,7	7,32	
DJNE	Bussard II	Büsum	20,2	7,12	80
DJNG	Greif	Kappeln/Schlei	15,8	5,58	
DJNH	Vorwärts	Arnis/Schlei	17,1	6,02	
DJNL	Norderholm+	Kiel	4284,0	1512,27	3300
DJNM	Anna	Kiel	102,2	36,08	200
DJNN	Anna-Elise	Varelerhafen	112,9	39,84	75
DJNO	Annemarie	Leer	373,8	131,54	195
DJNP	Antje	Kiel	15,2	5,35	75
DJNQ	August	Kiel	119,6	42,22	160
DJNR	Käte Grammerstorf	Kiel	4062,1	1433,93	1275
DJNT	Bülk	Kiel	89,3	31,53	350
DJNU	Bungsberg	Hamburg	680,3	240,10	360
DJNW	Heikendorf	Kiel	616,6	217,7	1120
DJNZ	Dorathea	Kiel	48,1	16,95	120
DJOA	Schleswig-Holstein	Kiel	50,1	17,68	150
DJOB	Geheimrat Sartori	Kiel	1408,4	497,15	1000
DJOC	Eckholt	Eckernförde	12,7	4,46	100
DJOF	Emil	Kiel	509,2	179,73	150
DJOG	Emma Dorothea	Schilksee-Strande	13,0	4,57	80
DJOH	Glücksburg	Kiel	613,5	216,55	1530
DJOI	Fehmarn	Hamburg	579,8	204,69	330
DJOJ	Elisabeth Entz	Rendsburg	16057,4	5668,54	2×2250
DJOK	Friedrichsort	Kiel	339,0	119,67	280
DJOL	Georg	Kiel	121,1	42,76	100

DJOM — DJRG

Unterscheidungssignale	Namen der Schiffe	Heimathafen	Kubikmeter (Nettoraumgehalt)	Registertons (Nettoraumgehalt)	PS
DJOM	Hans-Helmut	Schilksee-Strande	13,6	4,77	90
DJOO	Seeadler	Kiel	31,1	10,9	120
DJOR	Heinrich	Kiel	126,7	44,72	120
DJOS	Irene	Pellworm	134,7	47,56	75
DJOT	Falkenstein	Kiel	612,8	216,38	1530
DJOU	Hertha	Kiel	136,7	48,25	150
DJOV	Heimkehr	Eckernförde	65,1	22,98	120
DJOW	Hilda	Kiel	515,2	181,86	150
DJPA	Hohwacht	Kiel	86,0	30,25	300
DJPB	Holsatia	Kiel	277,5	97,97	380
DJPC	Elch	Hamburg	172,3*	60,83*	550
DJPD	Holtenau	Kiel	202,2*	71,73*	350
DJPF	Ilse	Kiel	159,5	56,30	130
DJPG	Ingrid	Kiel	331,7	117,08	150
DJPH	Phönix	Heikendorf	15,6	5,49	100
DJPI	Christian Sartori+	Kiel	3733,5	1317,98	2250
DJPJ	Karin	Kiel	447,4	157,94	180
DJPK	Mönkeberg	Kiel	206,0	72,55	240
DJPM	Laboe	Kiel	687,7	242,76	950
DJPP	Willi	Kiel	124,0*	43,76*	180
DJPU	Neuende	Hamburg	660,0	232,99	300
DJPV	Hei 31	Heikendorf	13,4	4,72	80
DJPX	Nordmark	Eckernförde	17,6	6,22	120
DJPY	Nordstern	Eckernförde	20,3	7,16	80
DJPZ	Editha	Eckernförde	797,5	281,52	460
DJQA	Ernst Friesecke	Kiel	961,4	339,87	450
DJQB	Iltis	Kiel	436,1	153,95	—
DJQC	Edith	Heikendorf	34,0	12,00	120
DJQD	Maria	Heikendorf	24,0	8,47	120
DJQE	Clemens Sartori	Kiel	3820,8	1348,76	1800
DJQG	Olhörn	Kiel	909,3	320,97	1000
DJQI	Schwan	Möltenort	23,8	8,39	150
DJQK	Seeadler	Rendsburg	230,6*	81,42*	330
DJQL	Sonja	Kiel	38,1	13,46	80
DJQM	Theoja I	Cuxhaven	36,7	12,95	125
DJQO	Maria Fr. Joerk	Hamburg	416,4	146,96	250/270
DJQP	Christa Griese	Kiel	550,6	194,35	230
DJQQ	Eva	Heikendorf	31,8	11,24	120
DJQR	Gaarden	Kiel	169,5	59,84	500
DJQS	Sucher	Rendsburg	411,9	145,40	200
DJQU	Flensburg	Kiel	564,9	199,42	850
DJQV	Ute	Kiel	39,3	13,87	100
DJQW	Veritas	Kiel	137,8	48,65	75
DJQY	Ellerbek	Kiel	203,2	71,73	190
DJQZ	Käte Oltmann	Hamburg	328,0	115,77	200
DJRB	Kronsberg	Hamburg	993,2	350,59	1000
DJRC	Stadtrat Suhr	Eckernförde	16,9	5,96	72
DJRE	Wogram	Heikendorf	38,2	13,51	120
DJRG	Möwe	Laboe	14,2	5,02	120

*= Bruttoraumgehalt.

DJRH — DJTZ

Unterscheidungssignale	Namen der Schiffe	Heimathafen der Schiffe	Kubikmeter (Nettoraumgehalt)	Registertons (Nettoraumgehalt)	PS
DJRH	Mamsell	Kiel	21,7	7,64	170
DJRI	Seestern	Heikendorf	17,6	6,21	80
DJRL	Karl-Heinz	Heiligenhafen	19,5	6,90	100
DJRN	Biomaris-Atlantic	Bremen	45,1	15,91	120
DJRP	Kronsort	Eckernförde	22,2	7,85	90
DJRQ	Christa	Großenbrode	28,7	10,15	100
DJRS	Johann Böhnke	Strande	46,2	16,29	180
DJRU	Marianne J. Nimtz	Hamburg	4518,3	1594,95	1200
DJRX	Hedwig-Elisabeth	Heikendorf	36,1	12,75	125
DJRZ	Heimatland	Eckernförde	36,9	13,02	120
DJSA	Einigkeit	Neufeld	17,2	6,09	120
DJSB	Hermann Tiessen	Kiel	138,1	48,75	120
DJSE	Nordmeer	Neustadt/Holst.	29,9	10,24	120
DJSH	Frie 4	Kiel-Friedrichsort	14,1	4,99	100
DJSI	Doris	Kiel	110,1	38,88	60
DJSK	Wellingdorf	Kiel	564,9	199,42	850
DJSL	Duburg	Kiel	2468,0	871,20	1200
DJSN	Emmi	Laboe	49,1	17,34	
DJSO	Felsen	Eckernförde	52,9	18,68	110
DJSP	Sabine	Kiel	24,9	8,81	120
DJSQ	Frisch Auf	Eckernförde	23,9	8,43	100
DJSR	Bonanza	Kiel	8157,8	2879,72	1520
DJST	Grete-Herta	Möltenort	16,2	5,73	100
DJSU	Söte Deern	Eckernförde	21,1	7,45	
DJSX	Glücksburg	Kiel	2468,4	871,34	1200
DJSY	Heikendorf	Kiel	284,6	100,45	300
DJSZ	Knurrhahn	Kiel	23,2	8,19	75
DJTA	Strande	Kiel	480,9*	169,75*	1150
DJTB	Schwalbe	Eckernförde	14,6	5,15	90/120
DJTC	Martha Elfriede	Kiel	58,8	20,56	150
DJTE	Frie 2	Büsum	16,4	5,75	75
DJTF	Peter	Lübeck	23,0	8,11	120
DJTG	Brigitte	Eckernförde	27,5	9,70	120
DJTH	Sperber I	Büsum	21,9	7,75	100
DJTI	Ruth	Kiel	61,7	21,80	150
DJTJ	Elisabeth	Eckernförde	37,6	13,29	120
DJTK	Blidum	Rendsburg	2417,2	853,80	1200
DJTL	Kehrwieder	Kiel	11,0	3,88	95
DJTM	Kitzeberg	Kiel	221,3	78,00	300
DJTN	Neumünster	Kiel	487,6	172,12	925 u. 180
DJTO	Pillau	Heikendorf	66,3	23,40	180
DJTP	Hei 25	Möltenort	17,5	6,19	105
DJTQ	Dievenow	Kiel	58,9	20,79	150
DJTS	Elfriede+	Kiel	3038,9	1072,72	800
DJTV	Annemarie+	Kiel	3036,5	1071,90	800
DJTW	Löwe	Kiel	616,3	217,55	—
DJTX	Wodan	Kiel	1016,5	358,51	—
DJTZ	Marie Luise	Strande	36,6	12,91	120

* = Bruttoraumgehalt.

DJUA — DJWE

Unterscheidungssignale	Namen der Schiffe	Heimathafen	Kubikmeter (Nettoraumgehalt)	Registertons (Nettoraumgehalt)	PS
DJUA	Martin	Heikendorf	47,5	16,77	150
DJUB	Düvelsbek	Kiel	718,8	253,75	300
DJUC	Möltenort	Kiel	265,1	93,50	300
DJUD	Maria	Kiel	213,0*	75,19*	525
DJUE	Roland	Kiel	871,5	307,65	250
DJUF	Annchen Felter	Lübeck	332,3	117,27	500
DJUG	Navajo VI	Kiel	68,5	24,17	150
DJUH	Rendsburg	Kiel	489,5	172,80	1205
DJUI	Nesshörn	Kiel	880,8	310,92	1000
DJUK	Heimat	Laboe	19,3	6,83	85
DJUL	Claus S	Hamburg	210,7	74,39	125
DJUM	Heimatland	Möltenort	59,6	21,04	150
DJUN	Kim	Kiel	971,2	342,83	1500
DJUO	Hei 24	Heikendorf	26,8	9,45	150
DJUP	Einigkeit	Möltenort	41,8	14,00	150
DJUR	Trave	Kiel	505,0	190,70	850
DJUS	Spüler Friedrich	Rendsburg	914,9*	322,95*	125
DJUT	Freya	Kiel	40,8	14,40	150
DJUV	Schwalbe	Kiel	154,3*	54,48*	120
DJUW	Schwan	Neumühlen/Kiel	210,1	74,17	—
DJUX	Schwentine	Neumühlen	7,4	2,62	100
DJUY	Stadt Kiel	Kiel	410,6	144,94	520
DJUZ	Steffen	Kiel	208,4*	73,58*	250
DJVA	Stein	Kiel	5,0	1,78	550
DJVB	Bussard I	Hamburg	92,0*	32,49*	281
DJVC	Heimat	Rendsburg	23,4	8,28	150
DJVE	Husum	Kiel	536,4	189,33	850
DJVF	Eider	Kiel	540,2	190,70	850
DJVG	Konsul Sartori	Kiel	1426,8	503,66	1000
DJVH	St. S. 80	Kiel	685,4	241,95	312
DJVI	St. S. 81	Kiel	685,0	241,70	312
DJVJ	Christian	Kiel	20,4	7,20	120
DJVL	Vorwärts	Brunsbüttelkoog	279,2*	98,57*	450
DJVN	Schwentine	Kiel	540,2	190,70	850
DJVQ	Karin	Heikendorf	32,8	11,59	150
DJVR	Karl Grammerstorf	Kiel	3932,3	1197,48	2300
DJVS	Kiel 30	Kiel	23,5	8,30	105
DJVU	Hei 47	Arnis/Schlei	23,5	8,29	85
DJVV	Herbert	Rendsburg	147,5	52,08	75
DJVW	Büsum	Kiel	536,4	189,33	850
DJVX	Waltraut Behrmann	Rendsburg	835,1	294,78	250
DJVY	Inge	Laboe	16,1	5,69	100
DJVZ	Cläre Grammerstorf	Kiel	6192,9	2186,09	1800
DJWA	Catharina Oldendorff+	Lübeck	13460,6	4751,60	5340
DJWB	Nordland	Lübeck	2702,9	954,13	1600
DJWC	Altstadt	Kiel	92,3	32,58	182
DJWD	Uwe	Lübeck-Travemünde	24,5	8,65	120
DJWE	Anne Gret	Lübeck-Gothmund	18,1	6,40	120

* = Bruttoraumgehalt.

DJWF — DJYF

Unterscheidungssignale	Namen der Schiffe	Heimathafen der Schiffe	Kubikmeter (Nettoraumgehalt)	Registertons (Nettoraumgehalt)	PS
DJWF	Antje	Niendorf	25,0	8,84	150
DJWG	Lübeck+	Lübeck	14733,9	5201,05	5340
DJWH	Kurfürst	Burgstaaken	117,0	40,96	150
DJWI	Brandenburg	Hamburg	265,8	93,82	148
DJWJ	Hans Matthias	Burgstaaken	439,1	154,99	220
DJWK	Friedrich Pahlke	Burg/Fehmarn	8,5	3,01	100
DJWL	Flamingo	Flensburg	181,3	64,01	350
DJWN	Anneliese	Lübeck-Schlutup	25,5	9,02	95
DJWP	Möwe II	Lübeck-Travemünde	2002,3	706,81	920
DJWQ	Käthe Heisler	Heiligenhafen	60,9	21,51	120
DJWR	Hinrich Oldendorff	Lübeck	9492,8	3350,97	4180
DJWS	Assen	Lübeck	1877,9	662,91	1000
DJWT	Dora	Burgstaaken	103,8	36,65	100
DJWU	Wolfram	Lübeck	705,9	249,19	400
DJWW	Navico V	Lübeck	151,6	53,51	230
DJWX	Elbing II	Lübeck	1267,4	447,40	570
DJWY	Goodenwind	Lübeck	60,0	21,20	150
DJWZ	Ostpreußen	Heiligenhafen	60,2	21,41	125
DJXB	Hella	Haffkrug	63,6	22,44	150
DJXC	Asella	Lübeck	7926,8	2798,16	2000
DJXD	Christoffer Oldendorff	Lübeck	8291,5	2926,89	1750
DJXE	Hedwig	Lübeck-Travemünde	25,3	8,93	150
DJXF	Hans Oldendorff	Lübeck	3481,2	1228,26	1220
DJXG	Jutta	Lübeck-Travemünde	63,5	22,43	150
DJXH	Hans Peter	Lübeck-Travemünde	65,3	23,05	150
DJXJ	Urania	Heiligenhafen	59,7	21,09	125
DJXK	Gebe Oldendorff	Lübeck	2396,6	845,99	800
DJXL	Margarethe	Lübeck-Schlutup	31,8	7,51	120
DJXM	Sturmvogel	Heiligenhafen	58,9	20,78	120
DJXN	Kehrwieder	Heikendorf	61,8	21,63	150
DJXO	Gemma	Lübeck	325,0	114,74	500
DJXP	Senator Hagelstein	Lübeck	6215,7	2194,14	2120
DJXQ	Gertrud	Kiel	23,4	8,26	160
DJXR	Heidi	Friedrichskoog	15,8	5,59	100
DJXS	Gorch Fock	Niendorf	20,2	7,13	90
DJXT	Jobst Oldendorff	Lübeck	3484,8	1230,14	1220
DJXU	Kahlberg	Lübeck	2707,5	975,75	770
DJXV	Greif	Lübeck	41,7	14,74	815
DJXW	Griep to	Lübeck-Travemünde	29,7	10,47	100
DJXX	Elsbeth	Lübeck-Schlutup	19,6	6,91	75
DJXY	Habicht	Lübeck-Travemünde	23,0	8,11	150
DJXZ	Hanna Frida	Kiel	78,8	27,83	36
DJYA	Heita	Lübeck-Travemünde	63,5	22,42	200
DJYB	Hai	Timmendorferstrand	18,7	6,62	120
DJYC	Antje-Christa	Heikendorf	58,7	20,70	150
DJYD	Heimat	Lübeck-Schlutup	17,6	6,20	100
DJYE	Heimat	Niendorf	16,1	5,67	70
DJYF	Concordia I	Lübeck-Travemünde	32,9	11,62	150

DJYG — DKAC

Unterscheidungssignale	Namen der Schiffe	Heimathafen	Kubikmeter (Nettoraumgehalt)	Registertons (Nettoraumgehalt)	PS
DJYG	Venus	Lübeck-Travemünde	60,9	21,49	120
DJYH	Vega	Lübeck	493,8	174,15	167
DJYI	Anna Oldendorff	Lübeck	3745,6	1322,21	2300
DJYJ	Angela	Burgstaaken	66,0	23,31	200
DJYK	Cora	Lübeck	654,4	230,98	960
DJYL	Fona	Lübeck	1114,8	393,54	1000
DJYM	Glückauf	Hamburg	658,0	232,27	250
DJYN	Holl fast	Brake	29,7	10,47	120
DJYO	Ingrid	Lübeck-Travemünde	16,5	5,84	90
DJYP	Irjo	Niendorf	18,4	6,50	75
DJYQ	Ann Ida	Lübeck	440,7	155,55	110
DJYR	Columbus	Lübeck-Travemünde	62,4	20,08	120
DJYS	Hoffnung	Lübeck-Travemünde	61,0	21,58	120
DJYT	Johannes	Lübeck	528,8	185,62	300
DJYU	Hans Werner	Lübeck-Travemünde	17,4	6,15	150
DJYV	Sirius II	Neustadt/Holst.	16,7	5,70	75
DJYW	Lissy	Emden	298,9	105,58	230
DJYX	Lore	Neustadt/Holst.	20,7	7,30	150
DJYY	Odin IV	Lübeck-Travemünde	55,4	19,55	60
DJYZ	Vogelsand	Lübeck	2291,5	808,89	1250
DJZA	Marie	Elsfleth	286,6	101,15	150
DJZB	Mariechen	Heiligenhafen	144,3	50,95	125
DJZC	Dinklage	Lübeck-Travemünde	1800,7	635,65	1000
DJZD	Anke II	Glückstadt	61,9	21,85	150
DJZE	Claus Peter	Heiligenhafen	24,7	8,71	120
DJZF	Möwe	Hamburg	380,8	134,48	250
DJZG	Christine	Heiligenhafen	17,3	6,10	125
DJZH	Maja +	Lübeck	3307,6	1167,57	860
DJZI	Hanseat I	Niendorf	90,4	31,92	190
DJZJ	Astrid II	Orth/Fehmarn	19,1	6,76	120
DJZK	Elmshorn	Elmshorn	304,8	107,60	200
DJZL	Nordstern	Lübeck-Travemünde	15,9	5,63	100
DJZM	Vineta	Lübeck-Travemünde	60,2	21,25	120
DJZN	Orion	Hamburg	339,4	119,81	125
DJZO	Ost	Hamburg	78,8*	27,83*	140
DJZP	Ostwacht	Burg/Fehmarn	98,1	34,62	600
DJZQ	Perseus	Burgstaaken	26,1	9,21	150
DJZR	Ursula Heinemeier	Lübeck	1354,8	478,24	900
DJZS	Polchow	Lübeck	1422,7	502,22	1050
DJZT	Bredow	Lübeck	145,4	51,31	150
DJZU	Pregel	Hamburg	298,4	105,33	150
DJZV	Preußen	Lübeck-Travemünde	17,7	6,36	105
DJZW	Reni	Eckernförde	26,5	9,37	90
DJZX	Helga Oldendorff +	Lübeck	19579,1	6911,43	5340
DJZY	Astrid Brockmann	Haffkrug	60,8	21,45	150
DJZZ	Greetsiel	Hamburg	1410,9	498,04	950
DKAA	Roswitha	Neustadt/Holst.	16,6	5,86	150
DKAB	Trotz	Büsum	15,2	5,35	75
DKAC	Fjordmöwe	Lübeck-Travemünde	2221,6	724,23	2000

* = Bruttoraumgehalt.

DKAD — DKCR

Unterscheidungssignale	Namen der Schiffe	Heimathafen	Kubikmeter Nettoraumgehalt	Registertons Nettoraumgehalt	PS
DKAD	Johanna Oldendorff +	Lübeck	19581,2	6912,16	5340
DKAE	Seerose	Heiligenhafen	18,8	6,68	120
DKAF	Liebe	Heiligenhafen	34,1	12,08	150
DKAG	Gretke Oldendorff	Lübeck	2024,8	714,58	900
DKAH	Seeadler	Maasholm	16,3	5,74	70
DKAI	Siegfried Lehmann +	Lübeck	1722,4	607,99	1000
DKAJ	Hanseat II	Niendorf	90,4	31,92	320
DKAK	Seeschwalbe	Lübeck	25,2	8,91	35
DKAL	Tete Oldendorff	Lübeck	1524,2	583,08	600
DKAM	Ingrid Troles	Lübeck	399,6	141,04	195
DKAN	Wodan	Lübeck	628,1	221,78	350
DKAO	Magdalena Oldendorff	Lübeck	19878,1	7016,98	5340
DKAP	Steinbutt	Heiligenhafen	27,5	9,69	100
DKAQ	Alondra	Lübeck	691,4	244,07	1530
DKAS	Swea	Lübeck-Travemünde	22,1	7,82	50
DKAX	Travemünde	Lübeck	87,9	31,01	340
DKAY	Ursula	Lübeck-Travemünde	21,8	7,69	95
DKAZ	Stella +	Lübeck	3351,7	1183,15	1840
DKBA	Eversen	Niendorf	82,5	29,12	240
DKBB	Erna Oldendorff	Lübeck	3232,8	1141,19	1200
DKBE	Dorthe Oldendorff	Lübeck	3527,4	1245,16	850
DKBF	Birte Oldendorff	Lübeck	3277,7	1157,05	1250
DKBG	Venus	Burgstaaken	30,4	10,75	120
DKBJ	Hermann	Neustadt/Holst.	22,2	7,85	120
DKBK	Pfadfinder	Niendorf	15,9	5,62	100
DKBM	Henning Oldendorff	Lübeck	6499,4	2294,24	1800
DKBP	Herkules	Heiligenhafen	18,3	6,44	90
DKBQ	Emma	Burgstaaken	20,5	7,23	75
DKBR	Dievenow	Lübeck-Travemünde	23,4	8,25	70
DKBS	Falke	Kappeln/Schlei	21,5	7,58	150
DKBT	Waltraut	Heiligenhafen	19,6	6,93	150
DKBU	Nordland	Niendorf	16,8	5,95	70
DKBW	Heimwärts	Neustadt/Holst.	18,9	6,68	105
DKBY	C. K. 11	Neustadt/Holst.	567,1	200,20	3×130
DKBZ	C. K. 10	Neustadt/Holst.	567,1	200,20	3×130
DKCA	Carrara	Rendsburg	457,9	161,64	290
DKCC	Stettiner Haff	Lübeck-Travemünde	59,9	21,14	180
DKCD	Werner	Burgstaaken	59,5	21,02	150
DKCF	Hoffnung	Neustadt/Holst.	27,5	9,70	120
DKCG	Eduard	Lübeck	215,8*	76,18*	375/450
DKCH	Möwe III	Lübeck-Travemünde	1986,0	701,05	1000
DKCI	Südheide	Niendorf	92,9	32,80	300
DKCJ	Sturmvogel	Büsum	23,8	8,39	75
DKCK	Lübeck	Lübeck	282,7*	99,77*	390
DKCN	Frida	Heiligenhafen	23,3	8,21	150
DKCO	Baltic	Heiligenhafen	25,7	9,06	115
DKCQ	Margarethe III	Lübeck-Travemünde	23,4	8,25	70
DKCR	Mobil	Lübeck	98,1*	34,63*	160

* = Bruttoraumgehalt.

DKCS — DKFN

Unterscheidungssignale	Namen der Schiffe	Heimathafen	Nettoraumgehalt Kubikmeter	Nettoraumgehalt Registertons	PS
DKCS	Klaus Oldendorff	Lübeck	6218,2	2195,04	1250
DKCT	Forelle	Burgstaaken	19,8	6,98	120
DKCW	Gertrud-Marta	Kiel	32,4	11,34	90
DKDC	Brüsterort	Lübeck-Travemünde	14,1	4,98	70
DKDG	Gerda	Großenbrode	17,9	6,32	
DKDJ	Unverzagt	Lübeck	23,0	8,05	95
DKDN	Castorp	Lübeck	2119,6	748,22	1200
DKDS	Seemöve	Lübeck-Travemünde	66,7	23,56	125
DKDT	Hugo Oldendorff	Lübeck	2449,6	864,70	900
DKDV	Breitenburg	Hamburg	4352,5	1536,43	1500
DKDW	Wickede	Lübeck	1254,4	442,80	900
DKDX	Charlotte	Niendorf	32,6	11,52	150
DKDY	Paula Helling	Niendorf	32,6	11,52	190
DKDZ	Anna	Heiligenhafen	21,1	7,43	150
DKEA	Christa	Lübeck-Travemünde	27,7	9,77	100
DKEB	Rüm Hart	Seester	55,1	19,45	150
DKEC	Doris	Lübeck-Travemünde	34,6	12,21	150
DKED	Christa	Lübeck-Travemünde	26,5	9,36	250
DKEE	Emil Berger.	Lübeck	3553,8	1254,50	2×650
DKEG	Passat	Lübeck	7179,8	2534,48	1100
DKEH	Seeadler	Lübeck-Travemünde	16,2	5,71	
DKEI	Seeadler	Niendorf	19,2	6,77	150
DKEJ	Gerhard	Neustadt/Holst.	26,5	9,36	150
DKEK	Karl-Christian	Lübeck	3931,1	1387,69	1300
DKEL	Nordlicht	Burgstaaken	27,5	9,71	100
DKEN	Luchs	Neustadt/Holst.	17,2	6,06	120
DKEO	Europa II	Kappeln/Schlei	24,0	8,46	120
DKEP	Spika	Lübeck	644,9	227,63	775
DKEQ	Columbus	Burgstaaken	17,7	6,26	120
DKER	Carola	Rendsburg	406,0	143,37	300
DKES	Calla	Rendsburg	414,4	146,27	250
DKET	Cimbria	Rendsburg	406,2	143,37	250
DKEV	Wera Böhrnsen	Rendsburg	834,5	294,59	360
DKEX	Monica Parchmann	Bremen	1083,9	382,63	520
DKEY	Peter Ahrens	Hamburg	391,8	138,14	300
DKEZ	Nordwind	Rendsburg	539,0	190,26	300
DKFA	Rantum+	Rendsburg	6929,2	2410,73	3600
DKFC	Bertha Entz	Rendsburg	7161,7	2528,08	8000
DKFD	Hannchen Vollmers	Rendsburg	463,7	163,70	250
DKFE	Wera	Rendsburg	945,7	298,55	300
DKFF	Reinhold Krusemark	Rendsburg	788,9	278,47	300
DKFG	Marlies	Rendsburg	605,9	213,88	150
DKFH	Anne Catharina	Rendsburg	529,0	186,72	300
DKFI	Frisches Haff	Rendsburg	62,7	22,14	150
DKFJ	Detlef Schmidt	Rendsburg	924,9	326,48	360
DKFK	Wilhelm	Breiholz	749,8	264,59	390
DKFL	Stadt Essen	Rendsburg	951,2	335,76	500
DKFM	Avena	Breiholz	549,4	193,95	270
DKFN	Tinnum+	Rendsburg	8323,2	2938,11	4425

DKFO — DKID

Unterscheidungssignale	Namen der Schiffe	Heimathafen	Kubikmeter (Nettoraumgehalt)	Registertons (Nettoraumgehalt)	PS
DKFO	Claus Jürgen	Rendsburg	341,2	120,46	150
DKFP	Johann Kolb	Rendsburg	525,0	185,33	300
DKFQ	Christopher Meeder	Rendsburg	975,9	344,51	480
DKFR	Archsum	Rendsburg	8616,2	3041,51	4650
DKFS	Silke	Rendsburg	209,1	73,83	120
DKFT	Helma Entz	Rendsburg	20870,1	7367,16	7600
DKFU	Heike Schlüter	Rendsburg	814,2	287,42	370
DKFV	Nordkyn	Rendsburg	797,3	281,43	300
DKFW	Wiking	Rendsburg	450,0	158,85	195
DKFX	Arn IX	Rendsburg	985,3	347,81	495
DKGE	Silbermöve	Kiel	40,6	14,33	120
DKGJ	Hannes	Kiel	39,5	13,93	120
DKGK	Michael	Kiel	6127,8	2163,13	2000
DKGL	Johanna	Heikendorf	30,5	10,76	105
DKGM	Donar	Lübeck	681,3	240,51	850
DKGN	Berta Kienass	Rendsburg	853,0	301,12	850
DKGP	Kehrheim	Kiel	26,4	9,32	90
DKGR	Lahn	Duisburg-Ruhrort	431,3	152,26	360/390
DKGT	Glaube	Büsum	22,6	7,98	
DKGU	Vorwärts	Laboe	22,2	7,82	90
DKGV	Walküre	Kiel	40,4	14,26	160
DKGX	Grüß Gott	Eckernförde	15,8	5,59	140
DKGY	Delphin	Burgstaaken	23,1	8,17	100
DKGZ	Blumenau	Kiel	9400,0	3318,18	4000
DKHA	Hannelore	Heikendorf	31,4	11,08	105
DKHB	Waltraut	Heikendorf	34,7	12,24	150
DKHC	Lina	Möltenort	23,2	8,18	90
DKHD	Adler	Heikendorf	34,7	12,26	150
DKHE	Adriana	Kiel	3087,0	1089,70	1000
DKHF	Lucianna	Kiel	3085,2	1089,06	1000
DKHG	Wolf	Kiel	499,5	176,31	
DKHH	St. S. 82	Kiel	966,8	341,27	—
DKHI	St. S. 83	Kiel	966,8	341,27	—
DKHK	Rudi Klaus	Möltenort	16,9	5,95	150
DKHL	Dietmar	Kiel	39,0	13,77	150
DKHM	Schwalbenberg	Heikendorf	63,6	22,46	120
DKHN	Pil 35	Möltenort	15,6	5,51	70
DKHO	Klaus Dieter	Kiel	26,9	9,48	60
DKHQ	Silbermöve	Kiel	65,4	23,09	120
DKHR	Labor et Fides	Kiel	390,1	137,69	300
DKHT	Capella	Heikendorf	59,8	21,12	150
DKHU	Ingrid	Cuxhaven	59,1	20,86	150
DKHV	Hans	Kiel	55,4*	19,57*	130/150
DKHW	Hoffnung	Heikendorf	60,5	21,36	150
DKHX	Damaskus	Kiel	7359,5	2597,89	3000
DKIA	Catherine Sartori +	Kiel	4533,8	1600,25	2400
DKIB	Sigrid	Kiel	60,9	21,51	120
DKIC	Jupiter	Kiel	25,1	8,86	120
DKID	Helga	Kiel	57,3	20,21	120

* = Bruttoraumgehalt.

DKIE — DKKF

Unterscheidungssignale	Namen der Schiffe	Heimathafen der Schiffe	Kubikmeter (Nettoraumgehalt)	Registertons (Nettoraumgehalt)	PS
DKIE	Einigkeit	Kiel	59,6	21,04	120
DKIF	Alexandra Sartori	Kiel	3408,9	1203,84	2400
DKIG	Helmut	Möltenort	35,4	12,50	130
DKIH	Sigrid	Kiel	120,2	43,42	120
DKII	St. S. 48	Kiel	656,6	231,80	—
DKIJ	Störtebecker	Laboe	59,5	20,99	180
DKIK	Kahlberg-Liep	Kiel	59,5	21,02	150
DKIL	Johanna	Heikendorf	58,2	20,58	135
DKIM	Sperber	Kiel	59,9	21,05	150
DKIN	Delphin	Kiel	59,7	21,09	150
DKIO	Holtenau	Kiel	572,0	201,90	1530
DKIP	Kehrwieder	Kiel	60,0	21,20	150
DKIQ	Laboe	Kiel	587,5	207,38	1530
DKIS	Karin Christa	Kiel	61,7	21,88	180
DKIT	Bleibtreu	Heiligenhafen	59,2	20,90	110
DKIU	Forelle	Heikendorf	60,5	21,36	150
DKIV	Francisca Sartori	Kiel	4546,0	1604,75	2400
DKIW	Theo Grammerstorf	Kiel	1799,5	635,22	530
DKIY	Heimat	Eckernförde	59,1	21,15	150
DKIZ	Werner Martin Krüger	Heikendorf	32,7	11,58	180
DKJA	Helgoland	Hamburg	79,0	27,88	120
DKJB	Navico I	Hamburg	73,0	25,76	70
DKJC	Silbermöve	Hamburg	405,3	143,07	220
DKJD	Jens Bracke	Lübeck	639,0	225,58	520
DKJE	Alte Liebe	Niendorf	28,1	9,91	150
DKJG	Anni	Laboe	15,8	5,56	120
DKJH	Senator Possehl +	Lübeck	14703,7	5190,41	5340
DKJI	Erika	Kiel	41,8	14,75	150
DKJJ	Annemarie	Lübeck-Travemünde	26,9	9,48	150
DKJL	Lotte	Neustadt/Holst.	17,6	6,21	80
DKJM	Twee Breeder	Burgstaaken	27,2	9,62	120
DKJN	Herrenwyk	Lübeck	713,1	251,71	—
DKJO	Glückauf	Lübeck	713,4	251,82	—
DKJP	Alfred	Neustadt/Holst.	36,4	12,85	120
DKJQ	Antje von Sylt	Neustadt/Holst.	60,7	21,48	120
DKJR	Fredenhagen	Lübeck	1558,3	550,08	100
DKJS	Seemöve	Burgstaaken	21,6	7,63	150
DKJT	Melilla	Hamburg	2441,9	862,0	2400
DKJU	Ludolf Oldendorff	Lübeck	3512,0	1239,74	2700
DKJV	Alfred Porr	Hamburg	1081,7	381,85	520
DKJW	Neptun	Burgstaaken	19,8	6,99	150
DKJY	Hans Lehmann +	Lübeck	1267,8	447,52	370
DKJZ	Seeadler	Niendorf	23,3	8,21	150
DKKA	Travemünde	Lübeck	3660,4	1292,18	1700
DKKB	Lotte	Niendorf	23,1	8,15	100
DKKD	Imme Oldendorff	Lübeck	2615,2	923,15	1600
DKKE	Gertrud II	Niendorf	23,1	8,15	150
DKKF	Johannes Voss	Lübeck	359,5	126,90	225

DKKG — DKMF

Unterscheidungssignale	Namen der Schiffe	Heimathafen der Schiffe	Nettoraumgehalt Kubikmeter	Nettoraumgehalt Registertons	PS
DKKG	Fritz	Niendorf	24,7	8,73	150
DKKH	Nettelbeck	Laboe	28,0	9,87	120
DKKI	Seelöwe	Timmendorfer Strand	18,6	6,65	80
DKKJ	Seestern	Niendorf	32,1	8,15	120
DKKL	Störtebecker	Niendorf	20,4	7,19	120
DKKM	Sturmvogel	Timmendorfer Strand	18,5	6,53	150
DKKO	Memel	Niendorf	57,9	20,44	120
DKKP	Almut	Lübeck	652,8	230,28	180
DKKQ	Helga-Anni	Burgstaaken	36,4	12,85	175
DKKR	Rudolf-Hermann	Heiligenhafen	55,0	19,42	150
DKKS	Godenwind	Heiligenhafen	33,6	11,84	150
DKKT	Neukuhren	Niendorf	32,4	11,44	150
DKKV	Anneliese	Heikendorf	28,3	9,97	150
DKKW	Dietrich Oldendorff	Lübeck	5274,6	1861,93	1600
DKKX	Ursula	Lübeck-Travemünde	34,7	12,24	120
DKKY	Dora Oldendorff +	Lübeck	7189,7	2537,96	2700
DKKZ	Alfred	Burgstaaken	30,3	10,71	150
DKLA	Eibe Oldendorff	Lübeck	9513,6	3358,29	4180
DKLB	Zukunft	Neustadt/Holst.	16,7	5,91	120
DKLC	Thedje	Lübeck-Travemünde	23,2	8,19	150
DKLD	Regina	Lübeck	3195,4	1127,96	1250
DKLE	Seeadler	Heikendorf	58,1	20,51	140
DKLF	Irene	Lübeck-Travemünde	54,9	19,37	120
DKLG	Kehrwieder	Lübeck-Travemünde	60,9	21,51	150
DKLH	Loreley	Heiligenhafen	59,7	21,09	150
DKLI	Lieschen	Haffkrug	60,9	21,49	150
DKLJ	Nordcap	Lübeck-Travemünde	59,7	21,09	125
DKLK	Wiltrud	Lübeck-Travemünde	61,8	21,82	150
DKLL	Finkwarder	Lübeck-Travemünde	59,6	21,05	120
DKLM	Utsire	Niendorf	62,9	22,20	150
DKLN	Renate	Niendorf	60,0	21,20	150
DKLO	Venus	Niendorf	59,5	21,02	150
DKLP	Stolper Bank	Lübeck-Travemünde	45,3	15,98	150
DKLQ	Zufriedenheit	Lübeck-Travemünde	59,7	21,09	150
DKLR	Ostbries	Haffkrug	67,6	23,86	150
DKLS	Oderbank	Burgstaaken	31,4	11,10	150
DKLT	Gerda	Lübeck-Travemünde	62,6	22,11	150
DKLU	Mira +	Lübeck	3421,4	1207,75	1500
DKLV	Christa	Heiligenhafen	61,9	21,85	130
DKLW	Condor	Lübeck	222,7	78,62	300
DKLX	Samland	Niendorf	60,9	21,51	150
DKLY	Elfriede	Heiligenhafen	59,4	20,97	135
DKLZ	Annemarie	Heiligenhafen	62,7	22,13	125
DKMA	Mercator +	Walsum	3543,0	1250,68	1260
DKMB	Imperial	Uerdingen	286,3	94,72	300
DKMC	Glückauf II	Düsseldorf	67,5	23,85	300
DKMD	Niederrhein	Duisburg-Ruhrort	500,5	176,68	300
DKME	Neckar	Duisburg-Ruhrort	656,7	231,81	515
DKMF	Main	Duisburg-Ruhrort	829,5	292,82	500

DKMG — DLBM

Unterscheidungssignale	Namen der Schiffe	Heimathafen der Schiffe	Kubikmeter (Nettoraumgehalt)	Registertons (Nettoraumgehalt)	PS
DKMG	Lippe	Duisburg-Ruhrort	522,3	184,37	300
DKMH	Traude	Düsseldorf	613,6	216,60	295
DKMI	Anna-Luise	Duisburg-Ruhrort	592,1	209,00	350
DKMJ	Kormoran	Emmerich	77,4	27,33	290
DKMK	Johann Schepers	Duisburg	522,5	184,46	360
DKML	Saar	Duisburg-Ruhrort	687,1	242,58	500
DKMM	Pirola	Lübeck-Travemünde	63,6	22,44	120
DKQA	Gertraud	Heikendorf	40,5	14,29	150
DKQB	Süderholm+	Kiel	4284,0	1512,27	2430
DKQC	Wangenstein	Strande	56,1	19,81	125
DLAA	Ravenstein	Bremen	12989,4	4585,27	12000
DLAB	Schütting	Bremen	8698,0	3070,39	5400
DLAC	Frauenfels	Bremen	8636,1	3048,55	4650
DLAD	Gertrud+	Bremen	4711,7	1663,22	2500
DLAE	Casablanca+	Bremen	5160,7	1821,78	2520
DLAF	Fink+	Bremen	1225,7	432,66	590
DLAG	Jason	Bremen	1550,9	547,47	1600
DLAH	Renata Schröder	Bremen	5454,6	1925,47	1650
DLAI	Soneck	Bremen	2292,5	809,25	1380
DLAJ	Travestein	Bremen	11260,7	3975,01	9000
DLAK	Rothenstein	Bremen	12628,9	4457,99	12000
DLAL	Clivia+	Bremen	10619,0	3748,51	3920
DLAM	Adolf Vinnen+	Bremen	7448,8	2629,42	3000
DLAN	Klosterfrau	Bremen	950,2	335,42	1250
DLAO	Franz Doerenkamp	Bremen	950,2	335,42	1250
DLAP	Werner Vinnen+	Bremen	8604,7	3037,45	3360
DLAQ	Hessenstein	Bremen	14794,8	5222,38	10560
DLAR	Tannstein	Bremen	9041,4	3191,60	4700
DLAS	Pallas	Bremen	814,7	287,58	1000
DLAT	Ginnheim+	Bremen	19129,9	6752,51	4200
DLAU	Reifenstein	Bremen	12784,3	4512,85	12000
DLAV	Meise+	Bremen-Vegesack	1237,8	436,95	590
DLAW	Liebenfels	Bremen	12907,8	4556,45	5600
DLAX	Torstein	Bremen	9041,4	3191,60	4700
DLAY	Merkurius	Bremen	3693,0	1303,64	1050
DLAZ	Bremerhaven	Bremen	4563,6	1610,95	6800
DLBA	Admiral Bastian+	Bremen	3334,6	1177,13	2000
DLBB	Schwalbe+	Bremen	1220,2	430,73	590
DLBC	Priamus	Bremen	814,7	287,58	1000
DLBD	Lindenfels	Bremen	12822,8	4526,43	5600
DLBE	Kelkheim+	Bremen	6760,4	2386,43	3300
DLBF	Stephanitor	Bremen	19533,4	6895,29	7200
DLBG	Atlas Hugo Stinnes	Bremen	4396,4	1551,93	2300
DLBH	Marienfels	Bremen	12701,4	4483,59	5600
DLBI	Fidentia	Bremen	1707,8	602,86	1050
DLBJ	Adamsturm	Bremen	4487,7	1584,15	1380
DLBK	Bischofstor+	Bremen	16238,5	5732,18	4200
DLBL	Hundseck+	Bremen	1464,4	516,95	660
DLBM	Roseneck+	Bremen	1431,8	505,43	660

DLBN — DLDK

Unter-scheidungs-signale	Namen der Schiffe	Heimathafen	Kubikmeter (Nettoraumgehalt)	Registertons (Nettoraumgehalt)	PS
DLBN	Brunneck	Bremen	1434,3	506,32	660
DLBO	Ceuta+	Bremen	5638,2	1990,29	3500
DLBP	Neidenfels..........	Bremen	12701,4	4483,59	5600
DLBQ	Birkenstein.........	Bremen	9488,8	3349,53	9000
DLBR	Hastedt............	Bremen	13588,3	4796,68	2540
DLBS	Nordenham	Bremen	4557,3	1608,74	6800
DLBT	Breitenstein	Bremen	9482,4	3347,29	9000
DLBU	Octavia+	Bremen	8562,3	3022,48	3600
DLBV	Bischofstein	Bremen	9482,4	3347,29	9000
DLBW	Stepenitz	Bremen	1680,1	593,06	1050
DLBX	Star+..............	Bremen	1220,2	430,75	590
DLBY	Nora Hugo Stinnes ..	Bremen	4385,8	1548,17	2300
DLBZ	Eva-Maria+	Bremen	1496,0	528,09	1000
DLCA	Neuenfels	Bremen	12716,7	4488,99	5600
DLCB	Carl Meentzen+	Bremen	4509,5	1591,87	2000
DLCD	Ockenfels	Bremen	12713,4	4487,85	5660
DLCE	Falkental	Bremen	4055,0	1431,41	4320
DLCF	Arsterturm..........	Bremen	2601,5	918,33	1200
DLCG	Fangturm..........	Bremen	4281,7	1511,44	1200
DLCH	Wesertal	Bremen	5156,7	1820,32	4320
DLCI	Hille Oldendorff	Lübeck	3641,0	1285,28	2300
DLCJ	Inanda	Bremen	1724,8	608,86	1050
DLCK	Hemelingen+	Bremen	1816,8	641,32	1000
DLCL	Alioth	Bremen	2560,6	903,88	2100
DLCM	Auriga	Bremen	2432,5	858,69	1200
DLCN	Rheinfels	Bremen	13513,2	4770,17	2100
DLCO	Charlotte Bastian ...	Bremen	1594,1	562,72	1000
DLCP	Seven Seas	Bremen	23863,8	8423,92	8500
DLCQ	Blankenstein+	Bremen	13480,7	4758,68	9000
DLCR	Rabenfels	Bremen	12663,6	4470,24	5600
DLCS	Bartenstein+	Bremen	13480,7	4758,68	9000
DLCT	Reichenfels	Bremen	10634,4	3757,75	7200
DLCU	Brake	Bremen	4922,3	1737,56	3400
DLCV	Syrte+............	Bremen	4653,1	1642,54	2500
DLCW	Alcyone............	Bremen	2558,7	903,24	2100
DLCX	Rotenfels	Bremen	12908,9	4556,84	4000
DLCY	Pagenturm	Bremen	2528,0	892,38	1200
DLCZ	Transsylvania+	Bremen	3000,5	1059,19	2200
DLDA	Jasenitz	Bremen	1680,1	593,06	1000
DLDB	Bodenstein+........	Bremen	13480,7	4758,68	9000
DLDC	Phönix	Bremen	2017,0	712,02	1300
DLDD	Tellus	Bremen	440,3	155,44	500
DLDE	Bremer Pionier	Bremen	77,2	27,24	1100
DLDF	Gertrude Wiener	Bremen	1573,2	555,33	750
DLDG	Schönfels	Bremen	10542,0	3721,32	3800
DLDH	Phönizien+	Bremen	4673,4	1649,71	2500
DLDI	Bremer Stauer	Bremen	441,4	155,80	750
DLDJ	Spreestein+	Bremen	9205,9	3249,69	3900
DLDK	Ann-Charlott	Bremen	704,7	248,75	450

DLDL — DMCP

Unterscheidungssignale	Namen der Schiffe	Heimathafen der Schiffe	Kubikmeter Nettoraumgehalt	Registertons Nettoraumgehalt	PS
DLDL	Detmold	Bremen	418,8	147,84	600
DLDM	Mellum	Bremen	255,1*	90,06*	750
DLDN	Louise	Bremen	1378,7	486,67	1000
DLDO	Pluto	Bremen	623,5	220,11	1000
DLDP	Alcor	Bremen	2544,5	898,22	2100
DLDQ	Bielefeld	Bremen	418,8	147,84	600
DLDR	Praunheim	Bremen	20022,7	7068,01	6300
DLDS	Siegstein +	Bremen	4329,9	1528,44	3900
DLDT	Hugo Stinnes	Bremen	17127,0	6045,82	9000
DLDU	Domsheide	Bremen	21481,8	7583,08	5400
DLDV	Albatros	Bremen	2017,0	712,02	1300
DLDW	Erika +	Bremen	2597,1	916,77	2500
DLDX	Mellum +	Bremen	9379,6	3310,99	3800
DLDY	Bremer Makler	Bremen	698,7	246,63	750
DLDZ	Bielefeld	Bremen	444,7	156,99	310
DMCP	Cornelis	Bensersiel	102,2*	36,08*	100

* = Bruttoraumgehalt.

b) Die Schiffe der Bundesmarine

in der Reihenfolge der Unterscheidungssignale

Unterscheidungssignale	Namen der Schiffe	Art der Schiffe
DBNE	Silbermöve	Schnellboot
DBNF	Sturmmöve	Schnellboot
DBNG	Wildschwan	Schnellboot
DBNH	Orion	Minensuchboot
DBNI	Rigel	Minensuchboot
DBNJ	Merkur	Minensuchboot
DBNL	Castor	Minensuchboot
DBNP	Regulus	Minensuchboot
DBNR	Jupiter	Minensuchboot
DBNS	Saturn	Minensuchboot
DBNT	Wega	Minensuchboot
DBNU	Deneb	Minensuchboot
DBNV	Atair	Minensuchboot
DBNW	Algol	Minensuchboot
DBNX	Aldebaran	Minensuchboot
DBNY	Skorpion	Minensuchboot
DBNZ	Pegasus	Minensuchboot
DBOA	Arkturus	Minensuchboot
DBOB	Seehund	Minensuchboot
DBOC	Seelöwe	Minensuchboot
DBOD	Seestern	Minensuchboot
DBOE	Seeschlange	Minensuchboot
DBOF	Seepferd	Minensuchboot
DBOG	Seeigel	Minensuchboot
DBOH	Albatros	Schnellboot
DBOI	Alter Hafen	Wohnschiff
DBOJ	Greif	Schnellboot
DBOK	Falke	Schnellboot
DBOL	Panther	Schnellboot
DBOM	Meteor II	Taucherfahrzeug
DBOO	Steinbock	Minensuchboot
DBOP	Düren	Minensuchboot
DBOQ	Marburg	Minensuchboot
DBOR	Konstanz	Minensuchboot
DBOT	Cuxhaven	Minensuchboot
DBOV	Z 2	Zerstörer
DBOW	Z 3	Zerstörer
DBOX	Z 4	Zerstörer

Schiffe der Bundesmarine und der Behörden

DBOZ — DBTZ

Unter-scheidungs-signale	Namen der Schiffe	Art
DBOZ	UW 10	Schulboot
DBQX	UW 11	Schulboot
DBQY	Z 5	Zerstörer
DBQZ	Eidechse	Landungsboot
DBRB	Z 6	Zerstörer
DBRC	Gorch Fock	Segelschulschiff
DBRE	UW 12	Schulboot
DBRF	Seeschwalbe	Schnellboot
DBRH	Göttingen	Minensuchboot
DBRK	Hansa	Hafenschutzboot
DBRL	Niobe	Hafenschutzboot
DBRM	Iltis	Schnellboot
DBRN	Geier	Schnellboot
DBRQ	Jaguar	Schnellboot
DBRS	Krokodil	Landungsboot
DBRT	Kondor	Schnellboot
DBRU	Wetzlar	Minensuchboot
DBRX	Koblenz	Minensuchboot
DBRY	Knurrhahn	Hilfsschiff
DBRZ	Lindau	Minensuchboot
DBSA	H 1	Hafenschutzboot
DBSB	H 2	Hafenschutzboot
DBSC	H 3	Hafenschutzboot
DBSD	Leopard	Schnellboot
DBSE	Luchs	Schnellboot
DBSK	Natter	Landungsboot
DBSN	H 4	Hafenschutzboot
DBSO	H 5	Hafenschutzboot
DBSP	H 6	Hafenschutzboot
DBSQ	H 7	Hafenschutzboot
DBSR	H 8	Hafenschutzboot
DBSS	H 9	Hafenschutzboot
DBSZ	Trave	Begleitschiff
DBTA	Fl 5	Flugsicherungsboot
DBTB	Fl 6	Flugsicherungsboot
DBTC	Fl 7	Flugsicherungsboot
DBTD	Fl 8	Flugsicherungsboot
DBTE	H 15	Hafenschutzboot
BBTF	H 16	Hafenschutzboot
DBTG	Eismöve	Schnellboot
DBTH	Raubmöve	Schnellboot
DBTI	Fl 4	Schulboot
DBTJ	H 17	Hafenschutzboot
DBTK	H 18	Hafenschutzboot
DBTL	H 19	Hafenschutzboot
DBTM	H 20	Hafenschutzboot
DBTX	Ems	Begleitschiff
DBTY	Oste	Begleitschiff
DBTZ	Eider	Begleitschiff

DBUA — DBZQ

Unterscheidungssignale	Namen der Schiffe	Art der Schiffe
DBUA	FM 1	Schulboot
DBUB	FM 2	Schulboot
DBUC	FM 3	Schulboot
DBUD	UW 1	Schulboot
DBUE	TM 2	Schulboot
DBUF	TM 1	Schulboot
DBUG	UW 4	Schulboot
DBUH	UW 5	Schulboot
DBUI	UW 6	Schulboot
DBUJ	AT 1	Schulboot
DBUK	AT 2	Schulboot
DBUL	OT 1	Schulboot
DBUM	Fl 3	Schulboot
DBUT	Otter	Landungsboot
DBVE	Paderborn	Minensuchboot
DBVF	Gneisenau	Schulfregatte
DBVP	Lüttje Hörn	Hafenschlepper
DBVR	Nordwind	Schulboot
DBVS	H 10	Hafenschutzboot
DBVU	Eutin	Tanker
DBVV	Plön	Schlepper
DBVW	Borkum	Tanker
DBVX	Memmert	Torpedoklarmachschiff
DBVY	Pellworm	Seeschlepper
DBVZ	Passat	Seeschlepper
DBWA	Salamander	Landungsboot
DBWB	Schleswig	Minensuchboot
DBWE	Seeadler	Schnellboot
DBWF	Tiger	Schnellboot
DBWJ	Tübingen	Minensuchboot
DBWK	Hai	Unterseeboot
DBWL	Hecht	Unterseeboot
DBWN	Schütze	Minensuchboot
DBWO	TF 25	Torpedofangboot
DBWQ	TF 26	Torpedofangboot
DBWR	Viper	Landungsboot
DBWS	Arcona	Wohnschiff
DBWT	Weilheim	Minensuchboot
DBWU	Wolf	Schnellboot
DBWY	Wieland	Werkstattschiff
DBXI	Fl 2	Schulboot
DBYA	Brummer	Geleitboot
DBYB	Bremse	Geleitboot
DBYC	Hummel	Geleitboot
DBYD	Biene	Geleitboot
DBYE	Wespe	Geleitboot
DBYK	Mellum	Hafenschlepper
DBYZ	Fl 1	Schulboot
DBZQ	Z 1	Zerstörer

DBZW — DBZZ		
Unter-scheidungs-signale	Namen der Schiffe	Art der Schiffe
DBZW	Sicherungsboot 1 (TV)	Sicherungsboot
DBZX	Sicherungsboot 2 (TV)	Sicherungsboot
DBZY	Sicherungsboot 3 (TV)	Sicherungsboot
DBZZ	Sicherungsboot 4 (TV)	Sicherungsboot

Die Schiffe der Bundesmarine

in alphabetischer Reihenfolge der Namen

Unter-scheidungs-signale	Namen der Schiffe	Unter-scheidungs-signale	Namen der Schiffe
DBOH	Albatros	DBSN	H 4
DBNX	Aldebaran	DBSO	H 5
DBNW	Algol	DBSP	H 6
DBOI	Alter Hafen	DBSQ	H 7
DBWS	Arcona	DBSR	H 8
DBOA	Arkturus	DBSS	H 9
DBNV	Atair	DBVS	H 10
DBUJ	AT 1	DBTE	H 15
DBUK	AT 2	DBTF	H 16
DBYD	Biene	DBTJ	H 17
DBVW	Borkum	DBTK	H 18
DBYB	Bremse	DBTL	H 19
DBYA	Brummer	DBTM	H 20
DBNL	Castor	DBWK	Hai
DBOT	Cuxhaven	DBRK	Hansa
DBNU	Deneb	DBWL	Hecht
DBOP	Düren	DBYC	Hummel
BBTZ	Eider	DBRM	Iltis
DBQZ	Eidechse	DBRQ	Jaguar
DBTG	Eismöve	DBNR	Jupiter
DBTX	Ems	DBRY	Knurrhahn
DBVU	Eutin	DBRX	Koblenz
DBOK	Falke	DBRT	Kondor
DBYZ	Fl 1	DBOR	Konstanz
DBXI	Fl 2	DBRS	Krokodil
DBUM	Fl 3	DBSD	Leopard
DBTI	Fl 4	DBRZ	Lindau
DBTA	Fl 5	DBSE	Luchs
DBTB	Fl 6	DBVP	Lüttje Hörn
DBTC	Fl 7	DBOQ	Marburg
DBTD	Fl 8	DBYK	Mellum
DBUA	FM 1	DBVX	Memmert
DBUB	FM 2	DBNJ	Merkur
DBUC	FM 3	DBOM	Meteor II
DBRN	Geier	DBSK	Natter
DBVF	Gneisenau	DBRL	Niobe
DBRH	Göttingen	DBVR	Nordwind
DBRC	Gorch Fock	DBNH	Orion
DBOJ	Greif	DBTY	Oste
DBSA	H 1	DBUT	Otter
DBSB	H 2	DBUL	OT 1
DBSC	H 3	DBVE	Paderborn

DBOL — DBRB			
Unter-scheidungs-signale	Namen der Schiffe	Unter-scheidungs-signale	Namen der Schiffe
DBOL	Panther	DBWF	Tiger
DBVZ	Passat	DBUF	TM 1
DBNZ	Pegasus	DBUE	TM 2
DBVY	Pellworm	DBWO	TF 25
DBVV	Plön	DBWQ	TF 26
DBTH	Raubmöve	DBSZ	Trave
DBNP	Regulus	DBWJ	Tübingen
DBNI	Rigel	DBUD	UW 1
DBWA	Salamander	DBUG	UW 4
DBNS	Saturn	DBUH	UW 5
DBWB	Schleswig	DBUI	UW 6
DBWN	Schütze	DBOZ	UW 10
DBWE	Seeadler	DBQX	UW 11
DBOB	Seehund	DBRE	UW 12
DBOG	Seeigel	DBWR	Viper
DBOC	Seelöwe	DBNT	Wega
DBOF	Seepferd	DBWT	Weilheim
DBOE	Seeschlange	DBYE	Wespe
DBRF	Seeschwalbe	DBRU	Wetzlar
DBOD	Seestern	DBWY	Wieland
DBZW	Sicherungsboot 1	DBNG	Wildschwan
DBZX	Sicherungsboot 2	DBWU	Wolf
DBZY	Sicherungsboot 3	DBZQ	Zerstörer Z 1
DBZZ	Sicherungsboot 4	DBOV	Zerstörer Z 2
DBNE	Silbermöve	DBOW	Zerstörer Z 3
DBNY	Skorpion	DBOX	Zerstörer Z 4
DBOO	Steinbock	DBOY	Zerstörer Z 5
DBNF	Sturmmöve	DBRB	Zerstörer Z 6

c) Die Rettungsboote

der

Deutschen Gesellschaft zur Rettung Schiffbrüchiger

in der Reihenfolge der Unterscheidungssignale

Die Maschinenstärke der Boote bezieht sich auf indizierte Pferdestärken oder Wellenpferde

Die mit einem Telegraphiefunkgerät ausgerüsteten Boote sind hinter dem Namen mit ℨ, die mit einem Peilfunkgerät mit einem ⓩ und die mit Sprechfunkgerät ausgerüsteten mit *T* bezeichnet

Unterscheidungssignale	Namen der Boote	Rettungsstation	PS
DBAA	Ruhr-Stahl ⓩ *T R*	Cuxhaven	1×1200 2×150
DBAB	Hermann Apelt ⓩ *T*	Helgoland	2×300 1×1200
DBAC	Borkum *T*	Borkum	150
DBAD	Bremen ⓩ *T*	Wesermündung	2×123
DBAF	Carl Laeisz *T*	Wilhelmshaven	150
DBAG	Theodor Heuss ⓩ *T R*	Borkum	2×150 1200
DBAH	Rickmer Bock *T*	Hörnum	150
DBAJ	Geh. Rat Sartori *T*	Langeoog	150
DBAK	Hermann Frese *T*	List/Sylt	150
DBAL	Hindenburg ⓩ *T*	Dithmarschen	2×150
DBAM	Langeoog *T*	Langeoog	150
DBAN	Lübeck *T*	Maasholm	150
DBAO	Norderney *T*	Norderney	2×150
DBAQ	Spiekeroog *T*	Laboe	150
DBAR	Weser *T*	Burgstaaken	150

d) Die Boote

des Zollgrenzschutzes

in der Reihenfolge der Unterscheidungssignale

Die mit einem Telegraphiefunkgerät ausgerüsteten Boote sind hinter dem Namen mit 𝔗, die mit einem Peilfunkgerät ausgerüsteten mit Ⓟ, die mit Sprechfunkgerät ausgerüsteten mit *T* und die mit Radar ausgerüsteten mit *R* bezeichnet.

Unterscheidungssignale	Name des Schiffes	Heimathafen
DLVB	Steubenhöft *T*	Hamburg
DLVC	Helgoland *T R*	Cuxhaven
DLVD	Brunsbüttel *T R*	Glückstadt
DLVE	Priwall *T R*	Lübeck-Travemünde
DLVF	Seeadler *T R*	Bremerhaven
DLVG	Hamburg *T R*	Hamburg
DLVH	Deutschland *T R*	Hamburg
DLVI	Hohwacht *T R*	Kiel
DLVJ	Danzig *T*	Langballigau
DLVK	Jade *T R*	Oldenburg
DLVL	Holnis *T R*	Flensburg
DLVM	Süllberg *T R*	Lübeck
DLVN	Faldern *T R*	Emden
DLVO	Dithmarschen *T R*	Husum
DLVP	Fehmarn *T R*	Heiligenhafen
DLVQ	Kniepsand *T R*	Wittdün/Amrum
DLVR	Angeln *T R*	Eckernförde
DLVS	Geier *T R*	Bremerhaven
DLVV	Kondor *T R*	Bremerhaven
DLVW	Elbing *T R*	Emden
DLVX	Schleswig-Holstein *T R*	Kiel

e) Bundes- und Länderfahrzeuge

in der Reihenfolge der Unterscheidungssignale

Die Maschinenstärke der Dampf- und Motorfahrzeuge ist in indizierten Pferdestärken oder Wellenpferden angegeben

Die mit Wasserschallempfänger ausgerüsteten Schiffe sind hinter dem Namen mit ☛, die mit Telegraphiefunkgerät ausgerüsteten mit ʒ, die mit einem Peilfunkgerät ausgerüsteten mit ⓩ, die mit Sprechfunkgerät ausgerüsteten mit *T*, die mit Radar ausgerüsteten mit *R* und die mit Decca Navigatorgerät ausgerüsteten mit *D* bezeichnet.

Unterscheidungssignale	Namen der Schiffe	Art der Schiffe	Heimathafen der Schiffe	PS
DBAW	Victor Hensen *T* ☛	Forschungsschiff	Bremerhaven	155
DBBC	Atair *T D*	Peil- u. Wracksuchboot	Hamburg	120
DBBM	Bussard ʒ ⓩ *T R D*	Seezeichenschiff	Kiel	540
DBBP	Delphin ʒ *T*	Seezeichenschiff	Kiel	300
DBBS	Emden ʒ ⓩ *T R*	Lotsendampfer	Emden	1400
DBBW	Greif ⓩ *T R*	Lotsenbeförd.-Schiff	Cuxhaven	820
DBBX	Hooge ⓩ *T D*	Peilboot	Hamburg	2×200
DBBY	Kersten Miles ☛ ʒ ⓩ *TR*	Lotsendampfer	Cuxhaven	1200
DBCA	Langeoog ʒ ⓩ *T R D*	Seezeichenschiff	Bremerhaven	500
DBCC	Ludwig Plate *T R*	Lotsendampfer	Bremen	700
DBCE	Walter Körte ʒ ⓩ *R D*	Seezeichenschiff	Brunsbüttelkoog	4×530
DBCF	Neuwerk ☛ ʒ ⓩ *TRD*	Seezeichenschiff	Cuxhaven	920
DBCI	Eisbrecher 2 (Ostpreußen)	Eisbrecher	Hamburg	1200
DBCM	Preußen ʒ *T*	Eisbrecher	Kiel	1850
DBCO	Samland *T*	Seezeichenschiff	Wilhelmshaven	200
DBCQ	Simon v. Utrecht ☛ ʒ ⓩ *T R*	Lotsendampfer	Cuxhaven	2×600
DBCR	Eisbrecher 1 (Stettin) *T*	Eisbrecher	Hamburg	1900
DBCS	Weser *T R*	Lotsendampfer	Bremerhaven	500
DBCT	Wilhelms ʒ ⓩ *T R D*	Seezeichenschiff	Kiel	500
DBCU	Friesland ʒ ⓩ *T R D*	Seezeichenschiff	Emden	500
DBCX	Alte Liebe	Reededampfer	Cuxhaven	260
DBCY	Aurich	Schlepper und Eisbrecher	Emden	400
DBCZ	Balje	Schleppdampfer	Bremerhaven	325
DBDC	Burkana	Schleppdampfer	Emden	500
DBDE	Columbus	Saugbagger	Cuxhaven	600
DBDH	Donar	Eisbrecher	Bremen	900
DBDI	Drossel	Motorschlepper	Emden	430
DBDN	Elbe	Seezeichenschiff	Hamburg	2×230
DBDO	Ems *T*	Peil-u. Bereisungsschif	Emden	375
DBDR	Franzius	Saugbagger	Bremerhaven	800
DBDS	Geheimrat Goeker	Saugbagger	Bremerhaven	1170
DBDT	Hansa	Schleppdampfer	Bremerhaven	350

DBDU — DBFX				
Unterscheidungssignale	Namen der Schiffe	Art der Schiffe	Heimathafen der Schiffe	PS
DBDU	Woltmann	Schlepper	Cuxhaven	268
DBDW	Mathilde *T*	Schlepp- u. Bereisungsboot	Norden	65
DBDX	Meyerslegde	Saugbagger	Cuxhaven	700
DBDY	Mittelgrund *T*	Saugbagger	Cuxhaven	2×395
DBDZ	Möwe *T*	Seezeichenschiff	Bremerhaven	68
DBEA	Neufeld	Peildampfer	Hamburg	220
DBEB	Niederelbe	Aufsichtsmotorschiff	Hamburg	250
DBEF	Norderney	Seezeichen- u. Vermessungsschiff	Norden	150
DBEH	Randzel *T*	Peildampfer	Emden	160
DBEJ	Ruden Ⓩ *T D*	Peilboot	Hamburg	2×200
DBEL	Scharhörn *T*	Aufsichts- und Peildampfer	Cuxhaven	2×350
DBEM	Scheelenkuhlen	Schleppdampfer	Cuxhaven	220
DBEN	Seehund	Schleppboot	Norden	75/90
DBEO	Seehund	Schleppdampfer	Bremerhaven	140
DBEQ	Simson	Pumpenbagger	Emden	350
DBEX	Tender	Kohlentransportdampfer	Emden	250
DBEZ	Till	Schleppdampfer	Bremen	325
DBFA	Torum	Schlepper	Wilhelmshaven	250
DBFB	Gauss ʒ Ⓩ *T R D*	Versuchs- und Vermessungsschiff	Hamburg	1000
DBFC	Tümmler	Schleppdampfer	Bremerhaven	200
DBFE	Wangerooge *T*	Schiffsverbindung Harle-Wangerooge	Oldenburg	220
DBFF	Wapel	Schleppdampfer	Bremen	260
DBFG	Wega *T*	Peil- u. Wracksuchboot	Hamburg	120
DBFH	Welle	Schlepp- und Aufsichtsdampfer	Bremerhaven	2×300
DBFM	Meerkatze ʒ Ⓩ *T R*	Fischereischutzboot	Cuxhaven	1000
DBFN	Uthörn Ⓩ *T*	Forschungsboot	List/Sylt	120
DBFO	Anton Dohrn ʒ Ⓩ *T R D*	Fischereiforschungsschiff	Bremerhaven	850
DBFP	Frithjof ʒ Ⓩ *T R*	Fischereischutzboot	Cuxhaven	550
DBFQ	Poseidon ʒ Ⓩ *T R D*	Fischereischutzboot	Cuxhaven	800
DBFT	Münster *T*	Schiffsverbindung Harle-Wangerooge	Oldenburg	168
DBFU	Oldenburg *T R*	Schiffsverbindung Harle—Wangerooge	Wangerooge	530
DBFV	Theodor Heuss ʒ Ⓩ *T R D*	Eisenbahn-Hochsee-Fährschiff	Grossenbrode	9600
DBFW	Deutschland ʒ Ⓩ *T R D*	Eisenbahn-Hochsee-Fährschiff	Großenbrode	2×2750
DBFX	Schleswig-Holstein *T R*	Eisenbahnfähre	Heiligenhafen	2×200

DBFY — DBHY

Unterscheidungssignale	Namen der Schiffe	Art der Schiffe	Heimathafen der Schiffe	PS
DBFY	Fehmarn *T R*	Eisenbahnfähre	Heiligenhafen	2×250
DBFZ	Reichsbahn	Seenotboot der Bundesbahn	Fehmarnsund	120
DBGE	Hermann Wattenberg ⓩ *T R*	Forschungsschiff	Kiel	150
DBGF	Odin	Schlepper	Husum	2×75
DBGG	Tertius	Vermessungsschiff	Büsum	105
DBGH	Greif *T*	Fischerei-Aufsichtsfahrzeug	Kiel	2×140
DBGI	Trischen	Schlepper	Husum	75
DBGJ	Hecht *T*	Fischereiaufsichtsboot	Hörnum	36
DBGK	Wasserschutzpolizei 16	Streifenboot	Hannover	80
DBGL	Wasserschutzpolizei 2 *T*	Küstenboot	Norderney	2×65
DBGM	Wasserschutzpolizei 13	Küstenboot	Wilhelmshaven	80
DBGO	Wasserschutzpolizei 15 *T*	Streifenboot	Nienburg	125
DBGP	Gesine	Frachtschiff	Norderney	20/24
DBGW	Wasserschutzpolizei 19 *T*	Streifenboot	Hamburg	360
DBGX	Wasserschutzpolizei 36 *T*	Streifenboot	Hamburg	300
DBGY	Wasserschutzpolizei 15 *T*	Streifenboot	Hamburg	1000
DBHD	Wasserschutzpolizei Bremen 2 📯 *T*	Streifenboot	Bremerhaven	2×750
DBHE	Wasserschutzpolizei Bremen 3 📯 *T*	Streifenboot	Bremerhaven	2×750
DBHF	Niedersachsen *T*	Fischereiaufsichtsboot	Bremerhaven	80
DBHG	Wasserschutzpolizei Bremen 1 📯 ʒ *T*	Streifenboot	Bremen	2×1350
DBHH	Wasserschutzpolizei Bremen 4 📯 *T*	Streckenboot	Bremen	250
DBHK	Wal *T*	Eisbrecher	Rendsburg	1200
DBHL	Kapitän Meyer ʒ ⓩ *R D*	Seezeichenschiff	Tönning	2×375
DBHM	Alk *R*	Seezeichenschiff und Schlepper	Lübeck	350
DBHN	Orion *T* ⓩ	Aufsichtsschiff	Helgoland	175
DBHO	Seeadler *T*	Seezeichenschiff	Kiel	220
DBHP	Friedrich Voß *T*	Aufsichtsfahrzeug	Kiel	500
DBHT	Flemhude *T*	Motorschlepper	Kiel	2×350
DBHU	Uwe Jens Lornsen *T*	Seezeichenschiff	Wittdün/Amrum	220
DBHV	Möwe	Schleppdampfer	Tönning	200
DBHW	Wulf Isebrand	Seezeichenschiff	Tönning	80
DBHX	Eider	Motorschlepper	Kiel-Holtenau	420
DBHY	Bussard II	Motorschlepper	Kiel-Holtenau	350

DBJG — DBQC

Unter-scheidungs-signale	Namen der Schiffe	Art der Schiffe	Heimathafen der Schiffe	PS
DBJG	Vogelsand	Schlepp- und Verkehrsboot	Cuxhaven	250
DBJH	Brokdorf	Kranschiff	Hamburg	2×200
DBJI	Baumrönne	Seezeichen- und Aufsichtsschiff	Cuxhaven	150
DBJJ	Alte Liebe	Lotsenversetzschiff	Emden	250
DBJK	v. Jonquieres	Schlepper und Eisbrecher	Cuxhaven	500
DBJL	Stickersgatt	Peilboot	Cuxhaven	100
DBJM	Luechtergrund	Transportfahrzeug	Cuxhaven	120
DBJN	Süderoog	Vermessungsschiff	Hamburg	620
DBJO	Grimmershörn	Reedefahrzeug	Cuxhaven	500
DBJP	Eisfuchs *T*	Eisbrecher	Cuxhaven	1100
DBJQ	Ditmar Koel ʓ *T R D*	Lotsen-Schiff	Cuxhaven	2×800
DBLF	Heppens	Transportfahrzeug	Bremerhaven	300
DBLG	Ebbe *T*	Seezeichenschiff	Bremerhaven	300
DBLH	Nickel	Kohlen- und Wasserversorgungsschiff	Bremen	350
DBLI	Nixe	Aufsichtsfahrzeug	Bremerhaven	250
DBLJ	Imsum	Versorgungsfahrzeug	Bremerhaven	220
DBLK	Balje	Seeschlepper	Brake	430
DBLL	Nord *T D*	Vermessungsschiff	Bremerhaven	430
DBLM	Seelotse *R*	Lotsennachfahrer	Bremerhaven	628
DBLN	Tide	Motorschlepper	Bremerhaven	250
DBLO	Süd	Motorschiff	Bremen	2×100
DBLP	Spring	Motorschlepper	Bremerhaven	250
DBLQ	Priel	Motorschlepper	Bremen	280
DBPA	Borkum ʓ ⓩ *T R*	Lotsendampfer	Emden	1467
DBPC	Oldeoog *T*	Eisbrecher und Vermessungsschiff	Wilhelmshaven	450
DBPD	Norden ⓩ *T R D*	Seezeichenschiff	Norderney	650
DBPE	Knock	Motorschlepper	Emden	250
DBPF	Emshörn	Schlepper und Eisbrecher	Emden	750
DBPG	Schillig *T*	Seezeichen- u. Vermessungsschiff	Wilhelmshaven	250
DBPH	Paapsand	Kohle- und Versorgungsschiff	Emden	285
DBPJ	Aldessen	Dampfprahm	Wilhelmshaven	2×70
DBPK	Lütjehörn	Transportschiff	Emden	100
DBPL	Dollart	Schlepper	Emden	280
DBPM	Möwensteert	Motorschlepper	Emden	430
DBPZ	Ostfriesland *T*	Fischereiaufsichtsfahrzeug	Norddeich	120
DBQA	Rüstringen	Peilboot	Wilhelmshaven	150
DBQB	Buise *T*	Peil- und Vermessungsschiff	Norden	100/120
DBQC	Hannover *T*	Fischereiaufsichtsfahrzeug	Bremerhaven	40

DBQD — DBQW

Unter-scheidungs-signale	Namen der Schiffe	Art der Schiffe	Heimathafen der Schiffe	PS
DBQD	Wasserschutzpolizei 12 *T*	Streifenboot	Stade	80
DBQE	Oldenburg *T*	Streifenboot	Leer	220
DBQF	Fehmarn *T*	Streifenboot	Kiel	500
DBQG	Merkur *T*	Streifenboot	Kappeln/Schlei	2×150
DBQH	Neptun *T*	Streifenboot	Kappeln/Schlei	2×150
DBQI	Jupiter *T*	Streifenboot	Heiligenhafen	2×150
DBQJ	Mars *T*	Streifenboot	Travemünde	250
DBQK	Saturn *T*	Streifenboot	Tönning	250
DBQL	Helgoland *T*	Streifenboot	Büsum	600
DBQM	Castor *T*	Streifenboot	Kiel	2×46
DBQN	Präsident Herwig *T*	Motorboot	Büsum	2×135
DBQO	Wacht *T*	Fischereiaufsichtsfahrzeug	Langballigholz	120
DBQQ	Ingo *T*	Fischereiaufsichtsfahrzeug	Heiligenhafen	150
DBQR	Braunschweig *T*	Streifenboot	Emden	2×150 1×55
DBQS	Hannover *T*	Streifenboot	Wilhelmshaven	2×500 1×75
DBQT	Memmert *T*	Aufsichtsschiff	Norddeich	90
DBQU	Eitzenbalje	Transportschute	Cuxhaven	100
DBQV	MS 34	Transportschute	Cuxhaven	40
DBQW	Burchana	Arbeits- u. Vermessungsschiff	Norderney	50/60

f) Die Feuerschiffe
der
Bundesrepublik Deutschland

Geographisches Signal der Feuerschiffstation	Funkrufzeichen der Feuerschiffstation	Internationales Unterscheidungssignal beim Verlassen d. Feuerschiffstation	Namen der Schiffe
			I. Stamm-Feuerschiffe
			a) Ostsee
AFRU	DCL	*DBBT*	Fehmarnbelt
AIKR	DCN	*DBBZ*	Kiel
AFVN	DCM	*DBBU*	Flensburg
			b) Nordsee
AFHC	DCG	*DBBJ*	Elbe 3 (Bürgermeister Abendroth)
AFHB	DCK	*DBBK*	Elbe 2 (Bürgermeister Bartels)
AFHA	DCH	*DBBR*	Elbe 1 (Bürgermeister O'Swald)
ACCP	DCO	*DBCV*	Bremen (Weser I)
ARHW	DCA	*DBCG*	Weser (Norderney I)
	DCB	*DBBB*	P 12 (Amrumbank)
	DCD	*DBHI*	P 8 (Außenjade)
ABZN	DCF	*DBPI*	J/E 3-Borkumriff
			II. Reserve-Feuerschiffe
			a) Ostsee
—	—	*DBBD*	Reserve Holtenau (Außeneider)
			b) Nordsee
—	—	*DBCP*	Senator Brockes

Alphabetische Reihenfolge der Schiffsnamen

TEIL II

Die Kauffahrteischiffe

der

Bundesrepublik Deutschland

in alphabetischer Reihenfolge der Namen

(Das Unterscheidungssignal der mit Funk ausgerüsteten Schiffe ist in Schrägschrift [*Kursiv*] gesetzt)

Unterscheidungssignale	Namen der Schiffe	Heimathafen der Schiffe
DABC	Aachen	Bremerhaven
DDMR	Aade	Bremen
DGAB	Aar	Hamburg
DHNW	Achilles	Hamburg
DGAC	Achim Griese	Kiel
DLBJ	Adamsturm	Bremen
DFUH	Adda	Grünendeich
DFZV	Adele	Barnkrug
DCBE	Adele	Hamburg
DGAH	Adele	Hamburg
DGRL	Adele	Hamburg
DHGI	Adele	Hamburg
DFUJ	Adele	Wischhafen
DFYJ	Adele	Neuland/Kehdingen
DFUK	Adele	Gauensiek
DDLJ	Adele Ohlrogge	Brake
DCBF	Adelgunde	Haren/Ems
DCBG	Adelheid	Haren/Ems
DCBH	Adelheid	Westrhauderfehn
DGAI	Adelheid	Hamburg
DGAJ	Adelheid	Hamburg
DIQI	Adelheid	Uetersen
DCGH	Adelheid Sibum	Emden
DABA	Adeline	Leer
DHOZ	Adema	Bremerhaven
DCAH	Adler	Köln
DCDT	Adler	Leer
DDTK	Adler	Bremen
DJND	Adler	Kappeln/Schlei
DIYT	Adler	Schulau
DKHD	Adler	Heikendorf
DGAL	Adler	Hamburg
DGJB	Adler	Hamburg
DGPA	Adler	Hamburg
DDMS	Adler	Bremen-Vegesack
DERI	Adler	Bremerhaven
DIUI	Adlergrund	Lübeck-Travemünde
DLBA	Admiral Bastian	Bremen
DCBJ	Adolf	Haren/Ems
DHPB	Adolf Leonhardt	Hamburg
DDLN	Adolf Otholt	Brake
DLAM	Adolf Vinnen	Bremen
DHFE	Adolph	Hamburg
DFSU	Adolph	Gauensiek
DABB	Adonis	Hamburg-Finkenwerder
DEFI	Adria	Bremen
DGQV	Adrian	Hamburg
DKHE	Adriana	Kiel
DEBX	Ägäis	Bremen
DABY	Ägäis	Hamburg
DJAD	Ägir	Hamburg
DHNV	Aegir	Hamburg
DHJU	Änne-Ursula	Hamburg
DDFA	Aenne Jacobs	Brake
DGXW	Aenne Tänzler	Hamburg
DGAP	Agnes	Hamburg
DFUL	Agnes	Krautsand
DAMA	Agnes Engel	Hamburg-Finkenwerder
DIAV	Agnes Essberger	Hamburg
DGAR	A. H. Both	Hamburg
DGSD	Ahrensburg	Hamburg
DAMF	A. Kappelhoff	Emden
DDDW	Akke Meyer	Varelerhafen
DEQL	Albatros	Bremerhaven
DIYG	Albatros	Beidenfleth
DIZZ	Albatros	Flensburg
DLDV	Albatros	Bremen
DCML	Albatros I	Greetsiel
DGAS	Albatross	Hamburg-Finkenwerder
DIHE	Albatross	Hamburg
DEBD	Albert	Bremen
DGAT	Albert	Hamburg
DHRN	Albert	Hamburg
DJDZ	Albert	Cuxhaven
DGAW	Albert Gido	Hamburg

Unter-scheidungs-signale	Namen der Schiffe	Heimathafen der Schiffe	Unter-scheidungs-signale	Namen der Schiffe	Heimathafen der Schiffe
DAMB	Albert Pust	Bremerhaven	*DICH*	Alstertal	Hamburg
DAJI	Albert Vögler	Hamburg	*DIBQ*	Alstertor	Hamburg
DGEE	Albertine	Hamburg	*DIHV*	Alsterufer	Hamburg
DDNR	Albireo	Bremen	*DDTY*	Altair	Bremen
DCHZ	Albrecht Geerds	Emden	*DCBQ*	Altair	Emden
DIFQ	Alca	Hamburg	*DHJF*	Alteland	Hamburg
DGWG	Alcedo	Hamburg	DGBI	Alteland	Hamburg
DLDP	Alcor	Bremen	*DIGK*	Alteland	Hamburg
DLCW	Alcyone	Bremen	*DFLG*	Alte Liebe	Heikendorf
DECG	Aldebaran	Bremen	*DAMD*	Alte Liebe	Cuxhaven
DENY	Aldebaran	Bremerhaven	DKJE	Alte Liebe	Niendorf
DAJV	Aldenburg	Hamburg	*DEBI*	Altenwall	Bremen
DFAW	Alemannia	Bremerhaven	DADT	Altenwerder	Hamburg
DADS	Aleppo	Hamburg	*DGVY*	Altenwerder	Hamburg
DCBM	Alex	Haren/Ems	DACV	Altona	Hamburg
DCJH	Alexander	Haren/Ems	*DAGG*	Altona	Hamburg
DABE	Alexander		DJWC	Altstadt	Kiel
	v. Humboldt	Bremerhaven	DCWM	Alwine	Norderney
DJAB	Alexandra	Flensburg	DFUN	Alwine	Assel
DKIF	Alexandra		DFSV	Alwine	Barnkrug
	Sartori	Kiel	*DCWF*	Alwin Klein	Emden
DEFY	Alexis	Bremen	DGBL	A. M. 1	Hamburg
DHHF	Alfred	Hamburg	DGBM	A. M. 2	Hamburg
DKJP	Alfred	Neustadt/Holst.	DGCP	A. M. 3	Hamburg
DKKZ	Alfred	Burgstaaken	*DCBR*	Amalie	Leer
DISW	Alfred Hinsch	Hamburg	DFUP	Amalie	Abbenfleth
DABN	Alfred Theodor	Hamburg	*DIEZ*	Amalie Essberger	Hamburg
DKJV	Alfred Porr	Hamburg	DFUQ	Amanda	Ritsch/Kehdin-
DABN	Alfred Theodor.	Hamburg			gen
DEDH	Algenib	Bremen	DFUR	Amanda	Grünendeich
DHMJ	Algier	Hamburg	DGBP	Amandus	Hamburg
DEDX	Algol	Bremen	*DIAS*	Amazonas	Hamburg
DEBE	Alice	Bremen	DGBR	Amazone	Hamburg
DGAX	Alida	Hamburg	*DGMS*	Amazone II	Hamburg
DLCL	Alioth	Bremen	DJAC	Ambronia	Amrum
DGAZ	Alita III	Hamburg	*DIPY*	Amélie Thyssen	Hamburg
DFTY	Alk	Dornbusch	DAKT	Amico	Hamburg
DIFW	Alk	Hamburg	*DIXW*	Amigo	Glückstadt
DGBB	Allegro	Hamburg	*DJDQ*	Amisia	Flensburg
DGBC	Alma	Hamburg	*DIZF*	Ameland	Glückstadt
DGBD	Alma	Hamburg	*DILE*	Ammerland	Hamburg
DGBE	Alma	Hamburg	*DGBS*	Amor	Hamburg-
DGBF	Alma	Hamburg			Finkenwerder
DFUM	Alma	Bützfleth	*DHPV*	Amrum	Hamburg
DFTF	Alma	Dornbusch	*DDNH*	Amsel	Bremen
DHJA	Almut	Hamburg	*DEUW*	Andenes	Bremerhaven
DKKP	Almut	Lübeck	*DFMY*	Andernach	Cuxhaven
DKAQ	Alondra	Lübeck	DGBT	Andome	Hamburg
DDNS	Alphard	Bremen	DENQ	Andreas	Bremerhaven
DIGF	Alsen	Hamburg	*DABV*	Andreas Gayk	Bremerhaven
DAGC	Alster	Hamburg	DHDK	Ane Jess	Rendsburg
DGBG	Alster	Hamburg	DCBT	Angela	Haren/Ems
DICP	Alsterdamm	Hamburg	DCBU	Angela	Haren/Ems
DACF	Alsterdorf	Hamburg	DJYJ	Angela	Burgstaaken
DGCD	Alsterfleet	Hamburg	DCBV	Angela Elisa	Haren/Ems
DIMT	Alsterkamp	Hamburg	DCWU	Angela Schepers	Haren/Ems
DIPL	Alsterkamp	Hamburg	*DHPZ*	Angelburg	Hamburg
DIEM	Alsterpark	Hamburg	*DAII*	Angelica Schulte	Hamburg

Unterscheidungssignale	Namen	Heimathafen
	der Schiffe	
DGMC	Angelika I	Düsseldorf
DCBW	Angelina	Haren/Ems
DGAY	Angeln	Hamburg
DABH	Anhalt	Bremen-Vegesack
DGBU	Anita	Hamburg
DHQY	Anita	Hamburg
DFLE	Anita	Hamburg-Finkenwerder
DABD	Anita Bolten	Hamburg
DHHW	Anita Hauschildt	Hamburg
DIYM	Anita Schütt	Itzehoe
DADL	Anke	Hamburg
DIYH	Anke	Niendorf
DJZD	Anke II	Glückstadt
DIXT	Anke Christa	Glückstadt
DGMF	Anke Grothmann	Hamburg
DDQS	Anke Pahl	Hamburg
DCBY	Anna	Haren/Ems
DCBZ	Anna	Strohausen
DJCL	Anna	Amrum
DGBX	Anna	Hamburg
DGCA	Anna	Hamburg
DGCC	Anna	Hamburg-Finkenwerder
DFUT	Anna	Wischhafen
DFTB	Anna	Gräpel
DFST	Anna	Ostendorf
DCCF	Anna	Leer
DFUU	Anna	Krautsand
DFUV	Anna	Assel
DFZT	Anna	Assel
DIQU	Anna	Bützfleth
DJED	Anna	Pellworm
DJNM	Anna	Kiel
DKDZ	Anna	Heiligenhafen
DIQW	Anna	Schulau
DDDN	Anna Bohlen	Varel
DEUT	Anna Busse	Bremerhaven
DIDL	Anna Catharina	Hamburg
DFUW	Anna Dieckmann	Emden
DJNN	Anna-Elise	Varelerhafen
DGCG	Anna-Frieda	Hamburg
DGCH	Anna-Helene	Hamburg
DDQG	Anna Katrin Fritzen	Bremen
DKMI	Anna-Luise	Duisburg-Ruhrort
DCCI	Anna-Maria	Haren/Ems
DFUX	Anna-Maria	Dornbusch
DCCJ	Anna-Maria	Ditzum
DGCK	Anna Marie	Hamburg
DINV	Anna-Marie	Hamburg
DGCL	Anna Marta	Hamburg
DJYI	Anna Oldendorff	Lübeck
DGHB	Anna Rehder	Hamburg
DFZF	Anna Sietas	Grünendeich
DGCM	Anna Thekla	Hamburg
DCCK	Anna Wilhelmine	Westrhauderfehn

Unterscheidungssignale	Namen	Heimathafen
	der Schiffe	
DGCN	Anna Woldmann	Hamburg-Finkenwerder
DGKA	Annaliese Wehlen	Hamburg
DJUF	Annchen Felter	Lübeck
DGCO	Annchen Peters	Hamburg
DLDK	Ann-Charlott	Bremen
DEBM	Ann-Christin	Bremen
DJYQ	Ann Ida	Lübeck
DFSZ	Anne	Assel
DFUY	Anne	Bützfleth
DKFH	Anne Catharina	Rendsburg
DGCQ	Anne Helene	Hamburg
DJMQ	Anne Ohl	Ulsnis
DDFI	Annegret	Brake
DIOW	Annegret	Hamburg
DCVX	Annegret I	Haren/Ems
DJWE	Anne Gret	Lübeck-Gothmund
DCCM	Annele	Bensersiel
DABJ	Annelies	Hamburg-Finkenwerder
DGKG	Annelies	Glückstadt
DETU	Anneliese	Kiel
DJWN	Anneliese	Lübeck-Schlutup
DKKV	Anneliese	Heikendorf
DIDN	Anneliese Porr	Hamburg
DJDJ	Annelis Christophersen	Flensburg
DDAE	Annemarie	Varelerhafen
DGCS	Annemarie	Hamburg
DJLD	Annemarie	Kappeln
DKLZ	Annemarie	Heiligenhafen
DJTV	Annemarie	Kiel
DJNO	Annemarie	Leer
DKJJ	Annemarie	Lübeck-Travemünde
DJAE	Annemarie	Keitum/Sylt
DIKS	Anne Marie	Hamburg
DHKP	Annemarie Krüger	Hamburg
DHIE	Annemarie Renate	Hamburg
DHQE	Anni	Hamburg
DGCT	Anni	Hamburg
DGCU	Anni	Hamburg
DFYY	Anni	Gräpel
DFUZ	Anni	Wischhafen
DJEI	Anni	Pellworm
DKJG	Anni	Laboe
DCCE	Anni Nübel	Emden
DIHM	Annie Hugo Stinnes	Hamburg
DCVW	Anni Schaa	Leer
DJAW	Annik	Flensburg
DDTE	Ansgaritor	Bremen
DDTX	Antares	Bremen
DGCW	Antares	Hamburg
DGMZ	Antares	Hamburg

Unterscheidungssignale	Namen der Schiffe	Heimathafen der Schiffe
DABK	Antares	Bremerhaven
DCAC	Antha	Köln
DHJV	Antilope	Hamburg
DCCN	Antine	Borkum
DFNG	Antje	Otterndorf
DJNP	Antje	Kiel
DCCO	Antje	Rorichmoor
DJMM	Antje	Kappeln/Schlei
DJWF	Antje	Niendorf
DABL	Antje	Hamburg-Finkenwerder
DGCX	Antje	Hamburg
DGDN	Antje	Hamburg
DHND	Antje	Heiligenhafen
DGAK	Antje Adelheid	Hamburg
DJYC	Antje-Christa	Heikendorf
DJBZ	Antje-Doris	Wyk/Föhr
DIXR	Antje Jansen	Uetersen
DGCY	Antje Mahler	Hamburg
DGCZ	Antje Oltmann	Hamburg
DKJQ	Antje von Sylt	Neustadt/Holst.
DCCP	Anton	Haren/Ems
DHJK	Anton Castens	Hamburg
DDKP	Anton Wilhelm	Brake
DEEZ	Aphaia	Bremen
DDNL	Apollo	Bremen
DIPC	Apollo	Hamburg
DCGI	Aquamarin	Emden
DGDA	Aquarius	Emden
DKFR	Archsum	Rendsburg
DEBL	Arcturus	Bremen
DCKX	Arenberg	Emden
DDNV	Arete	Bremen
DDRC	Argenfels	Bremen
DDTQ	Argo	Bremen
DGDB	Argonaut	Orth/Fehmarn
DGGS	Argonaut	Hamburg
DCCQ	Ariadne	Borkum
DGET	Ariadne	Hamburg
DEEK	Aries	Bremen
DDUP	Arion	Bremen
DDRE	Arion	Bremen
DHEE	Arkona	Hamburg
DCCS	Arktur	Westrhauderfehn
DCCT	Armin	Haren/Ems
DJEN	Arn VIII	Arnis
DKFX	Arn IX	Rendsburg
DCCU	Arnold	Haren/Ems
DGDC	Arnolde	Hamburg
DLCF	Arsterturm	Bremen
DJXC	Asella	Lübeck
DHEQ	Asgard	Hamburg
DEEU	Aschanti IV	Bremen
DHQV	Assel	Hamburg
DJWS	Assen	Lübeck
DDKW	Assistent I	Lemwerder
DHMW	Astarte	Hamburg
DIRD	Astarte	Wilhelmshaven
DJAF	Astrea	List/Sylt
DGDE	Astrid	Hamburg
DJZJ	Astrid II	Orth/Fehmarn
DJZY	Astrid Brockmann	Haffkrug
DHPX	Athen	Hamburg
DINX	Athlet	Hamburg
DICZ	Atalanta	Hamburg
DHOK	Atlanta	Hamburg
DHNB	Atlantic	Hamburg
DETM	Atlantic	Lübeck-Travemünde
DGDF	Atlantik	Hamburg
DIAB	Atlantik	Hamburg
DCHJ	Atlantis	Cuxhaven
DFTQ	Atlantis	Stade
DEAA	Atlas	Bremen
DLBG	Atlas Hugo Stinnes	Bremen
DGDG	Audieck	Hamburg-Finkenwerder
DEDZ	Audentia	Bremen
DDMY	Auerhahn	Bremen-Vegesack
DIBW	Augsburg	Hamburg
DILS	Augusta	Hamburg
DJNQ	August	Kiel
DHPL	August Bolten	Hamburg
DAHX	August Leonhardt	Hamburg
DGWO	August Peters	Hamburg
DILR	August Thyssen	Hamburg
DGDH	Auguste	Hamburg
DGDI	Auguste	Hamburg
DAMH	Auguste Kämpf	Bremerhaven
DABO	Auguste Levers	Hamburg
DCVV	Auguste Schulte	Hamburg
DIOR	Auguste Weitert	Hamburg
DINA	Augustenburg	Hamburg
DDSQ	Aumund	Bremen
DGDJ	Aurora	Hamburg
DCCV	Aurora I	Borkum
DCFO	Aurich	Emden
DLCM	Auriga	Bremen
DGDK	Ausdauer	Hamburg
DIDG	Ausdauer	Hamburg
DIMZ	Austria	Hamburg
DKFM	Avena	Breiholz
DGDL	Aventura	Hamburg
DDTP	Axenfels	Bremen
DIEN	Babitonga	Hamburg
DEGB	Bär	Bremen
DDUI	Baden	Bremen
DFNC	Baden	Cuxhaven
DENW	Bärbel	Lübeck-Travemünde
DEAS	Bärenfels	Bremen
DECZ	Bärenstein	Bremen

Unterscheidungssignale	Namen der Schiffe	Heimathafen der Schiffe	Unterscheidungssignale	Namen der Schiffe	Heimathafen der Schiffe
DHJH	Bahrenfeld	Hamburg	DCDD	Bernhardus	Haren/Ems
DABP	Balder	Glückstadt	*DCWD*	Berni Nübel	Emden
DIAN	Baldur	Hamburg	DIXM	Berta	Elmshorn
DGDM	Baldur	Hamburg	*DENZ*	Berta	Bremerhaven
DAIO	Balje	Cuxhaven	*DHBT*	Berta Beck	Hamburg
DGEW	Balkan	Hamburg	DGDY	Berta Hermine	Hamburg-Finkenwerder
DKCO	Baltic	Heiligenhafen	DDJS	Berta Jacobs	Brake
DCSD	Baltic	Haren/Ems	*DKGN*	Berta Kienass	Rendsburg
DCCX	Baltrum I	Baltrum	DGEA	Berta Köhlmann	Hamburg
DCJT	Baltrum III	Baltrum	DGDV	Berta Louise	Hamburg
DDLP	Barbara	Elsfleth	DHGK	Berta Marie	Hamburg
DGFG	Barbara	Hamburg	DFYS	Bertha	Abbenfleth
DIFC	Barbara	Hamburg	DGDW	Bertha	Hamburg
DJMB	Barbara	Büsum	DGDX	Bertha	Hamburg
DCDA	Barbara	Ditzum	DHJM	Bertha	Hamburg
DEBY	Barbara Meentzen	Bremen	DJEM	Bertha	Flensburg
DHKA	Barmbek	Hamburg	DFVC	Bertha	Hamburg
DGDO	Barnkrug	Hamburg	*DKFC*	Bertha Entz	Rendsburg
DLCS	Bartenstein	Bremen	DGDZ	Bertha Johanna	Hamburg
DFTU	Basbeck	Osten	DGEB	Bertha Troles	Hamburg
DGDQ	Baumwall	Hamburg	*DHLP*	Beteigeuze	Hamburg
DHNJ	Baumwall	Hamburg	DGEC	Betty	Hamburg
DDRN	Bayern	Bremen-Vegesack	DFZA	Betty	Gräpel
DFLF	Bayern	Cuxhaven	DFVD	Betty	Krautsand
DHAV	Bayern	Leer	*DHES*	Bewa	Hamburg
DEFD	Bayernstein	Bremen	DJCP	Bianka	Heiligenhafen
DIMJ	Beate	Hamburg	*DECN*	Bieberstein	Bremen
DHJI	Bellatrix	Hamburg	*DFNJ*	Bielefeld	Cuxhaven
DDUC	Bellona	Bremen	*DLDQ*	Bielefeld	Bremen
DGQN	Belgrano	Hamburg	*DLDZ*	Bielefeld	Bremen
DABS	Beluga	Hamburg	*DGCE*	Bilbao	Hamburg
DHNF	Benno	Hamburg	*DIER*	Billetal	Hamburg
DACZ	Bergedorf	Hamburg	*DCGE*	Bina	Haren/Ems
DABF	Bergeland	Hamburg	*DJRN*	Biomaris-Atlantic	Bremen
DGDT	Berger V	Bremerhaven	*DIKO*	Birka	Hamburg
DGDU	Berger VII	Hamburg	*DEOU*	Birkenau	Bremerhaven
DHEZ	Bergungsschute 4	Hamburg	*DEAW*	Birkenfels	Bremen
DDMV	Berkersheim	Bremen	*DLBQ*	Birkenstein	Bremen
DABU	Berlin	Bremerhaven	*DJDO*	Birknack	Flensburg
DEDU	Berlin	Bremen	*DINY*	Birte	Hamburg
DHLO	Berlin	Hamburg	*DGBN*	Birte Hugo Stinnes	Kiel
DIEJ	Berlin	Hamburg	*DKBF*	Birte Oldendorff	Lübeck
DGMY	Bernd	Hamburg	*DLBV*	Bischofstein	Bremen
DIRE	Bernd	Hamburg	*DLBK*	Bischofstor	Bremen
DGFN	Bernd Becker	Hamburg	*DIYE*	Bishorst	Haseldorf
DCIY	Bernd Boll	Haren/Ems	*DIIL*	Bismarckstein	Hamburg
DIOQ	Bernd-Gunda	Hamburg	DAEN	Blankenese	Hamburg
DGAG	Bernd Leonhardt	Hamburg	*DLCQ*	Blankenstein	Bremen
DHOV	Bernd Wesch	Hamburg	DAHR	Bleichen	Hamburg
DEBK	Bernhard	Bremen	*DKIT*	Bleibtreu	Heiligenhafen
DCDC	Bernhard	Haren/Ems	*DDMW*	Blexen	Bremen
DCUJ	Bernhard	Haren/Ems	DCFJ	Blinkfüer	Emden
DETQ	Bernhard Grundmann	Bremerhaven	*DJTK*	Blidum	Rendsburg
DJDM	Bernhard Howaldt	Flensburg	*DHLT*	Blinkfuer	Hamburg-Finkenwerder

Unter-scheidungs-signale	Namen der Schiffe	Heimathafen der Schiffe	Unter-scheidungs-signale	Namen der Schiffe	Heimathafen der Schiffe
DGIK	Blitz	Hamburg	*DAMI*	Bremerhaven ..	Bremerhaven
DKGZ	Blumenau	Kiel	*DFAV*	Bremerhaven ..	Bremerhaven
DDNQ	Blumenthal	Bremen	*DLAZ*	Bremerhaven ..	Bremen
DDRB	Blumenthal	Bremen	*DECE*	Bremer Roland .	Bremen
DABQ	Bockenheim ...	Bremen	*DEEP*	Bremer Wappen	Bremen
DEQZ	Bockholm......	Flensburg	DGEG	Brigitta	Strande
DILQ	Bökelnburg	Hamburg	DJTG	Brigitte........	Eckernförde
DLDB	Bodenstein	Bremen	*DECI*	Brillant........	Bremen
DJCG	Bodil Schmidt ..	Flensburg	DAEY	Brinckmann	Hamburg
DJSR	Bonanza	Kiel	DDJM	Britta	Büsum
DIMR	Bonita	Hamburg	*DGEH*	Brix Hansen....	Hamburg-Finkenwerder
DEUS	Bonn	Bremerhaven			
DIGG	Boreas	Hamburg	*DHFD*	Brook	Hamburg
DAGN	Borgesch	Hamburg	DKDC	Brüsterort	Lübeck-Travemünde
DCMF	Borkum	Emden			
DFMG	Borkum	Cuxhaven	*DDNB*	Brunhild	Kiel
DHBE	Borkum	Hamburg	*DLBN*	Brunneck	Bremen
DILA	Borkum	Hamburg	DIZG	Bruno	Brunsbüttelkoog
DACI	Borkumriff.....	Hamburg	*DIMH*	Brunswick	Hamburg
DIIA	Borkumriff.....	Hamburg	*DHKQ*	Brunsbüttel	Hamburg
DEDN	Bornheim	Bremen	*DIKF*	Brunshausen ...	Hamburg
DIIO	Botilla Russ ...	Hamburg	DDLD	BSG 1	Brake
DIPP	BP Olex 34	Hamburg	DDLF	BSG 2	Brake
DADK	BP Olex 35	Hamburg	*DDQQ*	Buchenstein ...	Bremen
DAFN	BP Olex 36	Hamburg	*DJNT*	Bülk	Kiel
DGCB	BP Olex 95	Emden	*DCHA*	Bürgermeister Diekmann....	Emden
DIOD	Brage	Hamburg			
DACB	Brahe	Bremerhaven	DAGS	Bürgermeister Diesel	Hamburg
DEEJ	Brake	Bremen			
DLCU	Brake	Bremen	DAHF	Bürgermeister Stolten	Hamburg
DCDG	Brandaris	Langeoog			
DEFJ	Brandenburg ...	Bremen-Vegesack	*DJVW*	Büsum	Kiel
DJWI	Brandenburg ...	Hamburg	DGEN	Bützfleth	Hamburg
DHMF	Brandenburg ...	Hamburg	DICW	Bugsier 1	Hamburg
DECC	Brandenstein ...	Bremen	DIDK	Bugsier 2	Hamburg
DEAZ	Braunfels	Bremen	DIEI	Bugsier 3	Hamburg
DEON	Braunschweig ..	Bremerhaven	DGEF	Bugsier 4	Hamburg
DIFO	Braunschweig ..	Hamburg	DGQJ	Bugsier 6	Hamburg
DIOJ	Braunsfeld	Hamburg	DGWF	Bugsier 7	Hamburg
DIIH	Bravo	Hamburg	DHKN	Bugsier 8	Hamburg
DJZT	Bredow	Lübeck	DHFM	Bugsier 9	Hamburg
DGWE	Breiholz	Rendsburg	DHMN	Bugsier 10	Hamburg
DKDV	Breitenburg	Hamburg	DHFA	Bugsier 11	Hamburg
DLBT	Breitenstein	Bremen	DIHW	Bugsier 12	Hamburg
DDQP	Bremen........	Bremen	DIOE	Bugsier 14	Hamburg
DEBQ	Bremen........	Bremen	DIOX	Bugsier 15	Hamburg
DFAN	Bremen........	Bremerhaven	DAJC	Bugsier 16	Hamburg
DDMZ	Bremen........	Bremen-Vegesack	DAJS	Bugsier 17	Hamburg
DEGC	Bremer Boerse ..	Bremen	*DJNU*	Bungsberg	Hamburg
DEFU	Bremer Flagge ..	Bremen	*DIQD*	Bunte Kuh	Hamburg
DEGP	Bremer Flotte ..	Bremen	*DEAN*	Buntentor......	Bremen
DEBT	Bremer Glocke .	Bremen	*DDQE*	Burgenstein	Bremen
DEGL	Bremer Handel .	Bremen	*DHQJ*	Burg Sparrenberg.........	Hamburg
DDOJ	Bremer Kueper .	Bremen			
DEGQ	Bremerlotse	Bremen	*DDPB*	Burgwall	Bremen
DLDY	Bremer Makler..	Bremen	DCDH	Burkana	Emden
DLDE	Bremer Pionier .	Bremen	*DHNM*	Burkhard Bröhan......	Hamburg
DLDI	Bremer Stauer .	Bremen			

Unterscheidungssignale	Namen der Schiffe	Heimathafen der Schiffe
DHJT	Burstah	Hamburg
DCDZ	Bussard	Düsseldorf
DEDB	Bussard	Bremen
DIFT	Bussard	Hamburg-Finkenwerder
DGEM	Bussard	Hamburg
DIYW	Bussard	Schulau
DJVB	Bussard I	Hamburg
DJNE	Bussard II	Büsum
DGPM	Bussard III	Büsum
DFLI	Butendiek	Haffkrug
DIGB	Butt	Hamburg
DGEO	B. & V. Kranich	Hamburg
DFYT	Cäcilie	Freiburg/Elbe
DGRN	Cairo	Hamburg
DDRJ	California	Bremen
DKES	Calla	Rendsburg
DGVI	Calliope	Hamburg
DCBC	Capella	Hamburg
DCDJ	Capella	Bensersiel
DCDK	Capella	Greetsiel
DKHT	Capella	Heikendorf
DIII	Cap Blanco	Hamburg
DAFO	Cap Castillo	Hamburg
DAJJ	Cap Corrientes	Hamburg
DADH	Cap Domingo	Hamburg
DILH	Cap Finisterre	Hamburg
DIIU	Cap Frio	Hamburg
DIKE	Cap Norte	Hamburg
DHKO	Cap Ortegal	Hamburg
DIPR	Cap Palmas	Hamburg
DGOF	Cap Roca	Hamburg
DHBL	Cap Verde	Hamburg
DIKV	Cap Vilano	Hamburg
DAHZ	Caperata	Hamburg
DAIZ	Caprella	Hamburg
DENA	Capriccio	Düsseldorf
DAKS	Capsa	Hamburg
DENB	Carinthia	Düsseldorf
DFAA	Carl	Bremerhaven
DHKH	Carl	Hamburg
DCSP	Carl Dantziger	Emden
DCVU	Carl Fisser	Emden
DCIK	Carl Fritzen	Emden
DJES	Carl Jensen	Kiel
DHDF	Carl Julius	Hamburg
DESS	Carl Kämpf	Bremerhaven
DIOH	Carl Levers	Hamburg
DLCB	Carl Meentzen	Bremen
DDQR	Carllene	Bremen
DINH	Carlota Bolten	Hamburg
DCDM	Carl Thiele	Emden
DAPN	Carl Wilkens	Hamburg
DHGH	Carla	Warsingsfehn
DHGV	Carlo Porr	Hamburg
DKER	Carola	Rendsburg
DGNN	Carola Reith	Hamburg
DCEX	Carola Schulte	Emden

Unterscheidungssignale	Namen der Schiffe	Heimathafen der Schiffe
DGES	Carlshütte	Hamburg
DHFU	Carlshütte IV	Rendsburg
DGVA	Carlsson II	Hamburg
DCLB	Caroline	Langeoog
DIOV	Caroline Oetker	Hamburg
DDNP	Carpathia	Bremen
DKCA	Carrara	Rendsburg
DAMJ	Carsten Janssen	Bremerhaven
DIPB	Carsten Rehder	Hamburg
DJAG	Carsten Witt	Bremen
DLAE	Casablanca	Bremen
DEOD	Castor	Lübeck-Travemünde
DEBH	Castor	Bremen
DKDN	Castorp	Lübeck
DFVE	Catharina	Abbenfleth
DJWA	Catharina Oldendorff	Lübeck
DKIA	Catherine Sartori	Kiel
DEGM	Catrin	Bremen
DJEU	Catrina	Friedrichstadt
DGEX	C. A. Woldmann	Hamburg-Finkenwerder
DDQI	Centaur	Bremen
DEDM	Ceres	Bremen
DLBO	Ceuta	Bremen
DIHJ	Charles Eckelmann	Hamburg
DDKN	Charlotte	Osten
DGEY	Charlotte	Hamburg
DGEZ	Charlotte	Hamburg
DKDX	Charlotte	Niendorf
DLCO	Charlotte Bastian	Bremen
DJCV	Charlotte Bohl	Flensburg
DHGD	Charlotte Schröder	Hamburg
DGFC	C. H. Kreft	Hamburg-Finkenwerder
DCDO	C. H. Metger	Emden
DIBY	Christa	Hamburg
DJRQ	Christa	Großenbrode
DKEA	Christa	Lübeck-Travemünde
DKED	Christa	Lübeck-Travemünde
DKLV	Christa	Heiligenhafen
DHRY	Christa II	Hamburg
DJQP	Christa Griese	Kiel
DGFE	Christa Juls	Hamburg
DHHE	Christa Köncke	Hamburg
DGHR	Christa Thielemann	Brake
DJAI	Christel	Neustadt/Holstein
DAOI	Christel	Büsum
DCVC	Christel	Haren/Ems
DJVJ	Christian	Kiel

Unterscheidungssignale	Namen der Schiffe	Heimathafen der Schiffe
DGZW	Christian Goedeken	Hamburg
DFAX	Christian Homann	Bremerhaven
DCFF	Christian I	Kappeln/Schlei
DGER	Christian Russ	Hamburg
DJPI	Christian Sartori	Kiel
DCDQ	Christina	Haren/Ems
DGJD	Christianna Pikuritz	Hamburg
DJAJ	Christine	Wyk/Föhr
DJZG	Christine	Heiligenhafen
DJXD	Christoffer Oldendorff	Lübeck
DDIB	Christoph Kleemeyer	Bremen
DKFQ	Christopher Meeder	Rendsburg
DEOE	Chronik	Bremerhaven
DECA	Ciandra	Bremen
DKET	Cimbria	Rendsburg
DKBZ	C. K. 10	Neustadt/Holst.
DKBY	C. K. 11	Neustadt/Holst.
DGUQ	Claere Jung	Hamburg
DJVZ	Cläre Grammerstorf	Kiel
DIMM	Cläre Hugo Stinnes	Hamburg
DGFH	Clara	Hamburg
DGYO	Clara Blumenfeld	Hamburg
DIBN	Claudia	Hamburg
DAEU	Claus	Hamburg
DDRP	Claus	Lübeck
DFZR	Claus	Bützfleth
DHRO	Claus Bischoff	Hamburg
DHKD	Claus Böge	Hamburg
DGFM	Claus Erich	Hamburg
DJEG	Claus Hermann	Büsum
DJCK	Claus Horn	Glücksburg
DKFO	Claus Jürgen	Rendsburg
DHIG	Claus Möller	Hamburg
DJZE	Claus Peter	Heiligenhafen
DJUL	Claus S	Hamburg
DGPW	Claus Schriewer	Hamburg
DJQE	Clemens Sartori	Kiel
DIAM	Cleopatra	Hamburg
DAKQ	Clio	Hamburg
DIOT	Clio	Hamburg
DLAL	Clivia	Bremen
DHLE	Coburg	Hamburg
DECR	Colonia	Bremen
DCKO	Columbus	Emden
DJYR	Columbus	Lübeck-Travemünde
DKEQ	Columbus	Burgstaaken
DFVF	Comet	Krautsand
DGRZ	Comet	Krautsand

Unterscheidungssignale	Namen der Schiffe	Heimathafen der Schiffe
DIJM	Commerz	Hamburg
DDFN	Concordia	Brake
DGVK	Concordia	Hamburg
DJMF	Concordia	Kappeln/Schlei
DCDS	Concordia	Norddeich
DJYF	Concordia I	Lübeck-Travemünde
DGFO	Condor	Hamburg
DGFP	Condor	Hamburg
DGFQ	Condor	Hamburg
DIRP	Condor	Schulau
DKLW	Condor	Lübeck
DIIV	Congo	Hamburg
DCWK	Conrad	Haren/Ems
DDUF	Consul Arlt	Bremen
DCEB	Consul Breuer	Emden
DGJL	Consul Horn	Hamburg
DDNC	Contentia	Bremen
DFVG	Contentia	Assel
DHPS	Continent	Hamburg
DHJS	Cordelia	Hamburg
DJYK	Cora	Lübeck
DGTT	Cord Eckelmann	Hamburg
DIOU	Cormoran	Hamburg
DHGG	Cormoran II	Hamburg
DCDV	Cornelia	Warsingsfehn
DCDW	Cornelia	Leer
DMCP	Cornelis	Bensersiel
DIOL	Corona	Hamburg
DEGO	Corona	Bremen
DACJ	Courier	Hamburg
DGFT	Courier	Hamburg
DFZN	Courier	Dornbusch
DACM	C. P. Andersen	Hamburg
DGNH	Cranz I	Hamburg-Finkenwerder
DHFR	Cranz	Hamburg
DHOM	Cremon	Hamburg
DFZZ	Cremona 2	Hamburg
DIDY	Cressida	Hamburg
DCDY	Cum Deo	Haren/Ems
DDTM	Crostafels	Bremen
DAHK	Cuxhaven	Hamburg
DAMM	Cuxhaven	Cuxhaven
DERJ	Cuxhaven	Bremerhaven
DDQC	Cyrene	Bremen
DFVI	Daheim	Krautsand
DGVV	Dalbek	Hamburg
DAJU	Dalsland	Hamburg
DKHX	Damaskus	Kiel
DGQR	Dammtor	Hamburg
DCAE	Daniel Denker	Köln
DDNE	Dankwart	Bremen
DACQ	Danzig	Hamburg
DFLW	Darmstadt	Cuxhaven
DGHO	Darmstadt	Hamburg
DDAJ	Dauens	Cuxhaven

Unterscheidungssignale	Namen der Schiffe	Heimathafen der Schiffe
DCFW	Dele	Haren/Ems
DDUK	Delia	Bremen
DFAL	Delphin	Bremerhaven
DCEC	Delphin	Norddeich
DKIN	Delphin	Kiel
DKGY	Delphin	Burgstaaken
DGFW	Delphin III	Hamburg
DGFX	Delphin IV	Hamburg
DGQF	Deneb	Hamburg
DGFZ	Derfflinger	Hamburg
DIAA	Desdemona	Hamburg
DKFJ	Detlef Schmidt	Rendsburg
DAMN	Detmold	Cuxhaven
DLDL	Detmold	Bremen
DGGA	Deutschland	Hamburg
DCED	Dia Aubel	Emden
DEBR	Diamant	Bremen
DGGB	Diamant	Neustadt/Holst.
DIRS	Diamant	Friedrichskoog
DHPR	Diana	Hamburg
DGGC	Diana	Wyk/Föhr
DJDR	Diana	Flensburg
DGRO	Diana M	Hamburg
DGGD	Dide	Hamburg
DGAM	Dieksand	Hamburg-Finkenwerder
DIPU	Dieksand	Hamburg
DEOK	Dieter	Kiel
DKHL	Dietmar	Kiel
DDFQ	Dietrich Ahrens	Brake
DKKW	Dietrich Oldendorff	Lübeck
DJTQ	Dievenow	Kiel
DKBR	Dievenow	Lübeck-Travemünde
DCIT	Dini Lütter	Rhaudermoor
DJZC	Dinklage	Lübeck-Travemünde
DDNG	Dirk	Bremen
DFLC	Dithmarschen	Cuxhaven
DIMA	Dithmarschen	Hamburg
DIJT	Ditmar Koel	Hamburg
DCUY	Ditzum-Petkum	Ditzum
DGIA	Dixy Porr	Hamburg
DGXM	Dockenhuden	Hamburg
DHHL	Dörte II	Flensburg
DHHS	Doggerbank	Hamburg
DEQS	Dohrnbank	Bremerhaven
DLDU	Domsheide	Bremen
DKGM	Donar	Lübeck
DAEF	Donau	Cuxhaven
DERO	Dora	Bremerhaven
DGGF	Dora	Hamburg
DGGH	Dora	Hamburg
DJWT	Dora	Burgstaaken
DFYP	Dora	Freiburg/Elbe
DFVK	Dora	Dornbusch
DCCC	Dora Fritzen	Emden
DAJQ	Dora Horn	Hamburg
DKKY	Dora Oldendorff	Lübeck
DJNZ	Dorathea	Kiel
DERG	Doris	Bremerhaven
DJAK	Doris	Flensburg
DJSI	Doris	Kiel
DKEC	Doris	Lübeck-Travemünde
DGGJ	Dorotea	Hamburg
DCUD	Dorothea	Duisburg-Ruhrort
DGGK	Dorothea	Hamburg
DGGL	Dorothea	Hamburg
DCEK	Dorothea Siemering	Hamburg
DHFF	Dorothea Weber	Hamburg
DKBE	Dorthe Oldendorff	Lübeck
DCEL	Dortmund	Emden
DFAE	Dortmund	Bremerhaven
DHEK	Dortmund	Hamburg
DEFZ	Dorum	Bremen
DECU	Drachenfels	Bremen
DAMP	Dradenau	Hamburg-Finkenwerder
DCEM	Dr. Eichelbaum	Neuharlingersiel
DAOF	Dr. Eichelbaum	Emden
DIBG	Dresden	Hamburg
DDOM	Drossel	Bremen
DEGX	Dudizol IV	Bremen
DJSL	Duburg	Kiel
DAFZ	Düneck	Hamburg
DJUB	Düvelsbekeck	Kiel
DFMP	Duisburg	Cuxhaven
DCAW	Duisburg	Duisburg-Ruhrort
DHNY	Duisburg	Hamburg
DACX	Düsseldorf	Hamburg
DGHJ	Düsseldorf	Hamburg
DAMQ	Düsseldorf	Cuxhaven
DIMB	Ebba Blumenfeld	Hamburg
DCEO	Ebenezer	Neuharlingersiel
DGGP	Eben Ezer	Hamburg-Finkenwerder
DCLE	Ebenezer II	Neuharlingersiel
DAKG	Eberhart Essberger	Hamburg
DAMR	Eckernförde	Kiel
DJOC	Eckholt	Eckernförde
DGAO	Eckstein	Leer
DEDF	Edda Cords	Bremen
DHHP	Edelgard	Hamburg
DCTE	Edelweiß	Neuharlingersiel
DFVL	Edelweiß	Krautsand
DIXY	Edelweiß	Seester
DDPA	Edertal	Bremen
DJPZ	Editha	Eckernförde
DJQC	Edith	Heikendorf

Unterscheidungssignale	Namen der Schiffe	Heimathafen der Schiffe
DGGQ	Edith	Hamburg
DCUA	Edith	Papenburg
DCGB	Edith I	Spetzerfehn
DJBK	Edith N. Christophersen	Flensburg
DCAF	Edmund Halm	Köln
DIDM	Edmund Hugo Stinnes	Hamburg
DKCG	Eduard	Lübeck
DAGE	Eduard Essberger	Hamburg
DICG	Eduard Becker	Hamburg
DIEX	Eduard Rusche	Hamburg
DICT	Eduard Schupp	Hamburg
DDNI	Edward	Bremen-Vegesack
DAJM	Edwin Reith	Hamburg
DGGR	Egerland	Hamburg
DIGA	Egon Wesch	Hamburg
DHQI	Ehrenfeld	Hamburg
DECL	Ehrenfels	Bremen
DKLA	Eibe Oldendorff	Lübeck
DHON	Eider	Hamburg
DJFJ	Eider	Süderstapel
DJVF	Eider	Kiel
DEBV	Eifel	Bremen
DHQM	Eifeltal	Bremen
DIOA	Eilbek	Hamburg
DHRH	Eilenau	Hamburg
DILI	Eilenburg	Hamburg
DJSA	Einigkeit	Neufeld
DKIE	Einigkeit	Kiel
DJUP	Einigkeit	Möltenort
DAFJ	Elbe	Hamburg
DIXZ	Elbe	Elmshorn
DGGU	Elbe	Hamburg
DGGV	Elbe	Hamburg
DGGX	Elbe	Hamburg
DGGY	Elbe	Hamburg
DAOG	Elbe	Emden
DILY	Elbe,	Hamburg
DJWX	Elbing II	Lübeck
DIZH	Elbmarschen	Glückstadt
DHMY	Elbstrom	Hamburg
DJPC	Elch	Hamburg
DIAG	Electra	Bremen
DGHA	Elenore	Hamburg
DIRL	Eleonore	Uetersen
DDDM	Elfe	Wilhelmshaven
DHCM	Elfi Breuer	Hamburg
DFZL	Elfriede	Assel
DKLY	Elfriede	Heiligenhafen
DJTS	Elfriede	Kiel
DCEU	Elisabeth	Haren/Ems
DCEV	Elisabeth	Potshausen
DCEW	Elisabeth	Greetsiel
DDKJ	Elisabeth	Brake
DDKK	Elisabeth	Barssel

Unterscheidungssignale	Namen der Schiffe	Heimathafen der Schiffe
DEFT	Elisabeth	Bremen
DFVM	Elisabeth	Wischhafen
DJTJ	Elisabeth	Eckernförde
DEFB	Elisabeth Berger	Bremen
DGVM	Elisabeth Boll	Haren/Ems
DHNZ	Elisabeth Bornhofen	Hamburg
DIQB	Elisabeth Bröker	Hamburg
DJOJ	Elisabeth Entz	Rendsburg
DCWO	Elisabeth Hendrik Fisser	Emden
DCFU	Elisabeth Schulte	Emden
DCEY	Elise	Haren/Ems
DGHG	Elise	Hamburg
DGSA	Elise Oltmann	Hamburg
DCJX	Elise Schulte	Emden
DCUN	Eliza Nübel	Emden
DGWC	Elke	Düsseldorf
DETR	Elke-Brigitte	Burgstaaken
DHDA	Elke Freese	Hamburg
DFWE	Elke-Marie	Krautsand
DFVO	Ella	Bützfleth
DGHH	Ella	Hamburg
DHHJ	Ella Feldtmann	Hamburg
DGHI	Ellen	Hamburg
DADD	Ellen	Hamburg-Finkenwerder
DADF	Ellen Essberger	Hamburg
DHMC	Ellen Hugo Stinnes	Hamburg
DIIW	Ellen M.	Hamburg
DGWL	Ellerbek	Hamburg
DJQY	Ellerbek	Kiel
DGNX	Elli	Hamburg
DDKO	Elli Ahrens	Brake
DGPY	Elli-Margot	Hamburg
DCFB	Elli Schaa	Leer
DINW	Elmo	Hamburg
DJZK	Elmshorn	Elmshorn
DJLA	Elsa	Maasholm
DGHK	Elsa	Hamburg
DIDI	Elsa Essberger	Hamburg
DJXX	Elsbeth	Lübeck-Schlutup
DDUY	Elsbeth Wiards	Bremen
DDKV	Else	Brake
DCFC	Else	Haren/Ems
DCFD	Else	Emden
DHLV	Else Hugo Stinnes	Hamburg
DFVP	Else Marie	Heiligenhafen
DHRE	Else Müller	Hamburg
DGXN	Else Parchmann	Bremen
DGGI	Elselotte Rehder	Hamburg
DDLU	Elsfleth	Brake
DDNK	Elsfleth	Bremen
DDOZ	Elster	Bremen

Unterscheidungssignale	Namen der Schiffe	Heimathafen der Schiffe
DCKC	Eltje Looden	Greetsiel
DCFE	Elternsegen	Haren/Ems
DHET	Elvdiek	Hamburg
DGHM	Emanuel	Hamburg
DGHN	Emanuel	Hamburg
DEFX	Emanuel II	Bremen
DJOF	Emil	Kiel
DGHP	Emil	Hamburg
DKEE	Emil Berger	Lübeck
DCHW	Emil Fox	Emden
DIHX	Emilia	Hamburg
DGND	Emily Sauber	Hamburg
DAMT	Emma	Hamburg-Finkenwerder
DGHQ	Emma	Hamburg
DGHS	Emma	Hamburg
DGHT	Emma	Hamburg
DGHW	Emma	Hamburg-Altenwerder
DGHX	Emma	Hamburg
DKBQ	Emma	Burgstaaken
DJOG	Emma Dorothea	Schilksee-Strande
DFSR	Emma Fitschen	Assel
DGHZ	Emma Irene	Hamburg
DGIB	Emma Lucie	Hamburg
DGIC	Emma Oltmann.	Hamburg
DHEX	Emma Sauber	Hamburg
DGRD	Emma Sell	Kiel
DGWP	Emmalies Funk	Hamburg
DJSN	Emmi	Laboe
DDUH	EmmyFriederich	Bremen
DFMI	Emmy Ottens	Cuxhaven
DCFG	Ems	Duisburg-Ruhrort
DCFH	Ems	Varelerhafen
DADE	Emsgatt	Hamburg
DHEY	Emsriff	Hamburg
DEAG	Emsstein	Bremen
DCFL	Emsstrom	Haren/Ems
DJAH	En Attendent	Dagebühl
DGID	Energie	Hamburg
DIDW	Energie	Hamburg
DCFM	Engelbert	Haren/Ems
DADG	Ente	Hamburg
DDNM	Ente	Bremen-Vegesack
DCFN	Eos	Haren/Ems
DFWO	Erhard	Ritsch/Kehdingen
DGGW	Eric Reckmann.	Hamburg
DGIF	Erich	Hamburg
DDKM	Erich	Brake
DEGW	Erich Haslinger	Bremen
DGKU	Erich Schröder	Hamburg
DHAK	Erik Blumenfeldt	Hamburg
DGZG	Erik Seyd	Hamburg
DAHV	Erik Seyd II	Hamburg
DCJD	Erika	Norddeich
DGII	Erika	Hamburg
DKJI	Erika	Kiel
DLDW	Erika	Bremen
DGIL	Erika Bischoff	Hamburg
DCWL	Erika Fritzen	Emden
DFXN	Erika Nagel	Krautsand
DGNM	Erika Reinhold	Hamburg
DHEN	Erika Schulte	Hamburg
DCBI	Erin Nübel	Emden
DGRM	Erlangen	Hamburg
DCFP	Erna	Warsingsfehn
DGIJ	Erna	Heiligenhafen
DGTR	Erna	Hamburg
DHGN	Erna	Hamburg
DIWW	Erna	Elmshorn
DDFV	Erna	Brake
DEST	Erna	Cuxhaven
DHEO	Erna Liebisch	Hamburg
DGIM	Erna Marie	Hamburg
DGIN	Erna Meyer	Hamburg
DKBB	Erna Oldendorff	Lübeck
DIPZ	Erna Witt	Hamburg
DGIP	Ernst	Hamburg
DGIS	Ernst August	Hamburg
DHQH	Ernst Blumenfeld	Hamburg
DAFD	Ernst de Buhr	Hamburg
DJQA	Ernst Friesecke	Kiel
DGWY	Ernst Gaulke	Hamburg
DAMU	Ernst Gröschel	Bremerhaven
DGCF	Ernst G. Russ	Hamburg
DISH	Ernst Heinrich	Moorege
DING	Ernst Schröder	Hamburg
DADM	Ernst Schweckendieck	Emden
DIYL	Ernst Sturm	Glückstadt
DGXJ	Ernst Uwe	Hamburg
DISI	Ernte	Oberndorf
DGCV	Eros	Hamburg
DDUL	Erpel	Bremen
DHFV	E. Russ	Hamburg
DGIT	Erwin	Hamburg
DGIU	Erwin	Hamburg
DGJF	Erwin Schröder	Hamburg
DEAF	Eschersheim	Bremen
DCTO	E. S. I. 1	Neuharlingersiel
DCTP	E. S. I. 2	Neuharlingersiel
DCTQ	E. S. I. 3	Neuharlingersiel
DDOX	Esdörp	Hamburg
DHAE	Esperanza	Hamburg
DGIV	Esriel	Hamburg
DADN	Essen	Emden
DGNV	Essen	Hamburg
DERQ	Essen	Bremerhaven
DGIW	Esso 60	Hamburg
DHOY	Esso 61	Hamburg
DIAD	Esso 62	Hamburg
DHPQ	Esso 65	Hamburg

Unterscheidungssignale	Namen der Schiffe	Heimathafen der Schiffe
DAJR	Esso Berlin	Hamburg
DIBI	Esso Bolivar	Hamburg
DAJH	Esso Bremerhaven	Hamburg
DIHU	Esso Düsseldorf	Hamburg
DIKL	Esso Frankfurt	Hamburg
DIKA	Esso Hamburg	Hamburg
DHGX	Esso München	Hamburg
DAGO	Esso Niehl	Hamburg
DABZ	Esso Schulau	Hamburg
DIPV	Esso Vegesack	Hamburg
DHGM	Este	Hamburg
DADP	Este	Hamburg
DABI	Estebrügge	Hamburg
DGZQ	Esteburg	Hamburg
DGIX	Estetal	Hamburg
DHNK	Esther Schulte	Hamburg
DCII	Etta	Norddeich
DDOI	Eugen Friederich	Bremen
DGSR	E. u. M. Schwimmkran I	Hamburg
DGDR	E.u.M.Schwimmkran III	Hamburg
DHEJ	E.u.M.Schwimmkran IV	Hamburg
DKEO	Europa II	Kappeln/Schlei
DGPN	Euros	Hamburg
DJQQ	Eva	Heikendorf
DLBZ	Eva-Maria	Bremen
DDOU	Eva Witte	Bremen
DKBA	Eversen	Niendorf
DGJA	Ewald Ehlert	Rendsburg
DCFR	Exelsior	Holte
DHPA	Fairplay I	Hamburg
DJIU	Fairplay III	Hamburg
DIHP	Fairplay IV	Hamburg
DHBB	Fairplay VI	Hamburg
DADQ	Fairplay VII	Hamburg
DGJG	Fairplay VIII	Hamburg
DGJH	Fairplay IX	Hamburg
DGJI	Fairplay X	Hamburg
DGJJ	Fairplay XI	Hamburg
DGJK	Fairplay XII	Hamburg
DIKW	Fairplay XIV	Hamburg
DIFN	Fairway	Hamburg
DILN	Fairwind	Hamburg
DGJO	Falke	Hamburg
DGJP	Falke	Hamburg
DIJD	Falke	Hamburg
DKBS	Falke	Kappeln/Schlei
DDTR	Falke	Bremen
DISL	Falke	Schulau
DGRV	Falke	Lübeck
DECX	Falkenfels	Bremen
DAEZ	Falkenstein	Hamburg
DGJQ	Falkenstein	Hamburg
DIFB	Falkenstein	Hamburg
DJOT	Falkenstein	Kiel
DLCE	Falkental	Bremen
DEOX	Falkland	Bremerhaven
DLCG	Fangturm	Bremen
DGJR	Fanto XVIII	Hamburg
DEEE	Farge	Bremen
DDNN	Fasan	Bremen-Vegesack
DDNO	Fasolt	Bremen-Vegesack
DEQN	Fatima	Lübeck-Travemünde
DIAY	Fatima	Bremen
DDRD	Fauna	Bremen
DIKG	Faust	Hamburg
DJOI	Fehmarn	Hamburg
DGBA	Fehmarn III	Hamburg
DCAN	Felicitas	Köln
DJSO	Felsen	Eckernförde
DGIH	Ferdinandstor	Hamburg
DAFY	Ferdinand Vieth	Hamburg
DJFW	Feuerland	Büsum
DLBI	Fidentia	Bremen
DGJS	Fiducia	Hamburg
DLAF	Fink	Bremen
DKLL	Finkwarder	Lübeck-Travemünde
DGJT	Finkwarder	Hamburg
DAFS	Finkenwerder	Hamburg
DIMP	Finkenwerder	Hamburg
DFLR	Fischereidirektor Meinken	Cuxhaven
DHDC	Fischbek	Hamburg
DGJU	Fischland	Hamburg
DKAC	Fjordmöwe	Lübeck-Travemünde
DEOB	Flachsee	Bremerhaven
DFLQ	Fladengrund	Heiligenhafen
DESR	Fladengrund	Bremerhaven
DJWL	Flamingo	Flensburg
DDPD	Flavia	Bremen
DJCT	Flensau	Flensburg
DGCR	Flensburg	Hamburg
DHPW	Flensburg	Flensburg
DJQU	Flensburg	Kiel
DINS	Fleth	Hamburg
DEBG	Flora	Bremen
DCFV	Flott	Greetsiel
DHQC	Flottbek	Hamburg
DICA	Flottbek	Hamburg
DDUA	Flut	Bremen
DGJX	F.M. Harmstorf	Hamburg
DJYL	Fona	Lübeck
DJAT	Forelle	Flensburg
DKCT	Forelle	Burgstaaken
DKIU	Forelle	Heikendorf
DEOO	Forelle	Hamburg-Altenwerder
DFZH	Fortuna	Wischhafen

Unterscheidungssignale	Namen der Schiffe	Heimathafen
DISM	Fortuna	Glückstadt
DETN	Fortuna	Hamburg-Finkenwerder
DGJY	Fortuna	Hamburg
DGJZ	Fortuna	Hamburg
DGKB	Fortuna	Hamburg
DGKC	Fortuna	Hamburg
DGKD	Fortuna	Hamburg
DCFY	Fortuna	Warsingsfehn
DCFZ	Fortuna	Rhaudermoor
DCGA	Fortuna	Hamburg
DCGC	Fortuna I	Spiekeroog
DKIV	Francisca Sartori	Kiel
DHHA	Francis N	Hamburg
DFLA	Franken	Cuxhaven
DICR	Frankfurt	Hamburg
DEOZ	Frankfurt a. M.	Bremerhaven
DERR	Frankfurt/Main	Bremerhaven
DIIF	Frank Leonhardt	Hamburg
DCBB	Franz	Duisburg
DCUU	Franz	Haren/Ems
DCWC	Franz	Emden
DDLE	Franz	Brake
DLAO	Franz Doerenkamp	Bremen
DGKE	Franz Holm	Hamburg
DHKY	Franz Mathies	Hamburg
DADU	Franz Schau	Bremerhaven
DAOU	Franz Thiele	Emden
DCGD	Franziska	Haren/Ems
DGKF	Franziska	Hamburg
DADW	Franziska	Schulau
DCWI	Franziska Hendrik Fisser	Emden
DLAC	Frauenfels	Bremen
DADY	Frauke	Leer
DCGF	Frauke	Warsingsfehn
DINC	Frauke	Hamburg
DIGM	Frauke Danz	Hamburg
DCWZ	Frauke Hermanna	Greetsiel
DEQI	Freddy	Hamburg
DKJR	Fredenhagen	Lübeck
DGKH	Freia	Burgstaaken
DGKI	Freia	Hamburg-Finkenwerder
DGKJ	Freia	Hamburg-Finkenwerder
DIPO	Freiburg	Hamburg
DFLO	Freiburg i. Br.	Cuxhaven
DEDP	Freienfels	Bremen
DDTZ	Freiheit	Bremen
DGKK	Freiherr vom Stein	Hamburg
DIFJ	Freundschaft	Hamburg
DDKU	Freya	Brake
DIFM	Freya	Hamburg
DJUT	Freya	Kiel
DGKL	Frida	Hamburg
DJGB	Frida	Büsum
DKCN	Frida	Heiligenhafen
DGSP	Frida Thorborg	Hamburg
DGKM	Fridmariwalt	Hamburg
DJTE	Frie 2	Büsum
DJSH	Frie 4	Friedrichsort
DFSL	Frieda	Assel
DFVS	Frieda	Dornbusch
DFYQ	Frieda	Bützfleth
DFYX	Frieda	Gräpel
DFZB	Frieda	Barnkrug
DGKO	Frieda	Hamburg
DGKP	Frieda	Hamburg
DGKQ	Frieda	Hamburg
DGKR	Frieda	Hamburg
DGKS	Frieda	Hamburg
DISQ	Frieda	Schulau
DIWX	Frieda	Elmshorn
DJIW	Frieda	Pellworm
DIMV	Frieda Buss	Hamburg
DFVT	Frieda Elisabeth	Wischhafen
DDGA	Frieda Luise	Dedesdorf
DGKV	Frieda Mariechen	Hamburg
DDSV	Frieda Morgenroth	Bremen
DHPF	Frieda Peters	Hamburg
DGTB	Frieda Wilckens	Hamburg
DEOR	Friedel	Bremerhaven
DHGL	Friedel	Hamburg
DDGB	Frieden	Hamburg
DFAY	Friedenau	Bremerhaven
DFYZ	Friedrich	Bremervörde
DDGC	Friedrich-August	Oldenburg
DEUB	Friedrich Busse	Bremerhaven
DGKW	Friedrich Campsen	Hamburg
DAGJ	Friedrich Jung	Hamburg
DJWK	Friedrich Pahlke	Burg/Fehmarn
DGKY	Friedr. Wilhelm	Hamburg
DFMH	Friedrichshafen	Cuxhaven
DJOK	Friedrichsort	Kiel
DDGD	Friesenland	Brake
DDAD	Friesland	Leer
DDAS	Friesland	Wilhelmshaven
DAPI	Frigga	Hamburg
DISU	Frija	Glückstadt
DJSQ	Frisch Auf	Eckernförde
DKFI	Frisches Haff	Rendsburg
DFAO	Frisia	Bremerhaven
DJAU	Frisia	Wyk/Föhr
DCGK	Frisia I	Norderney
DCCR	Frisia II	Emden
DCGM	Frisia III	Norderney
DCWQ	Frisia IV	Norderney
DCGN	Frisia V	Norderney

Unterscheidungs-signale	Namen der Schiffe	Heimathafen der Schiffe	Unterscheidungs-signale	Namen der Schiffe	Heimathafen der Schiffe
DCGO	Frisia VI	Norderney	*DCIW*	Gerhard Ekkenga	Emden
DCGP	Frisia VII	Norderney	DGLJ	Gerda Waller	Hamburg
DCGR	Frisia X	Norderney	*DINJ*	Gerd Frese	Hamburg
DCGT	Frisia XIV	Norderney	*DGLK*	Gerfried	Hamburg
DCGU	Frisia XV	Norderney	DCHC	Gerhard	Haren/Ems
DKKG	Fritz	Niendorf	DFGK	Gerhard	Geversdorf
DJDL	Fritz Raabe	Bremen	DKEJ	Gerhard	Neustadt/Holst.
DGKZ	Fritz Reuter	Hamburg	*DCEE*	Gerhard Elfring	Haren/Ems
DGLA	Fritz Schindler	Hamburg	*DEUI*	Gerhard van Heukelum	Bremerhaven
DACT	Fritz Thyssen	Hamburg	DCHD	Gerhardine	Borkum
DGLB	Fritz Vollmers	Hamburg	*DGKT*	Gerlinde	Rendsburg
DCEG	Fritzen I	Emden	DFTI	Germane	Stade
DIRI	F. Werner	Uetersen	DCHE	Germania	Warsingsfehn
DCGV	Fünf Gebrüder	Ditzum	*DDLG*	Germania	Elsfleth
DJGF	Fürchtenicht	Tönning	*DETC*	Germania	Heiligenhafen
DJQR	Gaarden	Kiel	*DEQC*	Germania	Bremerhaven
DIAI	Galata	Hamburg	DGLM	Gertha	Hamburg
DEBJ	Galtgarben	Bremen	*DKQA*	Gertraud	Heikendorf
DHNX	Ganges	Hamburg	*DGLN*	Gertrud	Hamburg
DJXK	Gebe Oldendorff	Lübeck	DGLO	Gertrud	Hamburg
DHIS	Gebina	Haren/Ems	DGLP	Gertrud	Hamburg
DDKH	Gebrüder	Nordenham	DGLR	Gertrud	Hamburg
DGLC	Gebrüder	Hamburg	DHFT	Gertrud	Hamburg
DGLD	Gebrüder	Büsum	DCHF	Gertrud	Haren/Ems
DJLK	Gebrüder	Büsum	*DGLQ*	Gertrud	Cranz/Elbe
DFGI	Gebrüder	Otterndorf	DJXQ	Gertrud	Kiel
DDGF	Gebrüder	Nordenham	*DAMX*	Gertrud	Leer
DCGW	Gebrüder	Neuharlingersiel	*DLAD*	Gertrud	Bremen
DCGY	Geen Tied	Greetsiel	DGLS	Gertrud II	Hamburg
DCGZ	Geeske	Bensersiel	DKKE	Gertrud II	Niendorf
DDAV	Geeske	Varelerhafen	DAKU	Gertrud C. Ertel	Hamburg
DERB	Geestemünde	Bremerhaven	*DCFA*	Gertrud Fritzen	Emden
DIJH	Geert Howaldt	Hamburg	*DKCW*	Gertrud-Marta	Kiel
DJOB	Geheimrat Sartori	Kiel	*DLDF*	Gertrude Wiener	Bremen
DHDB	Geier	Hamburg	DGUO	Gesa	Hamburg
DDNW	Geier	Bremen-Vegesack	DGLU	Gesche	Hamburg
DEFG	Geier	Bremen	*DCFI*	Gesche Rohden	Emden
DIGT	Gelsenkirchen	Hamburg	DCHG	Geschwisterliebe	Haren/Ems
DGLF	Gemeinschaft	Bremerhaven	DCHH	Gesina	Haren/Ems
DJXO	Gemma	Lübeck	DCHI	Gesine	Ostgroßefehn
DHGA	Genius	Hamburg	DCHL	Gesine	Leer
DJOL	Georg	Kiel	DGLV	Gesine	Hamburg
DICM	Georg Russ	Hamburg	*DDTN*	Geversdorf	Bremen
DGBQ	Georgswerder	Hamburg	DCHN	G. F. Zimmermann	Emden
DGIE	Gerd	Hamburg	DEOW	Gier	Bremerhaven
DGVH	Gerd Schöning	Hamburg	*DIJX*	Gilda	Hamburg
DCBN	Gerd Specht	Borkum	*DLAT*	Ginnheim	Bremen
DKDG	Gerda	Großenbrode	*DIJZ*	Gisela Essberger	Hamburg
DKLT	Gerda	Lübeck-Travemünde	*DEBO*	Gisela Meyer-Gerhards	Bremen
DCHB	Gerda	Westrhauderfehn	*DGQM*	Gisela Russ	Hamburg
DGLG	Gerda	Hamburg	*DKGT*	Glaube	Büsum
DDNX	Gerda	Kiel	*DEBB*	Gloria	Bremen
DEOV	Gerda	Bremerhaven	*DGLX*	Gloria	Hamburg
DFZM	Gerda Adele	Elm/Stade	*DAEE*	Glückauf	Bremen

Unterscheidungssignale	Namen der Schiffe	Heimathafen der Schiffe
DCHO	Glückauf	Haren/Ems
DGLY	Glückauf	Hamburg
DHKG	Glückauf	Hamburg
DHLI	Glückauf	Hamburg
DJYM	Glückauf	Hamburg
DIMS	Glückauf	Hamburg
DKJO	Glückauf	Lübeck
DDNZ	Glück-Auf	Bremen
DKMC	Glückauf II	Düsseldorf
DJSX	Glücksburg	Kiel
DJOH	Glücksburg	Kiel
DCDI	G. M. Daneker	Emden
DESK	Gneisenau	Lübeck-Travemünde
DAHI	Godeffroy	Hamburg
DKKS	Godenwind	Heiligenhafen
DJWY	Goodenwind	Lübeck
DACA	Götaland	Hamburg
DAOY	Göttingen	Cuxhaven
DHCW	Götttingen	Hamburg
DAEG	Goliath	Hamburg
DEEL	Goldenfels	Bremen
DAMY	Gonzenheim	Bremen
DJXS	Gorch Fock	Niendorf
DAGP	Gorch Fock	Hamburg
DGMD	Gorch Fock	Hamburg
DGME	Gorch Fock	Hamburg-Finkenwerder
DAEH	Gotland	Cuxhaven
DEUA	Gotland	Kiel
DCHS	Gott mit uns	Haren/Ems
DGMG	Grauerort	Hamburg
DJZZ	Greetsiel	Hamburg
DAEI	Greif	Lübeck
DJXV	Greif	Lübeck
DECH	Greif	Bremen
DGMH	Greif	Hamburg
DIKR	Greif	Hamburg
DJNG	Greif	Kappeln/Schlei
DDTF	Greiffenfels	Bremen
DGMJ	Greta	Hamburg
DDOA	Gretchen	Bremen
DFLH	Gretchen	Otterndorf
DGML	Gretchen	Hamburg
DGMM	Gretchen	Hamburg
DFZU	Gretchen	Ritsch/Kehd.
DHPN	Gretchen Müller	Hamburg
DIWZ	Gretchen Vollmers	Uetersen
DHHO	Gretchen von Allwörden	Osten
DIXU	Grete	Itzehoe
DGMP	Grete	Hamburg
DJAX	Grete	Flensburg
DDGJ	Grete	Brake
DFVW	Grete	Krautsand
DFGR	Grete	Cuxhaven
DDTH	Grete Büscher	Bremen

Unterscheidungssignale	Namen der Schiffe	Heimathafen der Schiffe
DGGE	Grete Hagenah	Hamburg
DGYN	Grete Hauschildt	Hamburg
DJST	Grete-Herta	Möltenort
DKAG	Gretke Oldendorff	Lübeck
DGLH	Gretel Marina	Hamburg
DGMT	Griep	Hamburg
DJXW	Griep to	Lübeck-Travemünde
DINP	Griesenwerder	Hamburg
DDSI	Griesheim	Bremen
DICC	Grimm	Hamburg
DAEK	Grönorth	Strande
DIHG	Grönnebek	Hamburg
DEGS	Grohn	Bremen
DCEH	Großer Bär	Emden
DAEJ	Großer Kurfürst	Emden
DADA	Großer Michel	Hamburg
DAHG	Grovenort	Hamburg
DFTZ	Groverort	Stade
DKGX	Grüß Gott	Eckernförde
DEUE	Gudrun	Laboe
DGMV	Gudrun	Hamburg
DFVX	Günter	Wischhafen
DJGM	Günther	Niendorf
DFLV	Günther	Cuxhaven
DIIJ	Günther	Hamburg
DHLH	Günther Russ	Hamburg
DHKJ	Günther Schulte	Hamburg
DEFL	Gulosenfjord	Bremen
DFTL	Gunda	Stade
DGMI	Gundula	Hamburg
DGUS	Gustav	Hamburg
DJGN	Gustav	Pellworm
DGNA	Gustav Adolf	Hamburg
DAEL	Gustav Borgner	Bremerhaven
DFBA	Gustav Dahrendorf	Bremerhaven
DGNT	Gustav Pistor	Hamburg
DEEV	Gutenfels	Bremen
DDOD	Habicht	Bremen-Vegesack
DDSC	Habicht	Bremen
DEEB	Habicht	Bremen
DHRV	Habicht	Lübeck
DJXY	Habicht	Lübeck-Travemünde
DGUL	Hadersleben	Hamburg
DEDL	Hafentor	Hamburg
DANA	Haga	Hamburg
DJYB	Hai	Timmendorferstrand
DHMS	Hai	Hamburg
DEUJ	Haltenbank	Bremerhaven
DGNC	Hamburg	Hamburg
DAFM	Hamburg	Hamburg
DHGZ	Hamburg	Hamburg
DHHT	Hamburg	Hamburg

Unterscheidungssignale	Namen der Schiffe	Heimathafen der Schiffe
DIIM	Hamburg	Hamburg
DIPD	Hammaburg	Hamburg
DDPO	Hamme	Bremen
DIDC	Hammonia	Hamburg
DAEO	Hanna	Leer
DCHK	Hanna	Husum
DGNF	Hanna	Hamburg
DIMC	Hanna Dreier	Hamburg
DJXZ	Hanna Frida	Kiel
DGWD	Hannah Böge	Hamburg
DGLW	Hannchen	Lübeck-Schlutup
DGNG	Hannchen Allers	Hamburg
DIUN	Hannchen Staeglich	Schulau
DKFD	Hannchen Vollmers	Rendsburg
DCHV	Hanne	Spetzerfehn
DDDG	Hanne	Wilhelmshaven
DETK	Hanne	Lübeck-Travemünde
DANM	Hanne Henninga	Großefehn
DEUC	Hannelore	Lübeck-Travemünde
DKHA	Hannelore	Heikendorf
DKGJ	Hannes	Kiel
DAJP	Hannes Lünstedt	Hamburg
DFTT	Hanngrid	Stade
DFZS	Hanni-Lene	Krautsand
DFZS	Hanni-Lene	Bremen
DFTX	Hanno	Stade
DAEQ	Hannover	Bremen-Vegesack
DFMQ	Hannover	Cuxhaven
DGNI	Hannover	Hamburg
DHNC	Hannover	Leer
DIIT	Hannover	Hamburg
DDKT	Hans	Brake
DKHV	Hans	Kiel
DGNJ	Hans	Ritsch
DGNK	Hans	Hamburg
DGNL	Hans	Hamburg
DCHX	Hans	Haren/Ems
DFVZ	Hans	Krautsand
DDTG	Hans	Bremen
DIHB	Hans August	Hamburg
DGNO	Hans Albert	Hamburg
DAMW	Hans Bernstein	Hamburg
DAES	Hans Böckler	Bremerhaven
DIAK	Hans Bröhan	Hamburg
DIYD	Hans Bülow	Kollmar
DGVW	Hannes Fesefeldt	Hamburg
DFGX	Hans Friedrich	Oberndorf
DDGP	Hans-Georg	Elsfleth
DIEB	Hans Gosch	Hamburg
DCHY	Hansgrete	Hamburg
DGNQ	Hans Günther	Hamburg

Unterscheidungssignale	Namen der Schiffe	Heimathafen der Schiffe
DIMY	H.-Günther Bülow	Hamburg
DEPI	Hans Heinz	Heikendorf
DJOM	Hans-Helmut	Schilksee-Strande
DHGQ	Hans Hermann	Hamburg
DHOD	Hans Hinnick	Hamburg
DGNS	Hans Hinrich	Hamburg
DFAR	Hans Homann	Bremerhaven
DEEA	Hans Honold	Bremen
DJHO	Hans Jürgen	Hamburg
DESY	Hans Kunkel	Bremerhaven
DJWJ	Hans Matthias	Burgstaaken
DKJY	Hans Lehmann	Lübeck
DJXF	Hans Oldendorff	Lübeck
DGTJ	Hans Oltmann	Hamburg
DGWJ	Hans Pickenpack	Hamburg
DADO	Hans-Peter	Itzehoe
DJXH	Hans Peter	Lübeck-Travemünde
DGNW	Hans und Grete	Helgoland
DESX	Hans vom Hoff	Bremerhaven
DGNY	Hans Werner	Hamburg
DJYU	Hans Werner	Lübeck-Travemünde
DIHR	Hansa	Hamburg
DJAR	Hansa	Flensburg
DGEP	Hansahöft	Hamburg
DHIH	Hanseat	Hamburg
DGNZ	Hanseat	Hamburg
DJZI	Hanseat I	Niendorf
DKAJ	Hanseat II	Niendorf
DABR	Hanseatic	Hamburg
DICX	Hansestadt Hamburg	Hamburg
DGPV	Hansestadt Lübeck	Hamburg
DAEU	Haparanda	Hamburg
DIFE	Harald Becker	Hamburg
DFMS	Harald Ottens	Cuxhaven
DHHY	Harald Schröder	Hamburg
DADV	Harburg	Hamburg
DJAA	Harnis	Flensburg
DHJW	Harriet Siedler	Hamburg
DAFH	Hasse	Hamburg
DGOC	Hartwig	Hamburg
DAFP	Harvestehude	Hamburg
DGQL	Haseldorf	Hamburg
DIDF	Hasselburg	Hamburg
DIJB	Hasselwerder	Hamburg
DLBR	Hastedt	Bremen
DACE	Havelland	Hamburg
DEEM	Havelstein	Bremen
DCIB	Hayo	Leer
DAEV	H. C. Nibbe	Hamburg-Finkenwerder
DGOE	Hebe	Hamburg

Unterscheidungssignale	Namen der Schiffe	Heimathafen der Schiffe
DDAX	Hebelina	Leer
DHMT	Hecht	Hamburg
DDUD	Hector	Bremen
DDRH	Heddernheim	Bremen
DJGS	Hedi Engels	Büsum
DJXE	Hedwig	Lübeck-Travemünde
DJRX	Hedwig-Elisabeth	Heikendorf
DILL	Hedwigshütte	Hamburg
DIJV	Hedwig Henning	Hamburg
DIIB	Hedwig Lünstedt	Hamburg
DJBB	Hedwig Pannbacker	Flensburg
DJUO	Hei 24	Heikendorf
DJTP	Hei 25	Möltenort
DJPV	Hei 31	Heikendorf
DJVU	Hei 47	Arnis/Schlei
DGOH	Heidberg	Hamburg
DAEW	Heidelberg	Lübeck
DFMJ	Heidelberg	Cuxhaven
DIEL	Heidelberg	Hamburg
DIJY	Heidenau	Hamburg
DEOI	Heidi	Lübeck-Travemünde
DJXR	Heidi	Friedrichskoog
DDGS	Heidina	Barsselermoor
DCJM	Heige	Haren/Ems
DGLE	Heijo	Haren/Ems
DEPB	Heike	Bremerhaven
DINB	Heike	Hamburg
DJFO	Heike	Maaßholm
DDPK	Heike Möller	Glückstadt
DKFU	Heike Schlüter	Rendsburg
DJNW	Heikendorf	Kiel
DJSY	Heikendorf	Kiel
DIBB	Heilbronn	Hamburg
DCDE	Heimat	Neuharlingersiel
DCIC	Heimat	Haren/Ems
DCTL	Heimat	Norderney
DGOI	Heimat	Hamburg
DGOJ	Heimat	Hamburg
DIFR	Heimat	Hamburg-Finkenwerder
DJJR	Heimat	Kappeln
DJUK	Heimat	Laboe
DJVC	Heimat	Rendsburg
DJYD	Heimat	Lübeck-Schlutup
DJYE	Heimat	Niendorf
DKIY	Heimat	Eckernförde
DJUM	Heimatland	Möltenort
DJRZ	Heimatland	Eckernförde
DGOK	Heimatland	Hamburg
DFMU	Heimatland	Cuxhaven
DIHK	Heimdal	Hamburg
DCAS	Heimkehr	Duisburg
DCID	Heimkehr	Emden
DCTI	Heimkehr	Cuxhaven
DGOL	Heimkehr	Hamburg
DGOM	Heimkehr	Hamburg
DJOV	Heimkehr	Eckernförde
DHPM	HeimoReckmann	Hamburg
DKBW	Heimwärts	Neustadt/Holst.
DGON	Heimwärts	Hamburg
DEUQ	Hein Davidsen	Bremerhaven
DEQP	Hein Mück	Bremerhaven
DIBX	Hein Hoyer	Hamburg
DACU	Hein Suhr	Hamburg
DFWB	Heini	Hamburg-Neuenfelde
DGMU	Heino	Hamburg
DDGT	Heinrich	Barssel
DEBF	Heinrich	Bremen
DFWC	Heinrich	Dornbusch
DGAA	Heinrich	Stade
DGOR	Heinrich	Cranz
DJDU	Heinrich	Pellworm
DJOR	Heinrich	Kiel
DDLQ	Heinrich Brand	Elsfleth
DCIE	Heinrich Brons	Emden
DESZ	Heinrich Bueren	Bremerhaven
DINF	Heinrich Christian Oetker	Hamburg
DHJR	Heinr. Colsmann	Hamburg
DCIF	Heinrich Elfring	Haren/Ems
DICD	Heinrich Erich	Hamburg
DHQT	Heinrich Grammerstorf	Kiel
DEEF	Heinrich Honold	Bremen
DIIN	Heinrich Hugo Stinnes	Bremen
DHMK	Heinrich Ihde	Hamburg
DAFK	Heinrich Kaufmann	Bremerhaven
DIOF	Heinrich Knüppel	Hamburg
DIBS	Heinrich Lorenz	Hamburg
DCHQ	Heinrich-Lutter	Emden
DERW	Heinrich Meins	Bremerhaven
DEGU	Heinrich Parchmann	Bremen
DAFE	Heinrich Schulte	Emden
DCUW	Heinrich Schulte	Emden
DIPH	Heinrich Udo Schulte	Hamburg
DGTA	Heinrich Wegener	Hamburg
DDEA	Heinrich Wessels	Emden
DCIH	Heinz	Haren/Ems
DGOT	Heinz	Hamburg
DFZK	Heinz	Lühe
DFTG	Heinz Bernhard	Stade
DFXX	Heinz-Georg	Barssel
DGOU	Heinz-Heino	Hamburg
DIMK	Heinz-Helmut	Hamburg

Unterscheidungssignale	Namen der Schiffe	Heimathafen der Schiffe
DAKN	Heinz Horn	Hamburg
DGOW	Heinz Schriewer	Hamburg
DCKM	Heinz-Wilhelm	Haren/Ems
DJYA	Heita	Lübeck-Travemünde
DCFQ	Helena	Haren/Ems
DCBP	Helena Schepers	Haren/Ems
DGOX	Helene	Hamburg
DGOY	Helene	Hamburg
DGOZ	Helene	Hamburg-Altenwerder
DIAZ	Helene	Hamburg
DHNP	Helene	Kiel
DCIJ	Helene II	Haren/Ems
DDBA	Helene-Auguste	Kiel
DGPB	Helene B. Schupp	Hamburg
DAFF	Helene Russ	Hamburg
DGPC	Helga	Hamburg
DGPD	Helga	Hamburg-Finkenwerder
DGPE	Helga	Hamburg
DIGL	Helga	Hamburg
DCAY	Helga	Düsseldorf
DKID	Helga	Kiel
DHNI	Helga I	Hamburg
DKKQ	Helga-Anni	Burgstaaken
DHQZ	Helga Böge	Hamburg
DIAC	Helga Bolten	Hamburg
DFTR	Helga Dehde	Stade
DHFO	Helga Howaldt	Hamburg
DJZX	Helga Oldendorff	Lübeck
DGVJ	Helga Russ	Hamburg
DDPI	Helga Schröder	Bremen
DAGZ	Helga Wehr	Hamburg
DIMI	Helge	Hamburg
DCTC	Helgoland	Düsseldorf
DCIL	Helgoland	Emden
DHFK	Helgoland	Husum
DAIW	Helgoland	Hamburg
DKJA	Helgoland	Hamburg
DFAQ	Helgoland	Bremerhaven
DFLT	Helgoland	Lübeck-Travemünde
DDUJ	Helios	Bremen
DFWD	Helios	Stade
DJXB	Hella	Haffkrug
DKFT	Helma Entz	Rendsburg
DKIG	Helmut	Möltenort
DHEV	Helmut	Hamburg
DGPK	Helmut	Hamburg
DGPI	Helmuth	Hamburg
DICF	Helmuth	Hamburg
DILO	Helmuth Hardekopf	Hamburg
DLCK	Hemelingen	Bremen

Unterscheidungssignale	Namen der Schiffe	Heimathafen der Schiffe
DHOI	Heluan	Hamburg
DCTU	Hendrik Fisser	Emden
DDAB	Hendrik Okko Fisser	Emden
DDSB	Hengst	Bremse
DJOS	Henni	Rendnburg
DKBM	Henning Oldendorff	Lübeck
DERA	Henny	Cuxhaven
DFSK	Henny	Assel
DFTD	Henny	Keitum/Sylt
DDGX	Henny	Großensiel
DCIM	Henny	Warsingsfehn
DJAL	Henriette	Munkmarsch
DCVO	Henriette Schulte	Hamburg
DCEN	Henriette Wilhelmine Schulte	Emden
DIKH	Henry Böge	Hamburg
DEPL	Henry Everling	Bremerhaven
DJCB	Henry Horn	Glücksburg
DJVV	Herbert	Rendsburg
DDUM	Hercules	Bremen
DIPS	Herford	Hamburg
DDUQ	Herkules	Bremen
DKBP	Herkules	Heiligenhafen
DCIO	Herm	Haren/Ems
DCHR	Herm Kiepe	Haren/Ems
DJKR	Herma Ohle	Hamburg
DCIP	Hermangela	Haren/Ems
DFME	Hermann	Oberndorf
DCTR	Hermann	Emden
DGPS	Hermann	Hamburg
DGPT	Hermann	Lübeck-Travemünde
DCUO	Hermann	Haren/Ems
DDGY	Hermann	Barssel
DKBJ	Hermann	Neustadt/Holst.
DEOG	Hermann Ahlers	Bremerhaven
DCHT	Herman Akkermann	Borkum
DJDN	Hermann Althoff	Flensburg
DGIY	Hermann Blume	Hamburg
DFTM	Hermann Elsen	Stade
DCAQ	Hermann Gunther	Duisburg
DHGB	Hermann-Hans	Hamburg
DCET	Hermann Kiepa	Haren/Ems
DEOF	Hermann Krause	Bremerhaven
DIFX	Hermann Krone	Hamburg
DIND	Hermann Largreder	Hamburg
DCVP	Hermann Litmeyer	Haren/Ems
DFLZ	Hermann Fischer	Cuxhaven
DAPK	Hermann Fritzen	Emden
DDOC	Hermann Krages	Bremen
DIEV	Hermann Schulte	Hamburg

Unterscheidungs-signale	Namen der Schiffe	Heimathafen der Schiffe
DHPY	Herman Sauber	Hamburg
DHDP	Hermann Tiedemann	Hamburg
DJSB	Hermann Tiessen	Kiel
DEPU	Hermes	Bremerhaven
DHOO	Hermes	Hamburg
DGPU	Hermine	Hamburg
DCIQ	Hermine	Haren/Ems
DCIR	Hermine	Leer
DJBC	Hermine	Wyk/Föhr
DIZC	Hermod	Glückstadt
DGLI	Heros	Hamburg
DCEP	Herrentor	Emden
DKJN	Herrenwyk	Lübeck
DGPX	Herta	Neuenfelde
DJHB	Herta	Arnis/Schlei
DCWE	Herta Engeline Fritzen	Emden
DHGS	Herta Giese	Hamburg
DHOP	Herta Johanne III	Hamburg
DFWV	Herta-Marlies	Hamburg
DGFV	Herta Raap	Hamburg
DGPZ	Hertha	Hamburg
DGQA	Hertha	Hamburg
DJOU	Hertha	Kiel
DEPD	Hertha	Bremerhaven
DCDF	Hertha I	Norderney
DENU	Herta II	Bremerhaven
DHBF	Hertha Gerdau	Hamburg
DGPH	Hertha Henning	Hamburg
DAJA	Hessen	Emden
DDSK	Hessen	Bremen-Vegesack
DLAQ	Hessenstein	Bremen
DDUT	Hestia	Bremen
DEPF	Hever	Hamburg
DGQB	Hiev	Hamburg
DJOW	Hilda	Kiel
DGQC	Hilda	Hamburg-Finkenwerder
DGQD	Hilda	Husum
DEEW	Hilda Ahrens	Bremen
DHKE	Hilda-Rebecka	Hamburg
DGCJ	Hilda-S	Hamburg
DILZ	Hilda Wesch	Hamburg
DCIV	Hilde	Leer
DGQE	Hilde Loop	Hamburg-Finkenwerder
DDLO	Hilde Osterkamp	Brake
DAFG	Hildegard	Hamburg
DJCO	Hildegard	Dagebüll
DIXF	Hildegard Bülow	Kollmar/Holstein
DIHO	Hildegard Doerenkamp	Hamburg
DJHD	Hildegard-Marie	Husum
DHQF	Hildegard Peters	Hamburg
DHQO	Hildegard Z. Nimtz	Hamburg
DFMA	Hildesheim	Cuxhaven
DLCI	Hille Oldendorff	Lübeck
DJAS	Hilligenlei	Wyk/Föhr
DJDG	Hilligenlei	Langeness
DCIZ	Hinderk Looden	Greetsiel
DCCH	Hinerk	Haren/Ems
DIET	Hinrich	Hamburg
DDOF	Hinrich Ahrens	Bremen
DIBL	Hinrich Hey	Hamburg
DFUA	Hinrich Kolster	Osten
DJWR	Hinrich Oldendorff	Lübeck
DIYR	Hinrich Koppelmann	Schulau
DILB	Hinrich Peters	Hamburg
DERU	Hinrich Sieghold	Bremerhaven
DAFQ	Hinrich Wesselhöft	Bremerhaven
DGQI	Hinrich Wilhelm	Hamburg
DCWY	Hinricus	Norddeich
DEPG	H. Klopp	Bremerhaven
DAFR	H. M. Behrens	Bremerhaven
DCAG	Hochmeister	Kiel
DFKX	Hochsee I	Cuxhaven
DCCG	Hödur	Emden
DIYY	Hödur	Glückstadt
DAFU	Hörnum	Rendsburg
DHME	Hoechst	Hamburg
DFNB	Hof	Cuxhaven
DCJB	Hoffnung	Rhaudermoor
DFWF	Hoffnung	Krautsand
DDHB	Hoffnung	Haren/Ems
DEPH	Hoffnung	Neustadt/Holst.
DGQK	Hoffnung	Hamburg
DKCF	Hoffnung	Neustadt/Holst.
DJYS	Hoffnung	Lübeck-Travemünde
DKHW	Hoffnung	Heikendorf
DCQU	Hoffnung E	Warsingsfehn
DIPJ	Hohenbuchen	Hamburg
DIOM	Hoheneichen	Hamburg
DIBE	Hohewisch	Hamburg
DEDW	Hohenfels	Bremen
DJPA	Hohwacht	Kiel
DGFJ	Hohenlinden	Hamburg
DHIU	Holger	Hamburg
DJYN	Holl fast	Brake
DHRL	Holnis	Hamburg
DJPB	Holsatia	Kiel
DDSX	Holstein	Bremen-Vegesack
DDCI	Holstein	Lübeck-Travemünde
DDCZ	Holstein	Schulau
DITG	Holstein	Uetersen
DJDS	Holstein	Glücksburg

Unterscheidungssignale	Namen der Schiffe	Heimathafen der Schiffe
DILU	Holsten	Hamburg
DFTS	Holstentor	Lübeck
DJPD	Holtenau	Kiel
DKIO	Holtenau	Kiel
DCBA	Homberg	Duisburg-Ruhrort
DGEL	Hornbay	Hamburg
DAKI	Hornbelt	Hamburg
DGKX	Hornberg	Hamburg
DIJU	Horncap	Hamburg
DHPG	Hornfels	Hamburg
DIHD	Hornkliff	Hamburg
DGJM	Hornland	Hamburg
DFLB	Hornsriff	Hamburg-Finkenwerder
DIPK	Hornsriff	Hamburg
DIMG	Hornstern	Hamburg
DHPT	Hornsund	Hamburg
DEAV	Horst Arlt	Bremen
DHCN	Hove	Hamburg
DJCE	Hubert	Langballigholz
DIGI	Hüxter	Hamburg
DDQX	Hugo Arlt	Bremen
DAHC	Hugo Heimke Schütt	Itzehoe
DEPV	Hugo Homann	Bremerhaven
DKDT	Hugo Oldendorff	Lübeck
DLDT	Hugo Stinnes	Bremen
DGQO	Hummel	Hamburg
DIGX	Humor	Hamburg
DLBL	Hundseck	Bremen
DJVE	Husum	Kiel
DGQQ	Ida	Hamburg
DFWH	Ida	Krautsand
DDHE	Ida	Barssel
DITI	Ida Joerk	Hamburg
DGVZ	Ida Kuhlencort	Hamburg
DAJF	Isolin III	Hamburg
DCJG	Iduna	Haren/Ems
DDTT	Ilse	Hamburg
DJPF	Ilse	Kiel
DFHH	Ilse	Cuxhaven
DIPN	Ilse Feldmann	Hamburg
DCDL	Ilse Fritzen	Emden
DEQQ	Ilse-Marlen	Hamburg-Finkenwerder
DGTE	Ilse Matthiesen	Hamburg
DGYR	Ilse Russ	Hamburg
DCJK	Ilse Schulte	Emden
DJQB	Iltis	Kiel
DDUW	Imkenturm	Bremen
DGQS	Immanuel	Hamburg
DCJJ	Immanuel	Holterfehn
DKKD	Imme Oldendorff	Lübeck
DIOI	Imperator	Hamburg
DKMB	Imperial	Uerdingen
DAFW	Imsum	Bremen
DEFW	Imsum	Bremen

Unterscheidungssignale	Namen der Schiffe	Heimathafen der Schiffe
DLCJ	Inanda	Bremen
DAKE	Indus	Hamburg
DDPG	Inga Bastian	Bremen
DETF	Inge	Heiligenhafen
DGQT	Inge	Rendsburg
DJVY	Inge	Laboe
DDHH	Ingeborg	Oldenburg
DERP	Ingeborg	Bremerhaven
DGQU	Ingeborg	Stade
DGQW	Ingeborg	Hamburg
DHBZ	Ingeborg	Hamburg
DIOY	Ingeborg	Hamburg
DHES	Ingeborg II	Hamburg
DGQX	Ingeborg III	Hamburg
DIQA	Inge Leonhardt	Hamburg
DJAP	Inge R.-Christophersen	Flensburg
DIGU	Inge-Ursula	Hamburg
DITN	Ingerta	Hamburg
DCIS	Ingo	Papenburg
DDRK	Ingorata	Bremen
DIKQ	Ingrid	Hamburg
DIYA	Ingrid	Uetersen
DJPG	Ingrid	Kiel
DJYO	Ingrid	Lübeck-Travemünde
DKHU	Ingrid	Cuxhaven
DGYW	Ingrid Becker	Rendsburg
DAGA	Ingrid Horn	Hamburg
DIFV	Ingrid Leonhardt	Hamburg
DIZY	Ingrid Weide	Flensburg
DGRA	Ingrid Metzendorff	Hamburg
DGBK	Inka Ritscher	Hamburg
DKAM	Ingrid Troles	Lübeck
DEAE	Innstein	Bremen
DFHK	Insulaner	Helgoland
DDOG	Irak	Bremen
DDSF	Iran	Bremen
DGQY	Irene	Hamburg
DGQZ	Irene	Kiel
DJOS	Irene	Pellworm
DKLF	Irene	Lübeck-Travemünde
DEDD	Iris	Bremen
DJYP	Irjo	Niendorf
DFWI	Irma	Gauensiek
DHMB	Irma-Renate	Kiel-Friedrichsort
DGRE	Irmgard	Hamburg
DGRF	Irmgard	Hamburg
DFHL	Irmgard	Cuxhaven
DJBE	Irmgard	Amrum
DITO	Irmgard	Wischhafen
DGRG	Isar	Hamburg
DEEX	Isarstein	Bremen
DHRX	Isebek	Hamburg
DAKF	Iserlohn	Hamburg

Unterscheidungssignale	Namen der Schiffe	Heimathafen der Schiffe
DESN	Island	Bremerhaven
DENV	Island	Bremerhaven
DHMD	Jacob Becker	Hamburg
DCIU	Jakob Emeius Rass	Norderney
DHRM	Jacob Rüsch	Hamburg
DGRH	Jacobus	Hamburg
DCUP	Jacobus Fritzen	Emden
DCVL	Jakob Ekkenga	Emden
DCIN	Jakob Ekkenga	Emden
DCWT	Jan	Haren/Ems
DHQN	Jan	Hamburg
DDLI	Jane	Elsfleth
DCEQ	Jan Gerdes	Haren/Ems
DGVU	Jan Hamm	Hamburg
DIHN	Jan Jonas	Hamburg
DJCY	Jan Meeder	Flensburg
DAFC	Jan Molsen	Hamburg
DHIM	Jan Peter	Hamburg
DFVR	Jan Reinhold	Nordstrand
DFTN	Jan Suhr	Stade
DEPO	Jan van Gent	Hamburg-Finkenwerder
DGAF	Jan Wilfried	Hamburg
DCEI	Jann Looden	Greetsiel
DCDR	Jann Saathoff	Emden
DCJN	Jantje	Borkum
DLDA	Jasenitz	Bremen
DLAG	Jason	Bremen
DGRJ	Jason	Hamburg
DGXF	J. C. Ertel	Hamburg
DGRK	J. C. Wriede	Hamburg-Finkenwerder
DIPM	J. H. Jonas	Hamburg
DEOM	J.Hinr. Wilhelms	Bremerhaven
DDDV	Jeanlyma	Wilhelmshaven
DGFL	Jenny Porr	Hamburg
DKJD	Jens Bracke	Lübeck
DGAE	Jens Jensen	Hamburg
DHNE	Jersbek	Hamburg
DEBP	Joachim Hendrik Fisser	Bremen
DHIX	Joachim Schulte	Hamburg
DDLA	Joan	Brake
DJXT	Jobst Oldendorff	Lübeck
DEPP	Jochen	Hamburg
DAGB	Jochen Homann	Bremerhaven
DIJL	Joern Witt	Hamburg
DESA	Jörg-Peter	Hamburg
DCKW	Jogela	Haren/Ems
DGJE	Johan Carel Oetker	Hamburg
DDHK	Johann	Oldenburg
DDHL	Johann	Barssel
DFHO	Johann	Oldenburg
DHQA	Johann Ahlers	Hamburg
DGMW	Johann Blumenthal	Hamburg
DJRS	Johann Böhnke	Strande
DHRG	Johann Haltermann	Hamburg
DCJP	Johann Hermann	Haren/Ems
DKFP	Johann Kolb	Rendsburg
DIJA	Johann Petersen	Hamburg
DKMK	Johann Schepers	Duisburg
DCDP	Johann Schulte	Emden
DCUG	Johann Schulte	Emden
DCJQ	Johann Wessels	Emden
DCJR	Johann Wessels	Emden
DDHM	Johanna	Brake
DGRR	Johanna	Hamburg-Finkenwerder
DCJS	Johanna	Warsingsfehn
DFTE	Johanna	Hamburg
DFWJ	Johanna	Gauensiek
DFYL	Johanna	Wischhafen
DFYO	Johanna	Freiburg/Elbe
DIDQ	Johanna	Hamburg
DKGL	Johanna	Heikendorf
DKIL	Johanna	Heikendorf
DGRS	Johanna Höge	Hamburg
DKHD	Johanna Oldendorff	Lübeck
DCJV	Johanne	Haren/Ems
DFSP	Johanne	Drochtersen
DFSY	Johanne	Assel
DFWK	Johanne	Neuland/Kehd.
DFWL	Johanne	Bützfleth
DFWM	Johanne	Mühlenhafen
DFYV	Johanne	Grünendeich
DGRT	Johanne	Hamburg
DGRU	Johanne	Hamburg
DGRW	Johanne Becker	Hamburg
DFZQ	Johanne-Marie	Bützfleth
DFYW	Johannes	Estebrügge
DCJZ	Johannes	Haren/Ems
DCKA	Johannes	Norddeich
DGRX	Johannes	Hamburg
DJYT	Johannes	Lübeck
DFWN	Johannes-Emil	Amrum
DHFS	Johannes Friedrich	Hamburg
DEQW	Johannes Krüss	Bremerhaven
DGSA	Johannes Matthies	Hamburg
DIHS	Johannes Russ	Hamburg
DKKF	Johannes Voss	Lübeck
DHLL	John Augustus Eßberger	Hamburg
DGUX	John Beckedorf	Hamburg
DFMB	John Olbers I	Cuxhaven
DIJS	John Schröder	Hamburg
DGSF	Jonni Wilhelmine	Hamburg
DIOZ	Jonny Jonas	Hamburg

Unterscheidungssignale	Namen der Schiffe	Heimathafen der Schiffe
DCKB	Jop	Haren/Ems
DANF	Josef Bodden	Kiel
DFZD	Jürgen	Stade
DFLD	Jürgen Dieter	Cuxhaven
DGXG	Jürgen Stahmer	Hamburg
DGXU	Jürgen Wehr	Hamburg
DGMR	Juelsand	Hamburg
DGTW	Juist	Hamburg
DCER	Juist	Emden
DJBR	Jul	Wyk/Föhr
DHFG	Juliane Schröder	Hamburg
DIXX	Julianka	Itzehoe
DHQB	Julia	Hamburg
DICN	Julin	Hamburg
DCWN	Julius	Norden
DAGF	Julius Fock	Hamburg
DGTP	Julius Hauschildt	Hamburg
DIGD	Julius Hugo Stinnes	Hamburg
DIKT	Julius Schindler	Hamburg
DHHB	Jul. Pickenpack	Hamburg
DACY	Jungfernstieg	Hamburg
DIIP	Juno	Hamburg
DCKF	Jupiter	Warsingsfehn
DCKG	Jupiter	Petkum
DDHO	Jupiter	Fedderwardersiel
DEPZ	Jupiter	Bremerhaven
DGDP	Jupiter	Hamburg
DIIS	Jupiter	Hamburg
DJCW	Jupiter	Flensburg
DKIC	Jupiter	Kiel
DGSK	Justizia	Hamburg
DCVJ	Jusitzrat Clasen	Leer
DGSL	Jutta	Hamburg
DGSM	Jutta	Hamburg
DJXG	Jutta	Lübeck-Travemünde
DFWQ	Käte	Hamburg
DGSN	Käte	Hamburg
DGSO	Käte	Hamburg
DIFU	Käte	Hamburg-Finkenwerder
DITS	Käte	Seesteraudeich
DIYV	Käte	Schulau
DGQG	Käte Boll	Duisburg-Ruhrort
DJNR	Käte Grammerstorf	Kiel
DGHD	Käte Hamm	Hamburg
DHBH	Käte Hinz	Hamburg
DJQZ	Käte Oltmann	Hamburg
DGSS	Käthe	Hamburg
DCTH	Käthe	Haren/Ems
DFWR	Käthe	Bremervörde
DJBY	Käthe	Wyk/Föhr
DAEX	Käthe Ahrens	Hamburg
DIPI	Käthe Bartels	Hamburg
DGSV	Käthe Block	Hamburg
DHBW	Käthe Brunckhorst	Hamburg
DJWQ	Käthe Heisler	Heiligenhafen
DHNO	Käthe Jonas	Hamburg
DJBF	Käthe Marie	Amrum
DIBA	Käthe-Marie	Hamburg
DGSX	Käthe Ritscher	Hamburg
DCCZ	Käthe Wessels	Emden
DIXU	Kahlberg	Lübeck
DKIK	Kahlberg-Liep	Kiel
DEEN	Kahlenberg	Bremen
DIZK	Kai	Glückstadt
DGHV	Kajen	Hamburg
DHPO	Kaltehofe	Hamburg
DGSY	Kamerad	Hamburg
DHQD	Kamerun	Hamburg
DEER	Kandelfels	Bremen
DJBW	Kapitäne Christiansen	Wyk/Föhr
DHKF	Kapmöwe	Lübeck
DGSZ	Kaptaube	Hamburg
DHLS	Kapt. Jan Reinicke	Hamburg
DIGR	Karen Bolten	Hamburg
DACS	Karin	Hamburg
DIIC	Karin	Hamburg-Finkenwerder
DJVQ	Karin	Heikendorf
DJPJ	Karin	Kiel
DAHD	Karin Bornhofen	Hamburg
DKIS	Karin-Christa	Kiel
DEDY	Karin Cords	Bremen
DGSG	Karin W	Hamburg
DIGY	Karl	Hamburg
DDHP	Karl	Oldenburg
DCUR	Karl	Haren/Ems
DKEK	Karl-Christian	Lübeck
DANG	Karl Fock	Hamburg-Finkenwerder
DJBH	Karl Friedrich	Dagebüll
DDHQ	Karl Georg	Brake
DJVR	Karl Grammerstorf	Kiel
DJRL	Karl-Heinz	Heiligenhafen
DIDR	Karl Leonhardt	Hamburg
DJCH	Karl Gunther Lohse	Flensburg
DCJO	Karl Zink	Greetsiel
DGTD	Karla	Burgstaaken
DEOJ	Karlsburg	Bremerhaven
DFLN	Karlsruhe	Cuxhaven
DEPS	Karoline	Heikendorf
DAIU	Karroo	Hamburg
DIBM	Kaspir Robert Müller	Hamburg
DAFB	Karpfanger	Hamburg

Unterscheidungssignale	Namen der Schiffe	Heimathafen der Schiffe
DAGK	Kassel	Cuxhaven
DIDP	Kassel	Hamburg
DDIM	Kastrup	Hamburg
DEBU	Kattenturm	Bremen
DGTF	Katerine	Hamburg-Finkenwerder
DGTG	Katharina	Hamburg
DIGQ	Katharina	Hamburg
DCKK	Katharina	Haren/Ems
DFWT	Katharina	Mühlenhafen
DFSX	KatharinaBecker	Westmoorende
DCUX	Katharina Dorothea Fritzen	Emden
DCKL	Katharina Elisabeth	Juist
DGLT	Katharina Kolkmann	Hamburg
DGTH	Kattegat	Hamburg-Finkenwerder
DFYH	Keen Tied	Itzehoe
DGTI	Kehdingen	Hamburg
DCKN	Kehrewieder	Ihlowerfehn
DKGP	Kehrheim	Kiel
DAGL	Kehrwieder	Büsum
DJHP	Kehrwieder	Cuxhaven
DJTL	Kehrwieder	Kiel
DKIP	Kehrwieder	Kiel
DJXN	Kehrwieder	Heikendorf
DITX	Kehrwieder	Burg/Dithm.
DFWU	Kehrwieder	Wischhafen
DITY	Kehrwieder	Seester
DKLG	Kehrwieder	Lübeck-Travemünde
DGTK	Kehrwieder II	Hamburg
DHJN	Keitum	Rendsburg
DLBE	Kelkheim	Bremen
DINO	Kelon	Hamburg
DAJX	Kersten Miles	Hamburg
DGNR	Kettwig	Hamburg
DJVS	Kiel 30	Kiel
DANI	Kiel	Kiel
DIXO	Kiel	Kiel
DJUM	Kim	Hamburg
DIMO	Kirchwerder	Hamburg
DECB	Kitty Porr	Hamburg
DJTM	Kitzeberg	Kiel
DCKT	Klara Katharina	Greetsiel
DHID	Klaus	Hamburg
DIJF	Klaus	Hamburg
DIKJ	Klaus Block	Hamburg
DIMD	Klaus Buck	Hamburg
DKHO	Klaus Dieter	Kiel
DJHR	Klaus Groth	Büsum
DFUB	Klaus Jagemann	Stade
DIJC	Klaus Leonhardt	Hamburg
DKCS	Klaus Oldendorff	Lübeck
DHNS	Klaus Schoke	Hamburg
DGXT	Klaus Turowsky	Hamburg
DADR	Klintberg	Hamburg
DLAN	Klosterfrau	Bremen
DHFH	Klaus Wilhelm	Hamburg
DJSZ	Knurrhahn	Kiel
DFKV	Koblenz	Cuxhaven
DIAL	Koblenz	Hamburg
DHLW	Köhlfleet	Hamburg
DICO	Köln	Cuxhaven
DIEW	Köln	Hamburg
DGTM	Königsberg	Hamburg
DIPX	Kösterberg	Hamburg
DAGM	Kolberg	Lübeck
DDOL	Kolibri	Bremen-Vegesack
DDSA	Kolibri	Bremen
DDPP	Kollund	Flensburg
DHLY	Kolonius	Hamburg
DHMR	Komtur	Kiel
DECD	Kondor	Bremen
DCWJ	Kondor	Haren/Ems
DCDU	Kondor	Norddeich
DIJR	Kondor	Hamburg
DCKV	Konkordia	Haren/Ems
DGLL	Konrad	Kiel
DHQP	Konsul Nimtz	Hamburg
DJVG	Konsul Sartori	Kiel
DCSH	Konsul Schulte	Emden
DIGO	Konstanz	Hamburg
DESE	Koopmann Bohn	Cuxhaven
DHKB	Korbach	Hamburg
DKMJ	Kormoran	Emmerich
DHLK	Krautsand	Hamburg
DILJ	Krefeld	Hamburg
DGGG	Krischan Stark	Hamburg
DIDZ	Krautsand	Hamburg
DJRB	Kronsberg	Hamburg
DJRP	Kronsort	Eckernförde
DJDE	Krusau	Flensburg
DILK	Kuhwerder	Hamburg
DAOT	Kurefjord	Bremen
DJWH	Kurfürst	Burgstaaken
DFMN	Kurmark	Cuxhaven
DEDV	Kurt Arlt	Bremen
DEEQ	Kurt Bastian	Bremen
DEFA	Kybfels	Bremen
DJPM	Laboe	Kiel
DKIQ	Laboe	Kiel
DKHR	Labor et Fides	Kiel
DAPH	Lacklan	Hamburg
DKGR	Lahn	Duisburg-Ruhrort
DDUU	Lahnstein	Bremen
DFNE	Land Hadeln	Otterndorf
DCKY	Lamara	Haren/Ems
DGTQ	Landkirchen	Hamburg
DGTS	Landrath Küster	Hamburg-Finkenwerder
DCGS	Langeoog I	Langeoog

Unter-scheidungs-signale	Namen der Schiffe	Heimathafen der Schiffe
DCKZ	Langeoog II	Emden
DGED	Langeoog III	Langeoog
DCLA	Langeoog IV	Langeoog
DCSL	Langeoog VI	Langeoog
DCVD	La Paloma	Brake
DABW	Lasbek	Hamburg
DHLM	Las Palmas	Hamburg
DAGR	Latona	Bremen
DGBJ	Laumühlen	Hamburg
DICY	Lautertal	Hamburg
DDAC	Lauting	Emden
DCLC	Laurenz	Haren/Ems
DCLD	Lauria	Haren/Ems
DILC	Leabeth	Hamburg
DIMU	Lealott	Hamburg
DIBC	Leada	Hamburg
DGZO	Leanna	Hamburg
DAHM	Leapaul	Hamburg
DAJY	Learina	Hamburg
DDQK	Lechstein	Bremen
DGTU	Leda	Büsum
DCEZ	Ledingerland	Bremen
DCGX	Leerort	Emden
DHOA	L. F. Mathies	Hamburg
DHNR	Leichter 1	Hamburg
DIHI	Leichter III	Hamburg
DGYU	Leipzig	Hamburg
DCLH	Lena	Haren/Ems
DCLJ	Lena Katharina	Haren/Ems
DCLK	Lene	Leer
DGTV	Lene Reinhold	Hamburg
DAGQ	Leo Fürbringer	Emden
DCWP	Leonore	Leer
DHGT	Leopard	Hamburg
DDOO	Lerche	Bremen-Vegesack
DEGK	Lesum	Bremen
DEGT	Lesum	Bremen
DEAH	Levante	Bremen
DHII	Levensau	Hamburg
DGMN	Leverkusen	Hamburg
DIBV	Libanon	Hamburg
DJBI	Libelle	Flensburg
DCLL	Liberté	Greetsiel
DEET	Lichtenfels	Bremen
DEAT	Lichtenstein	Bremen
DACK	Lichtwark	Hamburg
DKAF	Liebe	Heiligenhafen
DLAW	Liebenfels	Bremen
DEAX	Liebenstein	Bremen
DEND	Lies	Düsseldorf
DAKJ	Liesbeth	Burgstaaken
DGTY	Liesbeth	Hamburg
DCLM	Liesbeth	Haren/Ems
DCLN	Liesbeth-Grete	Haren/Ems
DKLI	Lieschen	Haffkrug
DCRQ	Liese-Lore	Haren/Ems
DDHT	Lilly	Brake
DGTZ	Lilly	Hamburg

Unter-scheidungs-signale	Namen der Schiffe	Heimathafen der Schiffe
DCLP	Lina	Elisabethfehn
DKHC	Lina	Möltenort
DHNT	Lina Robert Müller	Hamburg
DLBD	Lindenfels	Bremen
DGUB	Line Hinsch	Hamburg
DDLW	Lion	Oldenburg
DCLQ	Liny	Greetsiel
DCVG	Lippe	Emden
DKMG	Lippe	Duisburg-Ruhrort
DGUC	Lisa	Hamburg
DGUF	Lisa	Hamburg-Finkenwerder
DGUE	Lisa	Wischhafen
DFYI	Lisa	Krautsand
DFKD	Lisa I	Hamburg
DGQH	Lisa Eichmann	Hamburg
DAGV	Lisa Essberger	Hamburg
DGUG	Lisa Oltmann	Hamburg
DHML	Lisboa	Hamburg
DGUH	Liselotte	Hamburg
DJBX	Liselotte	Flensburg
DHOB	Liselotte Essberger	Hamburg
DILT	Lissabon	Hamburg
DJYW	Lissy	Emden
DIEG	Lissy Schulte	Hamburg
DFMT	Lörrach	Cuxhaven
DDRR	Löwe	Bremen
DJTW	Löwe	Kiel
DAGW	Lofoten	Bremerhaven
DJYX	Lore	Neustadt/Holst.
DFML	Lore Ottens	Cuxhaven
DKLH	Loreley	Heiligenhafen
DGTO	Lori Dreyer	Hamburg
DGUI	Lothar	Hamburg
DGYY	Lothareins	Hamburg
DKJL	Lotte	Neustadt/Holst.
DKKB	Lotte	Niendorf
DGOV	Lotte Nagel	Krautsand
DLDN	Louise	Bremen
DGZH	Louise	Hamburg
DHDX	Louise Lattmann	Hamburg
DGLZ	Louise Schupp	Hamburg
DDRZ	Lucas Pieper	Hamburg
DDPH	Luchs	Bremen
DKEN	Luchs	Neustadt/Holst.
DHGO	Lucetta	Hamburg
DFSJ	Luci	Barnkrug
DKHF	Lucianna	Kiel
DHBR	Lucie Schulte	Hamburg
DHGJ	Lucy Essberger	Hamburg
DKJU	Ludolf Oldendorff	Lübeck
DIEC	Lucie Vollmers	Hamburg
DDOP	Ludwig Friederich	Bremen

Unterscheidungssignale	Namen der Schiffe	Heimathafen
DERS	Ludwig Janssen.	Bremerhaven
DHJP	Ludwigsburg	Hamburg
DHFX	Ludwigshafen	Hamburg
DEQF	Ludwig Schweisfurth	Bremerhaven
DAGX	Lübbe Hartmann	Leer
DJWG	Lübeck	Lübeck
DKCK	Lübeck	Lübeck
DCLR	Lübbert	Haren/Ems
DAHJ	Lühe	Hamburg
DFTW	Lühe	Stade
DHJO	Lühesand	Hamburg
DGIG	Lüneburg	Hamburg
DAHB	Lützow	Bremerhaven
DGOQ	Lugano	Hamburg
DGUM	Luise	Hamburg
DGUN	Luise	Hamburg
DHMH	Luise	Hamburg
DIYK	Luise	Friedrichskoog
DGZI	Luise I	Hamburg
DDHU	Luise Bergmann	Brake
DIMW	Luise Bornhofen	Hamburg
DGNU	Luise Leonhardt	Hamburg
DDUG	Lumme	Bremen
DCIG	Lux	Emden
DIZJ	Lux	Glückstadt
DHKV	Lystum	Rendsburg
DGJM	Mabel Violet	Hamburg
DGUV	Magaretha	Hamburg
DFWW	Magda	Krautsand
DGUP	Magdalena	Pellworm
DKAO	Magdalena Oldendorff	Lübeck
DJAV	Magdalene	Flensburg
DEPY	Magda-Lene	Neustadt/Holst.
DDNU	Magdalene Vinnen	Bremen
DFZJ	Magda Elfers	Assel
DIOB	Magda Wegener	Hamburg
DHRC	Magdeburg	Hamburg
DEPW	Magnet	Bremerhaven
DGDS	Magnet II	Hamburg
DENX	Magnet III	Hamburg
DGUR	Magret-Inge	Hamburg
DHMA	Mai Rickmers	Hamburg
DKMF	Main	Duisburg-Ruhrort
DIGS	Mainz	Hamburg
DJZH	Maja	Lübeck
DEAI	Maja	Bremen
DDDL	Makrele	Wilhelmshaven
DIFF	Malaga	Hamburg
DEOC	Malangen	Bremerhaven
DJRH	Mamsell	Kiel
DHEH	Mangan	Hamburg
DANK	Mannheim	Bremerhaven
DAHU	Marburg	Hamburg
DGUT	Marga	Hamburg
DHRF	Marga	Hamburg
DJMR	Marga	Maasholm
DHCP	Marga Henning	Hamburg
DEAJ	Marga Kiepe	Bremen
DIEA	Margaret C. Ertel	Hamburg
DFSW	Margareta	Assel
DGZF	Margarete Peters	Hamburg
DCLU	Margaretha	Haren/Ems
DFSS	Margaretha	Barnkrug
DFWX	Margaretha	Stade
DFWY	Margaretha	Gauensiek
DFWZ	Margaretha	Krautsand
DGUU	Margaretha	Hamburg
DGUW	Margaretha	Hamburg
DIOG	Margaretha Bischoff	Hamburg
DGUY	Margaretha Nibbe	Cranz
DDHZ	Margarethe	Brake
DEQH	Margarethe	Bremerhaven
DJXL	Margarethe	Lübeck-Schlutup
DKCQ	Margarethe III	Lübeck-Travemünde
DECV	Margarethe Honold	Bremen
DHKK	Margarethe Reckmann	Hamburg
DGVE	Margit	Hamburg-Finkenwerder
DESF	Margot Jacobs	Brake
DFID	Margretha	Ostrhauderfehn
DFXA	Margrid	Krautsand
DFMV	Margrit	Cuxhaven
DCLW	Maria	Haren/Ems
DCLX	Maria	Haren/Ems
DFXB	Maria	Abbenfleth
DDIA	Maria	Barssel
DGVF	Maria	Hamburg
DGVG	Maria	Hamburg
DJQD	Maria	Heikendorf
DJUD	Maria	Kiel
DCIX	Maria Anna Schulte	Emden
DABM	Maria Althoff	Hamburg
DCLY	Maria Christina	Haren/Ems
DFXC	Maria Dorothea.	Assel
DCLZ	Maria Elfring	Haren/Ems
DCMA	Maria Elise	Haren/Ems
DJBA	Maria Elise	Flensburg
DJQO	Maria Fr. Joerk	Hamburg
DCMB	Maria Gebina	Haren/Ems
DENC	Maria Karola	Duisburg
DCDB	Maria-Lena	Haren/Ems
DAJZ	Maria Nibbe	Hamburg
DCWA	Maria Schulte	Hamburg
DENT	Maria von Jever	Bremerhaven
DECP	Mariaeck	Bremen

Unterscheidungssignale	Namen der Schiffe	Heimathafen der Schiffe
DJLO	Mariana	Büsum
DEGN	Mariann	Bremen
DADC	Marianne	Hamburg
DGVO	Marianne	Hamburg
DGVP	Marianne	Hamburg
DHMZ	Marianne	Hamburg
DGVN	Marianne	Brake
DJRU	Marianne J. Nimtz	Hamburg
DFVB	Marianne Söhl	Ritsch/Kehdingen
DGVR	Marido	Hamburg
DCGJ	Marie	Haren/Ems
DCME	Marie	Leer
DFXE	Marie	Ritsch/Kehd.
DFYU	Marie	Gauensiek
DGVS	Marie	Hamburg
DGVT	Marie	Hamburg
DICE	Marie	Hamburg
DJIG	Marie	Husum
DJZA	Marie	Elsfleth
DGVQ	Marieanne	Hamburg
DIZD	Marie Both	Glückstadt
DIGP	Marie Boettger	Hamburg
DIUJ	Marie-Eleonore	Helgoland
DGRB	Marie-Elise	Flensburg
DCMG	Marie-Hermine-Elise	Ditzum
DAKO	Marie Horn	Hamburg
DAFV	Marie Leonhardt	Hamburg
DGFR	Marie-Louise Haltermann	Hamburg
DJTZ	Marie-Luise	Strande
DICI	Marie Rüsch	Hamburg
DDLM	Marie Schwinge	Brake
DINE	Marie Steffens	Hamburg
DJBL	Marie Ursula	Flensburg
DJEY	Mariechen	Kappeln
DJZB	Mariechen	Heiligenhafen
DGRC	Mariechen II	Hamburg
DCMH	Mar. B. R. Schlichting	Norddeich
DLBH	Marienfels	Bremen
DGEV	Marietta Bolten	Hamburg
DFIG	Marion	Cuxhaven
DDON	Marivia	Bremen
DFMO	Mark Brandenburg	Cuxhaven
DGHY	Marina	Hamburg
DCUH	Marlene	Haren/Ems
DDLL	Marlies	Brake
DESP	Marlies	Bremerhaven
DKFG	Marlies	Rendsburg
DFVN	Marlies II	Uetersen
DHDJ	Marita	Haren/Ems
DGMQ	Marita-R.	Hamburg
DECS	Marmara	Bremen
DCFT	Mars	Warsingsfehn
DEGR	Mars	Bremen
DJEA	Mars	Büsum
DIJW	Marschenland	Hamburg
DIXP	Marta	Elmshorn
DGWH	Martha	Hamburg
DGWI	Martha	Hamburg
DIBD	Martha	Hamburg-Finkenwerder
DJIO	Martha	Hamburg
DCMI	Martha	Bensersiel
DCUZ	Martha	Emden
DGWM	Martha Ahrens	Hamburg
DGWN	Martha Christine	Hamburg
DGNB	Martha Friesecke	Hamburg
DJTC	Martha Elfriede	Kiel
DHFC	Martha Russ	Hamburg
DCKH	Martina	Haren/Ems
DJUA	Martin	Heikendorf
DGFF	Martin Friedrichs	Hamburg
DHLG	Martin Lütje	Hamburg
DIHF	Marwa	Hamburg
DGNP	Marxburg	Hamburg
DFSQ	Mary	Barnkrug
DFXG	Mary	Königreich
DGWQ	Mary	Hamburg
DGFB	Mary Robert Müller	Hamburg
DGWR	Matador	Hamburg
DHIN	Matador	Hamburg
DGWS	Matador	Rendsburg
DGWT	Matador II	Hamburg
DDIC	Mathilde	Brake
DIBR	Mathilde	Hamburg
DFXH	Mathilde	Wischhafen
DHJE	Matthias Föcher	Hamburg
DGWX	Max	Hamburg
DEFV	Max Arlt	Bremen
DAHL	Max Brauer	Hamburg
DFAG	Max Gundelach	Bremerhaven
DFAK	Max Pust	Bremerhaven
DEQA	Mechthild	Bremerhaven
DEFP	Mecklenburg	Bremen-Vegesack
DGKN	Medem	Hamburg
DGUM	Mehetal	Hamburg
DDBX	Meike	Möltenort
DDOT	Meise	Bremen-Vegesack
DLAV	Meise	Bremen-Vegesak
DKJT	Melilla	Hamburg
DCBO	Melior	Haren/Ems
DCSS	Mellum	Emden
DDBY	Mellum	Wilhelmshaven
DLDM	Mellum	Bremen
DLDX	Mellum	Bremen
DGWZ	Melpomene	Hamburg
DDSW	Memel	Bremen
DKKO	Memel	Niendorf

Unterscheidungssignale	Namen der Schiffe	Heimathafen der Schiffe
DGXA	Memelland	Hamburg
DKMA	Mercator	Walsum
DIBK	Mercur	Flensburg
DGXB	Meridian	Brake
DJDD	Merkur	Flensburg
DGXC	Merkur	Hamburg
DFXI	Merkur	Freiburg/Elbe
DLAY	Merkurius	Bremen
DHMG	Messina	Hamburg
DGXD	Meta	Hamburg
DGXE	Meta	Hamburg
DHFN	Meta	Elsfleth
DFXJ	Meta Adele	Gauensiek
DGXH	Meta-Grete	Hamburg
DGXI	Meta Holst	Hamburg-Finkenwerder
DGXK	Meta Schröder	Hamburg-Finkenwerder
DCKJ	Meteor	Emden
DCMQ	Meteor	Bensersiel
DEQM	Meteor	Schulau
DGXL	Meteor	Hamburg
DJLG	Meteor	Pellworm
DJDH	Meteor II	Hamburg
DABT	Methan	Hamburg
DKGK	Michael	Kiel
DIFY	Michael M.	Hamburg
DIIZ	Michel	Hamburg
DAHN	Midlum	Bremen
DGAN	Mikado	Hamburg
DIKK	Millerntor	Hamburg
DDUV	Milos	Bremen
DDOV	Mime	Bremen-Vegesack
DGXO	Mimi	Hamburg
DJCI	Mimi Horn	Glückstadt
DCMS	Minchen	Haren/Ems
DEGG	Minden	Bremen
DCMT	MinDir. Streil	Emden
DAHO	Minerva	Bremen
DGXP	Minna	Hamburg
DGXR	Minna Catharina	Hamburg
DGXS	Minna Marie	Hamburg
DABX	Minna Schupp	Hamburg
DAHA	Minou	Hamburg
DKLU	Mira	Lübeck
DJEB	Miranda	Büsum
DIYU	Mittelriff	Schulau
DKCR	Mobil	Lübeck
DHKR	Mobil Oil 6	Hamburg
DDOH	Modag	Lübeck-Travemünde
DEUM	Mönchengladbach	Bremerhaven
DJUC	Möltenort	Kiel
DJPK	Mönkeberg	Kiel
DIFZ	Mönkedamm	Hamburg
DDUB	Möwe	Bremen
DDIH	Möwe	Brake
DDII	Möwe	Duisburg
DAHQ	Möwe	Hamburg
DGXV	Möwe	Hamburg
DJZF	Möwe	Hamburg
DCMY	Möwe	Haren/Ems
DJRG	Möwe	Laboe
DJWP	Möwe II	Lübeck-Travemünde
DKCH	Möwe III	Lübeck-Travemünde
DIAT	Mok Wi	Hamburg
DANL	Mollex IV	Hamburg
DEUN	Mond	Bremerhaven
DGXX	Monica	Warsingsfehn
DKEX	Monica Parchmann	Bremen
DDTA	Monika Wiards	Bremen
DGPP	Monsun	Hamburg
DINK	Montan	Hamburg
DGVX	Montania	Hamburg
DGPO	Morian	Uetersen
DHJZ	Morsum	Rendsburg
DCBD	Mosel	Duisburg-Ruhrort
DFAZ	Mosel	Bremerhaven
DEDR	Moselstein	Bremen
DHQX	Moseltal	Hamburg
DHHV	Mülheim-Ruhr	Hamburg
DAGY	München	Hamburg
DANN	München	Bremerhaven
DCNB	Münster	Emden
DFLK	Münster	Cuxhaven
DJDK	Münster	Flensburg
DDKR	Münsterland	Barssel
DGDD	Münsterland	Hamburg
DGXZ	Mulli	Hamburg
DIHA	Muansa	Hamburg
DGOG	Muschelgrund	Hamburg-Finkenwerder
DGYA	Muschi	Hamburg-Finkenwerder
DCNC	Mutterliebe	Haren/Ems
DCND	Muttersegen	Haren/Ems
DEBN	Nabob	Bremen
DHQU	Nady	Hamburg
DGYB	Najade	Lübeck
DGPF	Nanna	Hamburg
DGFA	Nanni Russ	Hamburg
DDKS	Narwal	Oldenburg
DGOO	Natal	Hamburg
DEQD	Nation	Bremerhaven
DGEK	Naumburg	Hamburg
DDTS	Nautilus	Bremen
DJUG	Navajo VI	Kiel
DKJB	Navico I	Hamburg
DIHH	Navico III	Hamburg
DIHT	Navico IV	Hamburg

Unterscheidungssignale	Namen der Schiffe	Heimathafen der Schiffe
DJWW	Navico V	Lübeck
DGYC	Neckar	Hamburg
DKME	Neckar	Duisburg-Ruhrort
DEDG	Neckarstein	Bremen
DLBP	Neidenfels	Bremen
DIMN	Nelly Haltermann	Hamburg
DAHS	Neptun	Brake
DCUV	Neptun	Borkum
DETA	Neptun	Bremerhaven
DEBS	Neptun	Bremen
DJBU	Neptun	Flensburg
DKJW	Neptun	Burgstaaken
DAHT	Neptun	Hamburg
DETI	Neptun III	Niendorf
DGYD	Neptunes	Hamburg
DGTX	Nerissa	Hamburg
DGBV	Ness	Hamburg
DINL	Nessand	Hamburg
DGYE	Nessdiek	Hamburg-Finkenwerder
DHFI	Nesserland	Hamburg
DJUI	Nesshörn	Kiel
DANO	Nesshuk	Hamburg-Finkenwerder
DEDQ	Nestor	Bremen
DKKH	Nettelbeck	Laboe
DJPU	Neuende	Hamburg
DGYF	Neuenfelde	Hamburg
DLCA	Neuenfels	Bremen
DKKT	Neukuhren	Niendorf
DJTN	Neumünster	Kiel
DEUF	Neuwerk	Niendorf
DHOF	Neuwerk	Hamburg
DGAQ	Neuwied	Hamburg
DIFS	Nicola	Bremerhaven
DGYG	Niederelbe	Hamburg
DEPQ	Niederelbe	Hamburg-Finkenwerder
DHRR	Niedermehnen	Hamburg
DKMD	Niederrhein	Duisburg-Ruhrort
DAHW	Niedersachsen	Bremerhaven
DEAB	Niedersachsen	Bremen
DGYH	Niedersachsen	Hamburg
DHMQ	Niedersachsen	Hamburg
DANP	Niedersachsen	Cuxhaven
DEGI	Nienburg	Bremen
DFIO	Nige Oge	Neufeld
DHRD	Nigeria	Hamburg
DGYI	Niobe	Hamburg
DGYJ	Niobe	Hamburg
DEQU	Nixe	Hamburg-Finkenwerder
DGYK	Nixe	Hamburg
DGYL	Nobiskrug	Hamburg
DHKW	Nobistor	Hamburg
DJMH	Nöck	Kappeln/Schlei
DLBY	Nora Hugo Stinnes	Bremen
DIJO	Nord	Hamburg
DKLJ	Nordcap	Lübeck-Travemünde
DCNG	Norden	Varelerhafen
DGYM	Norden	Hamburg
DIPW	Nordenfeld	Hamburg
DAIG	Nordenham	Cuxhaven
DHKX	Nordenham	Hamburg
DESL	Nordenham	Bremerhaven
DLBS	Nordenham	Bremen
DEUV	Norderau	Bremerhaven
DFXK	Norderelbe	Hamburg
DGGO	Norderelbe II	Hamburg
DJNL	Norderholm	Kiel
DAIC	Norderney	Hamburg
DCFK	Norderney	Emden
DCNI	Norderney	Emden
DHFY	Norderney	Cuxhaven
DDOY	Norder Till	Bremen
DJBM	Nordfriesland	Wyk/Föhr
DIJK	Nordkap	Hamburg
DKFV	Nordkyn	Rendsburg
DDUZ	Nordland	Bremen
DEQG	Nordland	Hamburg
DHAJ	Nordland	Hamburg
DJWB	Nordland	Lübeck
DKBU	Nordland	Niendorf
DGCI	Nordland I	Wyk/Föhr
DFIQ	Nordlicht	Cuxhaven
DGZZ	Nordlicht	Hamburg
DJLB	Nordlicht	Büsum
DKEL	Nordlicht	Burgstaaken
DCBX	Nordmark	Norddeich
DJPX	Nordmark	Eckernförde
DGYP	Nordmark	Hamburg
DIGH	Nordmeer	Hamburg
DJSE	Nordmeer	Neustadt/Holst.
DJHX	Nordmeer	Büsum
DJNB	Nordmeer	Burgstaaken
DEAU	Nordsee	Bremerhaven
DERF	Nordsee	Bremerhaven
DFAB	Nordsee	Bremerhaven
DIXH	Nordsee	Schulau
DAIH	Nordstern	Bremerhaven
DCNN	Nordstern	Warsingsfehn
DGYQ	Nordstern	Hamburg-Finkenwerder
DGZL	Nordstern	Hamburg
DIML	Nordstern	Hamburg
DJPY	Nordstern	Eckernförde
DJZL	Nordstern	Lübeck-Travemünde
DIPQ	Nordwald	Hamburg
DJKV	Nordwest	Maasholm
DACC	Nordwind	Hamburg

Unterscheidungssignale	Namen der Schiffe	Heimathafen	Unterscheidungssignale	Namen der Schiffe	Heimathafen
DGYT	Nordwind	Hamburg	DGYX	Orion	Hamburg
DKEZ	Nordwind	Rendsburg	DIVC	Orion	Burg/Dithm.
DCAZ	Norfa	Düsseldorf	DJFQ	Orion	Büsum
DHMX	Norrland	Hamburg	DJZN	Orion	Hamburg
DITT	Nova	Stade	*DHAM*	Orion II	Hamburg
DFAM	Nürnberg	Bremerhaven	*DILX*	Ortrud Müller	Hamburg
DDRS	Nr. 2	Hamburg	*DIOP*	Oscar Mathies	Hamburg
DDRX	Nr. 12	Bremen	DGOS	Osiris	Hamburg
DDRW	Nr. 13	Bremen	*DAIN*	Oskar Schulze	Bremerhaven
DDPE	Nr. 129	Bremen	*DESQ*	Osnabrück	Bremerhaven
DDRM	Nr. 134	Bremen	*DAIP*	Ossian	Hamburg
DDPL	Nr. 153	Bremen	DJZO	Ost	Hamburg
DDPM	Nr. 156	Bremen	DKLR	Ostbries	Haffkrug
DDPN	Nr. 157	Bremen	*DFTA*	Oste	Stade
DDPQ	Nr. 162	Bremen	DJBN	Oste	Wyk/Föhr
DDPR	Nr. 163	Bremen	DGYZ	Oste	Hamburg
DDPU	Nr. 168	Bremen	*DHQW*	Oste	Hamburg
DDPV	Nr. 169	Bremen	DCHM	Osterems	Greetsiel
DDPW	Nr. 170	Bremen	DCNV	Osterems	Borkum
DDPX	Nr. 171	Bremen	*DGZA*	Ostetal	Hamburg
DETW	Nymphe	Hamburg-	DIRX	Ostetal I	Hamburg
		Finkenwerder	DCNW	Ostfriesland	Juist
DGYS	Nymphe	Wilhelmshaven	*DCVQ*	Ostfriesland	Leer
DGSC	Obereider	Rendsburg	*DGZB*	Ostmark	Hamburg
DIAH	Oberg	Hamburg	*DHOJ*	Ostpreußen	Hamburg
DCAT	Oberhausen	Duisburg-	DJWZ	Ostpreußen	Heiligenhafen
		Ruhrort	DGZC	Ostsee	Hamburg
DHOW	Ocean	Hamburg	DJZP	Ostwacht	Burg/Fehmarn
DLCD	Ockenfels	Bremen	DGBO	Othmarschen	Hamburg
DDMT	Ochtum	Bremen	DGHU	Ottensen	Hamburg
DLBU	Octavia	Bremen	*DHQQ*	Otterberg	Hamburg
DHOE	Odenwald	Hamburg	DCNZ	Ottina	Haren/Ems
DKLS	Oderbank	Burgstaaken	*DCUS*	Otto	Haren/Ems
DGGT	Odin	Kiel	*DGXY*	Otto	Hamburg
DCNT	Odin	Haren/Ems	DCES	Otto Bolte	Emden
DCVZ	Odin	Emden	*DHRA*	Otto Blumenfeld	Hamburg
DIVB	Odin	Glückstadt	*DANR*	Otto Bröhan	Hamburg
DJYY	Odin IV	Lübeck-	*DACH*	Otto Harms	Hamburg
		Travemünde	DIBP	Otto Kamm II	Hamburg
DIJI	Oelsauger II	Hamburg	*DCWS*	Otto Nübel	Emden
DIBT	Oetje	Oldenburg	DCUC	Otto Schepers	Haren/Ems
DDTO	Oktant	Bremen	*DHIO*	Otto Schubert	Hamburg
DIZI	Olaf	Itzehoe	*DAKX*	Otto Springorum	Hamburg
DAIK	Oldenburg	Bremerhaven	*DGWW*	Ozean	Hamburg
DDPY	Oldenburg	Bremen-Vegesack	*DDOQ*	Paderborn	Bremen
DGIZ	Oldenburg	Hamburg	*DIJG*	Pagensand	Hamburg
DHLA	Oldenburg	Hamburg	*DLCY*	Pagenturm	Bremen
DGYV	Olga	Hamburg	*DHMV*	Palermo	Hamburg
DJQG	Olhörn	Kiel	*DJCZ*	Pallas	Flensburg
DHRW	Olga	Hamburg	*DLAS*	Pallas	Bremen
DHQS	Onabe	Hamburg	DGZD	Pallos	Hamburg
DDPJ	Onkel Fidi	Bremen	*DIES*	Palma	Hamburg
DIFP	Ophelia	Hamburg	DGFI	Palmyra	Hamburg
DAKM	Optimist	Hamburg	*DIQF*	Palmyra	Hamburg
DAIL	Orion	Emden	*DJKH*	Paloma	Büsum
DCNU	Orion	Westrhauderfehn	*DICU*	Pamela	Hamburg
DETB	Orion	Lübeck-	*DECK*	Pan	Bremen
		Travemünde	*DIFK*	Parnass	Hamburg

Unterscheidungssignale	Namen der Schiffe	Heimathafen der Schiffe
DILP	Parthenon	Hamburg
DGRQ	Partner	Hamburg
DILV	Pasajes	Hamburg
DAJB	Passat	Hamburg
DKEG	Passat	Lübeck
DIDU	Passau	Bremerhaven
DIMF	Patricia	Hamburg
DAHY	Paul	Hamburg
DHER	Paul	Hamburg
DFXL	Paul Gährs	Estebrügge
DECM	Paul Honold	Bremen
DIAQ	Paul Hoop	Hamburg
DHHR	Paul Lübcke	Hamburg
DESJ	Paul Meentzen	Bremerhaven
DIIQ	Paul Rickmers	Hamburg
DCEA	Paul Rosenberg	Emden
DHOT	Paula	Hamburg
DETS	Paula	Heiligenhafen
DKDY	Paula Helling	Niendorf
DIFA	Paula Rahmann	Hamburg
DJKG	Paulina	Büsum
DDQA	Pax	Bremen
DIBH	Pazifik	Hamburg
DIZE	P. C. Asmussen	Elmshorn
DHQL	Pegasus	Hamburg
DHBK	Pegasus I	Hamburg
DADI	Peine	Cuxhaven
DICK	Peka	Hamburg
DCDX	Pelikan	Greetsiel
DIDO	Pelion	Hamburg
DJJL	Pellworm	Pellworm
DJJM	Pellworm	Pellworm
DHGP	Pergamon	Hamburg
DIGN	Perikles	Hamburg
DDMX	Perikles	Bremen
DCOC	Perle	Carolinensiel
DDNJ	Perseus	Bremen
DESC	Perseus	Bremerhaven
DHOU	Perseus	Hamburg
DJZQ	Perseus	Burgstaaken
DFXM	Persia	Dornbusch
DFXO	Peter	Ritsch/Kehd.
DHIQ	Peter	Hamburg
DJTF	Peter	Lübeck
DKEY	Peter Ahrens	Hamburg
DIAE	Peter Frese	Hamburg
DIYQ	Peter Meyer	Uetersen
DHAC	Peter S	Hamburg
DAIT	Peter Schlack	Hamburg
DEUD	Peter von Danzig	Lübeck-Travemünde
DCCW	Peter Wessels	Emden
DHNU	Petra	Hamburg
DGZJ	Petrolina	Hamburg
DCSJ	Petschili	Emden
DKBK	Pfadfinder	Niendorf
DJPH	Phönix	Heikendorf
DLDC	Phönix	Bremen
DLDH	Phönizien	Bremen
DGBH	Pickhuben	Hamburg
DJMO	Pidder Lüng	Hallig Hooge
DETE	P. J. Marwitz	Hamburg
DJTO	Pillau	Heikendorf
DKHN	Pil 35	Möltenort
DFLM	Pinguin	Cuxhaven
DHPI	Pinguin	Hamburg
DGZK	Pinnau	Hamburg
DHCQ	Pionier	Bensersiel
DCTW	Pionier II	Emden
DGZN	Pirat	Hamburg
DIIR	Piräus	Hamburg
DEFS	Pirol	Bremen
DCEJ	Pirola	Warsingsfehn
DKMM	Pirola	Lübeck-Travemünde
DGPJ	Plan	Hamburg
DHNG	Planet	Hamburg
DIKB	Plato	Hamburg
DLDO	Pluto	Bremen
DDRG	Poel	Hamburg
DFTH	Pohlmann II	Assel
DGZR	Polaris	Hamburg
DGZS	Polarstern	Hamburg
DJZS	Polchow	Lübeck
DEDO	Pollux	Bremen
DHEL	Pollux	Oldersum
DETL	Pollux	Lübeck-Travemünde
DHLJ	Pollux	Hamburg
DHOS	Pollux	Hamburg
DJBG	Pollux	Flensburg
DADX	Pommern	Bremerhaven
DEFR	Pommern	Bremen-Vegesack
DJCA	Pommern	Flensburg
DFZO	Ponape	Grünendeich
DGZT	Portia	Hamburg
DHRJ	Porto	Hamburg
DIJJ	Portunus	Hamburg
DHRI	Poseidon	Hamburg
DFIZ	Präsident Freiherr von Maltzahn	Cuxhaven
DLDR	Praunheim	Bremen
DGZU	Preciosa	Hamburg
DJZU	Pregel	Hamburg
DGZV	Presto	Hamburg
DDOE	Proteus	Bremen
DHOC	Proteus	Hamburg
DEUP	Preußen	Bremerhaven
DJZV	Preußen	Lübeck-Travemünde
DLBC	Priamus	Bremen
DCOH	Prinz Homburg	Emden
DHKS	Puck	Bremen
DJMG	Puck	Kappeln/Schlei

Unterscheidungssignale	Namen der Schiffe	Heimathafen der Schiffe
DDTC	Pylades	Bremen
DHJC	Quadriga	Hamburg
DICV	Quadrivium	Hamburg
DIIY	Quartett	Hamburg
DIBZ	Quartole	Hamburg
DIZA	Quellental	Pinneberg
DCOJ	Quo Vadis	Haren/Ems
DIKI	Quo vadis	Hamburg
DHLQ	Rabat	Hamburg
DLCR	Rabenfels	Bremen
DEEO	Raffelberg	Bremen
DETP	Rainer Falko	Lübeck
DKFA	Rantum	Rendsburg
DCAM	Rauschelay	Kaub
DIKN	Ravensberg	Hamburg
DLAA	Ravenstein	Bremen
DFXQ	Rebecka	Barnkrug
DFTV	Rebena	Stade
DGRP	R. C. Rickmers	Hamburg
DANS	Rechtenfleth	Bremen
DAEA	Reeperbahn	Hamburg
DENR	Regensburg	Bremerhaven
DCOL	Regina	Haren/Ems
DDIP	Regina	Brake
DGZX	Regina	Hamburg
DKLD	Regina	Lübeck
DDLC	Regine Ohlrogge	Brake
DAPM	Regulus	Bremerhaven
DFAF	Regulus	Bremerhaven
DHOG	Rehhorst	Hamburg
DGSW	Reibel I.	Hamburg
DLCT	Reichenfels	Bremen
DLAU	Reifenstein	Bremen
DDIQ	Reiher	Hamburg
DCOO	Reimar	Haren/Ems
DCVS	Reimar Edzard Fritzen	Emden
DGZY	Reina	Hamburg
DHHI	Reinbek	Hamburg
DCOP	Reinhard	Haren/Ems
DEPN	Reinhard	Cuxhaven
DGMO	Reinhard I	Hamburg
DHPK	Reinhart Lorenz Russ	Hamburg
DCOQ	Reinhold	Haren/Ems
DKFF	Reinhold Krusemark	Rendsburg
DAJE	Remscheid	Cuxhaven
DGRY	Remscheid	Hamburg
DLAH	Renata Schröder	Bremen
DFZY	Renate	Stade
DKLN	Renate	Niendorf
DFTP	Renate Becker	Stade
DERH	Renate Holling	Rendsburg
DJUH	Rendsburg	Kiel
DJZW	Reni	Eckernförde
DCOR	Resi	Norderney

Unterscheidungssignale	Namen der Schiffe	Heimathafen der Schiffe
DCOS	Res Nova	Haren/Ems
DDPF	Rhauderfehn	Bremen
DCAR	Rhein	Duisburg-Ruhrort
DLCN	Rheinfels	Bremen
DIVK	Rheingold	Hamburg
DCOT	Rheinland	Emden
DAJG	Rheinland	Bremen-Vegesack
DHHM	Rheinland	Hamburg
DIAW	Rheinland	Hamburg
DCKU	Rheinstahl	Emden
DDUN	Rheinstein	Bremen
DAJN	Rhenania	Hamburg
DCOU	Ria	Haren/Ems
DACP	Richard Bröhan	Hamburg
DETV	Richard Kaselowsky	Bremerhaven
DHBO	Richard Kaselowsky	Hamburg
DJBQ	Rimberg	Hamburg
DDDJ	Rita	Kiel
DFGK	Rita	Munkmarsch/Sylt
DHJB	Rita	Hamburg
DIKY	Rita Bartels	Hamburg
DFTO	Rita Holst	Stade
DFWG	Ro. 14	Hamburg
DCTJ	Robbe	Norden
DHGU	Robert Bornho en	Hamburg
DEES	Robert Meyhoefer	Bremen
DIFD	Rodenbek	Hamburg
DDKY	Rodenkirchen	Stroha uen
DEUX	Rogge I.	Bremerhaven
DEUY	Rogge XVII	Bremerhaven
DEUZ	Rogge XVIII	Bremerhaven
DFAC	Rogge 25	Bremerhaven
DEFH	Roland	Bremen
DEUH	Roland	Bremerhaven
DHAB	Roland	Hamburg
DJUE	Roland	Kiel
DIEQ	Roland II	Hamburg
DIAU	Roland Russ	Hamburg
DFHS	Roland von Wedel	Cuxhaven
DECO	Rolandseck	Bremen
DETH	Rolano	Schulau
DHRT	Rolf	Hamburg
DCVA	Rolf	Haren/Ems
DFZW	Rolf Behrmann	Krautsand
DHAD	Rolf-Hubert	Hamburg
DJBO	Rolf Verhey	Dagebüll
DACO	Rolf Viking	Hamburg
DFLS	Ronald	Osten
DLBM	Roseneck	Bremen

Unterscheidungssignale	Namen der Schiffe	Heimathafen der Schiffe
DANT	Rosengarten	Hamburg-Finkenwerder
DIYP	Rosita Maria	Uetersen
DKAA	Roswitha	Neustadt/Holst.
DLCX	Rotenfels	Bremen
DHDT	Rothenburg	Hamburg
DLAK	Rothenstein	Bremen
DKHK	Rudi Klaus	Möltenort
DCOW	Rudolf	Haren/Ems
DJKS	Rudolf Engels	Büsum
DKKR	Rudolf-Hermann	Heiligenhafen
DILW	Rudolf Karstens	Hamburg
DHFQ	Rudolf Oetker	Hamburg
DCUM	Rudolf Schepers	Haren/Ems
DCDN	Rudolph Wendt.	Leer
DHAF	Rügen	Flensburg
DHIB	Rügen	Hamburg
DHRU	Rügen	Hamburg
DFJC	Rügen	Cuxhaven
DKEB	Rüm Hart	Seester
DDDF	Rüstringen	Wilhelmshaven
DGTC	Rugard	Hamburg
DFXR	Ruhr	Bützfleth
DCAU	Ruhr	Duisburg-Ruhrort
DADB	Ruhr	Hamburg
DHNH	Ruhrland	Hamburg
DCAV	Ruhrort	Duisburg-Ruhrort
DEAL	Ruhrstein	Bremen
DHAG	Rungholt	Hamburg
DJBP	Rungholt	Wyk/Föhr
DJII	Rungholt	Husum
DIPT	Rungholt	Hamburg
DJTI	Ruth	Kiel
DFZE	Ruth-Dieter	Stade
DKML	Saar	Duisburg-Ruhrort
DERT	Saarbrücken	Bremerhaven
DAJL	Saarland	Bremen-Vegesack
DHBC	Saarland	Hamburg
DDUX	Saarstein	Bremen
DFRP	Sabine	Uetersen
DJSP	Sabine	Kiel
DAET	Sabine Howaldt	Hamburg
DDOW	Sabratha	Bremen
DEFK	Sachsen	Bremen-Vegesack
DFKU	Sachsen	Cuxhaven
DGHF	Safi	Hamburg
DENP	Sagitta	Bremerhaven
DION	Sagitta	Hamburg
DGUZ	Salmo	Hamburg
DCOY	Salva Nos	Haren/Ems
DEUG	Salzburg	Bremerhaven

Unterscheidungssignale	Namen der Schiffe	Heimathafen der Schiffe
DKLX	Samland	Niendorf
DCFX	Santa Maria	Haren/Ems
DEQJ	Sancta Maria	Schulau
DCUL	St. Antonius	Haren/Ems
DHNA	Sankt Johann	Hamburg
DCPX	St. Joseph	Haren/Ems
DGAU	Sankt Marien	Hamburg
DIAJ	St. Michael	Hamburg
DESB	St. Monika	Emden
DCPY	St. Nikolaus	Haren/Ems
DIDD	St. Patrick	Lübeck
DACW	St. Pauli	Hamburg
DHPC	Santa Catarina	Hamburg
DHNL	Santa Elena	Hamburg
DIEP	Santa Inés	Hamburg
DHQR	Santa Isabel	Hamburg
DIGE	Santa Rita	Hamburg
DIGW	Santa Rosa	Hamburg
DIDV	Santa Teresa	Hamburg
DHMP	Santa Ursula	Hamburg
DGRI	Sapele Palm	Hamburg
DHRK	Sarrius	Hamburg
DFJD	Sathurn	Hamburg
DDCM	Saturn	Kiel
DEUL	Saturn	Bremerhaven
DIKM	Saturn	Hamburg
DIWU	Saxnot	Glückstadt
DHKL	Saxonia	Hamburg
DCAP	Scharhörn	Düsseldorf
DHOL	Scharhörn	Hamburg
DGFY	Schauenburg	Hamburg
DGAD	Scheersberg	Hamburg
DHAN	Schlei	Hamburg
DEFM	Schlesien	Bremen-Vegesack
DFKS	Schlesien	Cuxhaven
DDST	Schleswig	Bremen-Vegesack
DJAM	Schleswig	Flensburg
DESO	Schleswig-Holstein	Bremerhaven
DJBJ	Schleswig-Holstein	Wyk/Föhr
DJDF	Schleswig-Holstein	Flensburg
DJOA	Schleswig-Holstein	Kiel
DANW	Schlutup	Kiel
DLDG	Schönfels	Bremen
DGOA	Schürbek	Hamburg
DESW	Schütting	Bremerhaven
DLAB	Schütting	Bremen
DAEM	Schulau	Hamburg
DAIM	Schulau	Hamburg
DDJT	Schulschiff Deutschland	Oldenburg
DFLL	Schwaben	Cuxhaven
DEDS	Schwabenstein	Bremen

Unterscheidungssignale	Namen der Schiffe	Heimathafen
DHAO	Schwalbe	Hamburg
DHAP	Schwalbe	Hamburg
DHAR	Schwalbe	Hamburg-Finkenwerder
DHAQ	Schwalbe	Hamburg
DJTB	Schwalbe	Eckernförde
DCOZ	Schwalbe	Wyk/Föhr
DJUV	Schwalbe	Kiel
DIYF	Schwalbe	Lägerdorf
DLBB	Schwalbe	Bremen
DHAS	Schwalbe II	Hamburg
DKHM	Schwalbenberg	Heikendorf
DJQI	Schwan	Möltenort
DJUW	Schwan	Neumühlen/Kiel
DDMU	Schwaneck	Bremen
DEDK	Schwanheim	Bremen
DAGT	Schwarzenbek	Hamburg
DDPZ	Schwarzenfels	Bremen
DJCX	Schwennau	Flensburg
DJUX	Schwentine	Neumühlen
DJVN	Schwentine	Kiel
DANX	Schwertfisch	Bremerhaven
DCFS	Schwimmkran II	Leer
DFZX	Schwinge	Stade
DIAF	Schwinge	Hamburg
DANY	Seeadler	Hamburg-Finkenwerder
DCPF	Seeadler	Emden
DDIU	Seeadler	Brake
DFXS	Seeadler	Wischhafen
DHAU	Seeadler	Hamburg
DHKC	Seeadler	Hamburg
DJOO	Seeadler	Kiel
DJQK	Seeadler	Rendsburg
DKAH	Seeadler	Maasholm
DKEH	Seeadler	Lübeck-Travemünde
DKEI	Seeadler	Niendorf
DKJZ	Seeadler	Niendorf
DKLE	Seeadler	Heikendorf
DEEY	Seeclipper	Bremen
DDQJ	Seefahrer	Bremen
DDSR	Seefalke	Bremerhaven
DEGY	Seefalke	Bremen
DGST	Seefalke	Hamburg
DHAW	Seefalke	Hamburg
DHPD	Seefalke	Hamburg
DJFG	Seefalke I	Büsum
DGBW	Seefalke III	Hamburg
DCCA	Seehund	Norddeich
DCPK	Seehund	Papenburg
DJMK	Seehund	Maasholm
DKKI	Seelöwe	Timmendorfer Strand
DFNH	Seelotse	Cuxhaven
DETJ	Seelust	Heikendorf
DCPM	Seelust	Spiekeroog
DDJX	Seemöve	Brake
DKJS	Seemöve	Burgstaaken
DHAY	Seemöve	Hamburg
DHAZ	Seemöve	Hamburg
DKDS	Seemöve	Lübeck-Travemünde
DFJL	Seemöwe	Cuxhaven
DIYS	Seerose	Schulau
DKAE	Seerose	Heiligenhafen
DIVS	Seerose II	Neufeld
DKAK	Seeschwalbe	Lübeck
DFJO	Seestern	Cuxhaven
DHBA	Seestern	Kiel
DIVU	Seestern	Burg/Dithm.
DJRI	Seestern	Heikendorf
DKKJ	Seestern	Niendorf
DJAQ	Seestern II	Kiel
DFKZ	Seeteufel	Bremen
DDLB	Seetramper	Bremen
DHHC	Seevogel	Hamburg
DIID	Seilmoker	Hamburg-Finkenwerder
DHBD	Selma	Hamburg
DDHF	Selma Borries	Brake
DILD	Selma Nimtz	Hamburg
DAJW	Senator	Hamburg
DAIB	Senator Gruenewaldt	Hamburg
DJXP	Senator Hagelstein	Lübeck
DACL	Senator Petersen	Hamburg
DKJH	Senator Possehl	Lübeck
DHIY	Senior	Hamburg
DHKU	Setubal	Hamburg
DLCP	Seven Seas	Bremen
DHLD	Shell 42	Hamburg
DHLX	Shell 43	Hamburg
DAFX	Shell 44	Hamburg
DIQG	Sevilla	Hamburg
DCJC	Siebenbürgen	Leer
DJBT	Siegfried	Neustadt/Holst.
DHBG	Siegfried Brey	Hamburg
DKAI	Siegfried Lehmann	Lübeck
DLDS	Siegstein	Bremen
DEGA	Sielwall	Bremen
DCAB	Sigrid	Köln
DKIB	Sigrid	Kiel
DKIH	Sigrid	Kiel
DKGE	Silbermöve	Kiel
DKJC	Silbermöve	Hamburg
DKHQ	Silbermöve	Kiel
DGNE	Silesia	Hamburg
DKFS	Silke	Rendsburg
DIMX	Silvana	Hamburg
DEDT	Silvia	Bremen
DIGJ	Simon von Utrecht	Hamburg

S—Z

Unterscheidungssignale	Namen der Schiffe	Heimathafen der Schiffe
DIDB	Simplon	Hamburg
DHIC	Simson	Hamburg
DACD	Sindbad X	Hamburg
DHFJ	Sinstorf	Hamburg
DGVD	Sintra	Hamburg
DAJT	Sioux	Hamburg
DHBI	Sirene	Brake
DFYR	Sirene	Freiburg/Elbe
DEAC	Sirius	Bremen
DIVV	Sirius	Seester
DESG	Sirius	Arnis/Schlei
DDCS	Sirius	Duisburg
DJYV	Sirius II	Neustadt/Holst.
DAKA	Skagerrak	Hamburg-Finkenwerder
DCKI	SKI	Leer
DAKB	Skolpenbank	Bremerhaven
DHBJ	Sleipner	Hamburg
DACR	Sleipner I	Hamburg
DILM	Sleipner II	Hamburg
DAKC	Söderhamn	Hamburg
DJSU	Söte Deern	Eckernförde
DIKX	Solingen	Hamburg
DIKP	Solveig Rickertsen	Hamburg
DAGD	Sonderburg	Hamburg
DHGY	Sonderburg	Hamburg
DLAI	Soneck	Bremen
DESU	Sonne	Bremerhaven
DAFI	Sonnin	Hamburg
DJQL	Sonja	Kiel
DAOA	Sophie	Leer
DFXU	Sophie	Laboe
DFZC	Sophie	Wischhafen
DGEU	Sottorf	Hamburg
DAOH	Sparenburg	Emden
DAPD	Sperber	Bremen
DDQH	Sperber	Bremen-Vegesack
DFND	Sperber	Cuxhaven
DHBM	Sperber	Hamburg
DKIM	Sperber	Kiel
DJTH	Sperber I	Büsum
DCPU	Spes Mea	Haren/Ems
DFAJ	Speyer	Bremerhaven
DCPW	Spiekeroog	Spiekeroog
DCJL	Spiekeroog	Emden
DCCY	Spiekeroog II	Neuharlingersiel
DHBN	Spika	Hamburg
DKEP	Spika	Lübeck
DENS	Spitzbergen	Bremerhaven
DICB	Spitzerdorf	Hamburg
DDQF	Spitzfels	Bremen
DHBP	Spongia	Hamburg
DHOX	Spreewald	Hamburg
DLDJ	Spreestein	Bremen
DJUS	Spüler Friedrich	Rendsburg
DAOB	Stade	Cuxhaven
DHPH	Stadeland	Bremen
DAER	Stadersand	Hamburg
DFSM	Stadersand	Stade
DDKZ	Stadland	Brake
DKFL	Stadt Essen	Rendsburg
DEGE	Stadthagen	Bremen
DFAU	Stadt Herten	Bremerhaven
DJLM	Stadt Husum	Husum
DJUY	Stadt Kiel	Kiel
DCVR	Stadt Leer	Leer
DAIY	Stadt Schleswig	Hamburg
DJRC	Stadtrat Suhr	Eckernförde
DLBX	Star	Bremen
DIDH	Starline Progress	Hamburg
DIDT	Steckelhörn	Hamburg
DHDY	Steendiek	Hamburg
DIIK	Steendiek	Hamburg-Finkenwerder
DJUZ	Steffen	Kiel
DCPZ	Steffi	Haren/Ems
DJVA	Stein	Kiel
DDUR	Steinbock	Bremen
DCWW	Steinbock	Rhaudermoor
DIZB	Steinburg	Itzehoe
DKAP	Steinbutt	Heiligenhafen
DAFA	Steinkirchen	Hamburg
DAEC	Steinwerder	Hamburg
DAPF	Stella	Emden
DKAZ	Stella	Lübeck
DCKD	Stella Maris	Haren/Ems
DCQA	Stephan	Haren/Ems
DLBF	Stephanitor	Bremen
DLBW	Stepenitz	Bremen
DDND	Sternenfels	Bremen
DAKK	Stettin	Emden
DKCC	Stettiner Haff	Lübeck-Travemünde
DEEC	Stier	Bremen
DAKL	Stillesee	Hamburg
DDNY	Stina B	Bremen
DHEU	Stintfang	Hamburg
DCQH	Stölkenhörn	Hamburg
DHBU	Stör	Hamburg
DHOR	Stör	Hamburg
DCQB	Störtebecker	Borkum
DDAH	Störtebeker	Wangerooge
DKIJ	Störtebecker	Laboe
DKKL	Störtebecker	Niendorf
DKLP	Stolper Bank	Lübeck-Travemünde
DEGF	Stolzenau	Bremen
DDNT	Stolzenfels	Bremen
DHBV	Stormarn	Hamburg
DHIZ	Stralsund	Hamburg
DJTA	Strande	Kiel

Unterscheidungssignale	Namen der Schiffe	Heimathafen der Schiffe
DERX	Straßburg	Bremerhaven
DDQL	Strauss	Bremen-Vegesack
DKII	St. S. 48	Kiel
DJVH	St. S. 80	Kiel
DJVI	St. S. 81	Kiel
DKHH	St. S. 82	Kiel
DKHI	St. S. 83	Kiel
DGQP	Stubbenhuk	Hamburg
DINM	Stubbenhuk	Hamburg
DDQY	Stur	Bremen
DDOR	Sturmfels	Bremen
DIBO	Sturmvogel	Hamburg
DJNC	Sturmvogel	Kappeln/Schlei
DJKB	Sturmvogel	Büsum
DKCJ	Sturmvogel	Büsum
DJXM	Sturmvogel	Heiligenhafen
DKKM	Sturmvogel	Timmendorfer Strand
DGFS	Stuttgart	Hamburg
DGGM	Stuttgart	Hamburg
DJQS	Sucher	Rendsburg
DAHH	Süd	Hamburg
DEUU	Süderau	Bremerhaven
DFXV	Süderelbe	Dornbusch
DKQB	Süderholm	Kiel
DHBX	Süderilw	Hamburg-Finkenwerder
DKCI	Südheide	Niendorf
DHEP	Süd-West	Hamburg
DHBY	Sülfmeister	Hamburg
DINT	Süllberg	Hamburg
DGE	Sundpilen	Hamburg
DCQD	Susanna-Maria	Haren/Ems
DDQO	Susanne Fritzen	Bremen
DAIA	Susanne Reith	Hamburg
DHMI	Svealand	Hamburg
DKAS	Swea	Lübeck-Travemünde
DHLF	Sylvia	Hamburg
DAPB	Sylt	Hamburg
DLCV	Syrte	Bremen
DJLZ	Tamora	Büsum
DHIV	Tanga	Hamburg
DHFP	Tanganjika	Hamburg
DHLZ	Tanger	Hamburg
DGGZ	Tankleichter Elbe	Hamburg
DAKR	Tannenberg	Emden
DLAR	Tannstein	Bremen
DIEK	Tarbek	Hamburg
DHQG	Tarpenbek	Hamburg
DIAR	Tarragona	Hamburg
DHCA	Taube	Elsfleth
DDQM	Taube	Bremen-Vegesack
DHCF	Taucherfahrzeug III	Hamburg
DHCC	Taucher Flint I	Hamburg
DHCD	Taucher Flint II	Hamburg
DHCE	Taucher Flint III	Hamburg
DAIQ	Taucher Ottar Harmstorf I	Hamburg
DHRZ	Taucher Ottar Harmstorf IV	Hamburg
DHCG	Taucher Harmstorf 5	Hamburg
DHCH	Taucher Harmstorf 6	Hamburg
DHCI	Taucher Ottar Harmstorf IX	Hamburg
DFMK	Taucher O. Wulf II	Cuxhaven
DAIS	Taucher O. Wulf III	Cuxhaven
DFNF	Taucher Otto Wulf 4	Cuxhaven
DENL	Taucher O. Wulf 6	Cuxhaven
DCQE	Taucher Picksack	Oldersum
DFKE	Taucher Sievers	Cuxhaven
DESH	Taurus	Bremerhaven
DCAX	Tazacorte	Duisburg-Ruhrort
DLDD	Tellus	Bremen
DGIQ	Tema Palm	Hamburg
DCQF	Tempo	Haren/Ems
DHLU	Tenerife	Hamburg
DKAL	Tete Oldendorff	Lübeck
DFAI	Teutonia	Bremerhaven
DHIK	Tetuan	Hamburg
DEFE	Thalia	Bremen
DCHU	Thea	Warsingsfehn
DGWU	Thea	Hamburg
DHCK	Thea	Hamburg
DIWE	Thea	Kollmar/Holst.
DEGJ	Thebe	Bremen
DKLC	Thedje	Lübeck-Travemünde
DAKV	Thees Bott	Hamburg-Finkenwerder
DCJW	Thekla	Haren/Ems
DCKE	Thekla	Haren/Ems
DDJF	Thekla	Barssel
DCQJ	Thekla Helene	Haren/Ems
DEFF	Themis	Bremen
DJQM	Theoja I	Cuxhaven
DFHQ	Theoja II	Cuxhaven
DETY	Theoja III	Cuxhaven
DKIW	Theo Grammerstorf	Kiel
DCQK	Theo-Grete	Haren/Ems
DIIX	Therese	Hamburg
DIQC	Therese Horn	Hamburg
DIJE	Theresia Russ	Hamburg
DCEF	Th. Klingenberg	Emden

Unterscheidungssignale	Namen der Schiffe	Heimathafen der Schiffe
DEFO	Theseus	Bremen
DEFN	Thetis	Bremen
DHGR	Thetis	Hamburg
DHCL	Thomas	Hamburg
DGHE	Thomas Schulte	Hamburg
DAIG	Thor	Hamburg
DAKW	Thor	Hamburg
DDAA	Thor	Norddeich
DHHN	Thor	Hamburg
DGZE	Thorgerd	Hamburg
DIOC	Thorstein	Hamburg
DGGN	Thorwald	Hamburg
DETD	Thüringen	Bremerhaven
DHHX	Thüringen	Hamburg
DAKY	Thüringen	Bremen-Vegesack
DEAY	Thule	Bremen
DEOA	Thunfisch	Bremerhaven
DIXN	Thyra	Elmshorn
DAIF	Thyra Behrens	Hamburg
DDJR	Tiefbau	Brake
DFXD	Tilde	Munkmarsch/Sylt
DDOK	Tilo von Wilmowsky	Bremen
DDQN	Tilly	Strohausen
DIMQ	Tilly Böge	Hamburg
DHGC	Tilly Russ	Hamburg
DCQL	Tim	Haren/Ems
DCBL	Tim. S.	Haren/Ems
DHMU	Timandra	Hamburg
DCCB	Timberto	Haren/Ems
DKFN	Tinnum	Rendsburg
DHCO	Tine Schröder	Hamburg
DCQM	Tini	Emden
DHNN	Titania	Hamburg
DCQN	Tjeda	Emden
DINN	Togo	Hamburg
DLAX	Torstein	Bremen
DGIR	Transatlanta	Hamburg
DIEY	Transatlantic	Hamburg
DGPR	Transcanada	Hamburg
DHHZ	Transerie	Hamburg
DHFZ	Transmichigan	Hamburg
DHKQ	Transontario	Hamburg
DIGV	Transozean Hugo Stinnes	Hamburg
DIGC	Transpacific	Hamburg
DDKQ	Transquebec	Hamburg
DLCZ	Transsylvania	Bremen
DHPP	Transvaal	Hamburg
DKMH	Traude	Düsseldorf
DEAR	Traunstein	Bremen
DFKG	Traute	Neuhaus/Oste
DIWH	Traute	Glückstadt
DEQT	Traute	Lübeck-Travemünde
DGEI	Traute	Hamburg
DERC	Traute Schumacher	Bremerhaven
DIFI	Trave	Hamburg
DJUR	Trave	Kiel
DKKA	Travemünde	Lübeck
DKAX	Travemünde	Lübeck
DLAJ	Travestein	Bremen
DHCR	Treue	Hamburg
DCQP	Trientje	Iheringsfehn
DDUE	Trierstein	Bremen
DGPG	Triglav	Hamburg
DHCS	Triton	Hamburg
DHHK	Triton	Hamburg
DFYK	Trinchen	Freiburg
DKAB	Trotz	Büsum
DIJN	Trotzenburg	Hamburg
DHAL	Troyburg	Hamburg
DHHG	Tross	Lübeck
DHBS	Trude	Rendsburg
DETO	Tübingen	Bremerhaven
DHAX	Tübingen	Hamburg
DECW	Turmfalke	Bremen
DKJM	Twee Breeder	Burgstaaken
DHCB	Ubena	Hamburg
DGTL	Uhlenhorst	Hamburg
DIKD	Ulanga	Hamburg
DAID	Ulm	Cuxhaven
DHCT	Undine	Hamburg
DFTC	Undine	Hamburg
DHCU	Undine	Hamburg
DIAX	Ungeheuer	Hamburg
DEUR	Union 5	Bremerhaven
DEOK	Union 7	Bremerhaven
DGJW	Uni Porr	Hamburg
DCJA	Unitas	Leer
DCJF	Unitas-S	Haren/Ems
DGSU	Unkas	Hamburg
DGFU	Unterelbe	Hamburg
DDLK	Unterweser	Brake
DKDJ	Unverzagt	Lübeck
DHDM	Urania	Osten
DINZ	Urania	Hamburg
DJXJ	Urania	Heiligenhafen
DERD	Uranus	Lübeck-Travemünde
DHCV	Uranus	Hamburg
DFYN	Uranus	Abbenfleth
DEPM	Ursel	Bremerhaven
DGUK	Ursel	Hamburg
DALA	Ursula	Hamburg
DCQS	Ursula	Emden
DDTU	Ursula	Lübeck
DKAY	Ursula	Lübeck-Travemünde
DKKX	Ursula	Lübeck-Travemünde
DAHP	Ursula Block	Hamburg

Unterscheidungssignale	Namen der Schiffe	Heimathafen der Schiffe
DJZR	Ursula Heinemeier	Lübeck
DDNF	Ursula Legenhausen	Oldenburg
DDPC	Ursula Parchmann	Bremen
DINR	Ursula Peters	Hamburg
DEPT	Ursula Rickmers	Bremerhaven
DHJX	Ursula Schulte	Hamburg
DIIE	Urundi	Hamburg
DILG	Usambara	Hamburg
DILF	Usaramo	Hamburg
DIBU	Usedom	Hamburg
DIOK	Usedom	Hamburg
DFMW	Uta	Cuxhaven
DHIR	Uta	Hamburg
DIHY	Ute	Hamburg
DJQV	Ute	Kiel
DIEE	Ute Parchmann	Bremen
DABG	Utgard	Hamburg
DJAY	Uthlande	Wyk/Föhr
DKLM	Utsire	Niendorf
DIHZ	Uwe	Hamburg
DJWD	Uwe	Lübeck-Travemünde
DHCX	Uwe-Ursula	Hamburg
DIDA	Värmland	Hamburg
DGVL	Vagabund	Hamburg
DHCY	Valborg	Hamburg
DIHL	Valda Ahrenkiel	Hamburg
DGXQ	Vale	Hamburg
DHMO	Valencia	Hamburg
DHEW	Valeria	Hamburg
DHPE	Vangard	Hamburg
DFAH	van Ronzelen	Bremerhaven
DCGG	Variatie	Neermoor
DFAP	Varuna	Bremerhaven
DFTK	Vaterland	Stade
DJYH	Vega	Lübeck
DEFC	Vegesack	Bremen
DEDJ	Veleda	Bremen
DALG	Venus	Bremerhaven
DFXZ	Venus	Oberndorf
DFYA	Venus	Gauensiek
DJBD	Venus	Flensburg
DJYG	Venus	Lübeck-Travemünde
DKBG	Venus	Burgstaaken
DKLO	Venus	Niendorf
DINQ	Verano II	Hamburg
DJQW	Veritas	Kiel
DHCZ	Vertrauen	Hamburg
DCQY	Vertrauen	Warsingsfehn
DDLT	Vesta	Elsfleth
DDTD	Vesta	Bremen
DGHC	Victor	Hamburg
DCRC	Victoria	Emden
DALC	Victoria	Lübeck
DIFH	Victoria	Hamburg
DCRA	Vier Gebrüder	Warsingsfehn
DCRB	Vier Gebrüder	Carolinensiel
DALE	Vierlande	Hamburg
DAEP	Vierlanden	Hamburg
DFYB	Vineta	Barnkrug
DJZM	Vineta	Lübeck-Travemünde
DECY	Vinum	Bremen
DHKZ	Virgilia	Hamburg
DADJ	Virginia Bolten	Hamburg
DDLV	Visurgis	Elsfleth
DIPA	Vogelsberg	Hamburg
DJYZ	Vogelsand	Lübeck
DIJQ	Voline	Hamburg
DACN	Volksdorf	Hamburg
DAJD	Volumnia	Hamburg
DIED	von Beckerath	Hamburg
DHHQ	Vormann Rass	Hamburg
DJNH	Vorwärts	Arnis/Schlei
DKGU	Vorwärts	Laboe
DJVL	Vorwärts	Brunsbüttelkoog
DCRG	Vorwärts	Neuharlingersiel
DHDD	Vorwärts	Hamburg
DHDE	Vorwärts	Hamburg
DDJI	Vorwärts	Brake
DCRI	Vorwärts	Rhaudermoor
DGSI	Vriendschap	Hamburg
DDUS	Vulcan	Bremen
DIBF	Vulkan	Hamburg
DALH	Wachtel	Bremen-Vegesack
DAKH	Wadai	Hamburg
DHQK	Wagrien	Hamburg
DDPT	Wal	Bremen
DIEO	Waldeck	Hamburg
DCAI	Waldemar Peter	Köln
DGFD	Walküre	Hamburg
DKGV	Walküre	Kiel
DGUA	Wally	Hamburg
DDKX	Walter	Bremen
DHDH	Walter	Hamburg
DHDI	Walter	Hamburg
DIWK	Walter	Hamburg
DFYC	Walter	Weserdeich
DFWA	Walter	Lübeck
DCAA	Walter Behrens	Köln
DAKP	Walter Lass	Hamburg
DAIR	Walter Leonhardt	Hamburg
DIPG	Walter Richter	Hamburg
DFLP	Waltraut	Cuxhaven
DFSN	Waltraut	Grünendeich
DKHB	Waltraut	Heikendorf
DKBT	Waltraut	Heiligenhafen
DJVX	Waltraud Behrmann	Rendsburg
DJCJ	Waltraut Horn	Glücksburg

Unterscheidungssignale	Namen der Schiffe	Heimathafen der Schiffe
DJEK	Waltraud Thorborg	Hamburg
DDLR	Wanda	Brake
DHDL	Wanda	Hamburg
DACG	Wandsbek	Hamburg
DKQC	Wangenstein	Strande
DCPG	Wangerooge	Emden
DIJP	Wappen von Hamburg	Hamburg
DIFG	Warendorp	Lübeck
DDSO	Warfleth	Bremen
DESD	Wartburg	Bremerhaven
DCJI	Wega	Greetsiel
DETG	Wega	Lübeck-Travemünde
DFNK	Wega	Cuxhaven
DHDN	Wega	Cuxhaven
DIPF	Weimar	Hamburg
DHDO	Weißer Greif	Eckernförde
DDSU	Weissesee	Bremerhaven
DGSJ	Weißenburg	Hamburg
DIPE	Welf	Hamburg
DGZP	Welheim	Hamburg
DHGE	Welle	Hamburg
DJSK	Wellingdorf	Kiel
DKFE	Wera	Rendsburg
DKEV	Wera Böhrnsen	Rendsburg
DKCD	Werner	Burgstaaken
DHDR	Werner	Hamburg
DKIZ	Werner Martin Krüger	Heikendorf
DIAO	Werner Meyburg	Hamburg
DICL	Werner Felter	Hamburg
DIQE	Werner Franck	Hamburg
DLAP	Werner Vinnen	Bremen
DEDC	Werrastein	Bremen
DIBJ	Werratal	Hamburg
DEUK	Wesel	Bremerhaven
DALK	Weser	Bremerhaven
DDQD	Weser	Bremen
DDQR	Weser	Bremen
DHDS	Weser	Hamburg
DHIJ	Weser	Hamburg
DDOS	Weserland	Bremen
DDLH	Wesermarsch	Brake
DDLS	Wesermarsch	Strohausen
DEDA	Weserstein	Bremen
DEEH	Wesertal	Bremen
DLCH	Wesertal	Bremen
DCRN	Westerems	Borkum
DALO	Westfalen	Bremen-Vegesack
DCVN	Westfalen	Emden
DFMZ	Westfalen	Cuxhaven
DIME	Westfalen	Hamburg
DALP	Westpreußen	Bremerhaven
DCJY	Wiard Byl	Emden
DKDW	Wickede	Lübeck

Unterscheidungssignale	Namen der Schiffe	Heimathafen der Schiffe
DGZM	Widar	Hamburg
DALR	Widder	Bremen
DIWT	Widder	Bremen
DIFL	Wiedenborstel	Hamburg
DICQ	Wien	Hamburg
DGMB	Wiesbaden	Hamburg
DHJD	Wihinapa	Hamburg
DJMS	Wik	Kiel
DCRP	Wiking	Greetsiel
DEPE	Wiking	Bremerhaven
DHIL	Wiking	Hamburg
DJLU	Wiking	Büsum
DKFW	Wiking	Rendsburg
DHDU	Wilfried	Hamburg
DHDV	Wilfriede Klünder	Hamburg
DKFK	Wilhelm	Breiholz
DHLR	Wilhelm Bornhofen	Hamburg
DGWV	Wilhelm Doerenkamp	Hamburg
DAOX	Wilhelm Kaisen	Bremerhaven
DJKO	Wilhelm Külper	Büsum
DDJK	Wilhelm Lühring	Brake
DCVB	Wilhelm Nübel	Emden
DCAJ	Wilhelm Numssen	Köln
DERK	Wilhelm Peter	Kiel
DAFT	Wilhelm Wesch	Hamburg
DHDW	Wilhelmina	Brake
DAIX	Wilhelmine	Hamburg
DCRT	Wilhelmine	Westrhauderfehn
DHFW	Wilhelmine Essberger	Hamburg
DFSO	Wilhelmine Oltmann	Stade
DCBS	Willem Mennen	Emden
DHDZ	Willida	Hamburg
DJPP	Willi	Kiel
DICJ	William	Hamburg
DGVC	Willi Huber	Hamburg
DHEA	Willy Charles	Hamburg
DHEB	Willy Marie	Hamburg
DCRW	Wilma	Haren/Ems
DERM	Wilma	Leer
DALT	Wilma	Hamburg-Finkenwerder
DKLK	Wiltrud	Lübeck-Travemünde
DEGH	Windheim	Bremen
DFYD	Windhuk	Assel
DGSB	Windhuk	Hamburg
DHEC	Windhund	Hamburg
DFYE	Windsbraut	Borstel/Jork
DFYF	Windsbraut	Wischhafen
DFYG	Windsbraut	Laboe
DIWO	Windsbraut	Dieksanderkoog

Unterscheidungssignale	Namen der Schiffe	Heimathafen der Schiffe
DHKI	Winnetou	Hamburg
DGUJ	Winnie Lattmann	Hamburg
DCAL	Wirbellay	Kaub
DAJO	Wischhafen	Hamburg
DGOB	Wittebank	Hamburg
DCAD	Wittekind	Köln
DFLJ	Witten	Cuxhaven
DKAN	Wodan	Lübeck
DJTX	Wodan	Kiel
DJRE	Wogram	Heikendorf
DEGV	Wolf	Bremen
DHED	Wolf	Hamburg
DKHG	Wolf	Kiel
DEOH	Wolf I	Hamburg
DHIT	Wolfgang Russ	Hamburg
DJWU	Wolfram	Lübeck
DAFL	Wolfsburg	Bremerhaven
DHHU	Wolfsburg	Hamburg
DHIW	Wotan	Hamburg
DHEF	Wotan	Hamburg
DIYX	Wotan	Glückstadt
DHEG	Woterküken	Tönning
DHLB	W.Th.Stratmann	Hamburg
DEGZ	Wümme	Bremen
DDSL	Württemberg	Bremen-Vegesack
DFNA	Württemberg	Cuxhaven
DIEF	Württemberg	Hamburg
DICS	Würzburg	Düsseldorf
DGSH	Wuppertal	Hamburg
DFMR	Wuppertal	Cuxhaven
DDQW	Zaunkönig	Bremen-Vegesack
DINI	Zephyros	Hamburg
DALY	Zeus	Bremen
DDTV	Zeus II	Bremen
DIXQ	Zita	Elmshorn
DKLQ	Zufriedenheit	Lübeck-Travemünde
DIWP	Zukunft	Uetersen
DJKX	Zukunft	List/Sylt
DKLB	Zukunft	Neustadt/Holst.
DCSA	Zwei Gebrüder	Warsingsfehn

Nachtrag

zur

Amtlichen Liste

(abgeschlossen am 10. März 1959)

1. Zugänge während der Drucklegung

a) In der Reihenfolge der Unterscheidungssignale

Unter-scheidungs-signale	Namen der Schiffe	Heimathafen der Schiffe	Kubikmeter Nettoraumgehalt	Registertons Nettoraumgehalt	PS
DAKZ	Alte Liebe	Hamburg	1234,7	435,82	1120
DALB	Taucher Sievers IV	Cuxhaven	201,1*	71,34*	320
DALI	Spüler V	Hamburg	1617,8	571,10	—
DALJ	Capullus	Hamburg	30198,5	10660,05	14000
DALL	Steindamm $^{+}$	Hamburg	8148,5	2876,41	3600
DALM	Westpfalia $^{+}$	Hamburg	21584,2	7619,21	6650
DALN	Priamus	Hamburg	4558,5	1609,16	5140
DCKP	Hermar	Haren/Ems	675,7	238,53	300
DCKQ	Gertrud	Norderney	114,0	40,26	60
DDQU	Linzertor	Bremen	18793,6	6634,15	5350
DEOL	Etha Rickmers	Bremerhaven	13495,3	4763,84	6300
DJEH	Liane	Husum	23,7	8,38	120
DJUU	Margarete	Kiel	22,0	7,78	120
DJVD	Schwan II	Kiel	31,4	11,04	240
DKAR	Athene	Lübeck	691,5	244,09	1530

b) In alphabetischer Reihenfolge der Namen

Unter-scheidungs-signale	Namen der Schiffe	Heimathafen der Schiffe
DKAZ	Alte Liebe	Hamburg
DKAR	Athene	Lübeck
DALJ	Capullus	Hamburg
DEOL	Etha Rickmers	Bremerhaven
DCKQ	Gertrud	Norderney
DCKP	Hermar	Haren/Ems
DJEH	Liane	Husum
DDQU	Linzertor	Bremen
DJUU	Margarete	Kiel
DALN	Priamus	Hamburg
DJVD	Schwan II	Kiel
DALI	Spüler V	Hamburg
DALL	Steindamm	Hamburg
DALB	Taucher Sievers IV	Cuxhaven
DALM	Westpfalia	Hamburg

*** = Bruttoraumgehalt.**

2. Streichungen

Unter-scheidungs-signale	Namen der Schiffe	Heimathafen
DAJT	Sioux	Hamburg
DAKC	Söderhamn	Hamburg
DANS	Rechtenfleth	Bremen
DDKP	Anton Wilhelm	Brake
DDOI	Eugen Friederich	Bremen
DDRB	Blumental	Bremen
DDSO	Warfleth	Bremen
DEEH	Wesertal	Bremen
DEOK	Union 7	Bremerhaven
DFAH	van Ronzelen	Bremerhaven
DGSU	Unkas	Hamburg
DGYO	Clara Blumenfeld	Hamburg
DGZB	Ostmark	Hamburg
DHFP	Tanganjika	Hamburg
DHLH	Günther Russ	Hamburg
DHLR	Wilhelm Bornhofen	Hamburg
DHRX	Isebek	Hamburg
DIJF	Klaus	Hamburg
DINO	Kelon	Hamburg
DIOM	Hoheneichen	Hamburg
DKJC	Silbermöve	Hamburg
DLBR	Hastedt	Bremen

3. Sonstige Veränderungen*)

Unter-scheidungs-signale	Namen der Schiffe		Heimathafen
DEBP	Joachim Hendrik Fisser	**Anglia**	Bremen
DGWZ	Melpomene	**Süderelv**	Hamburg
DIBS	Heinrich Lorenz	**Wiedau**	Hamburg

*) Die eingetretenen Änderungen sind durch fetten Druck gekennzeichnet.

SEEKARTEN · HANDBÜCHER

nautische und technische Fachbücher · Zeitschriften
Schiffstagebücher · Formulare für Bordgebrauch
Atlanten · Globen · Bücher über Seewesen u. Seekrieg
liefern seit Generationen

ECKARDT & MESSTORFF

Hamburg 11 · Neptunhaus · Ruf: 34 43 94

Amtl. zugelassene Verkaufsstelle für Seekarten u. nautische Bücher

SCHIFFSHYPOTHEKENBANK ZU LÜBECK AKTIENGESELLSCHAFT

KIEL · Martensdamm 6-7 · Telefon: 4 09 81
LÜBECK · Fleischhauerstr. 13 · Telefon: 2 58 61

Gewährung von langfristigen Schiffshypothekendarlehen
Verkauf von Schiffspfandbriefen

Internationales Signalbuch 1931 Amtliche Deutsche Ausgabe

Herausgegeben vom Bundesminister für Verkehr, Bonn. Quart.

I. Band: Signalbuch
6. Auflage unter Berücksichtigung der bis zum 1. November 1956 eingetretenen Änderungen. VII, 789 Seiten. Mit 10 Flaggentafeln. 1957. Kaliko DM 64,–
Nachtrag zum I. Band (5. Aufl.). 4 Seiten mit 3 Flaggentafeln. 1957. DM 6,–

II. Band: Funkverkehrsbuch
5. Auflage. Unter Berücksichtigung der bis zum 31. August 1957 eingetretenen Änderungen. XX, 1015 Seiten. 1958. Kaliko DM 76,–

WALTER DE GRUYTER & CO. / BERLIN W 35

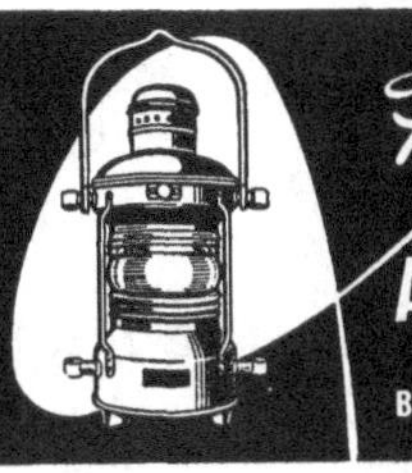

SEIT 1868
Positionslaternen
UND LAMPEN
AHLEMANN + SCHLATTER
METALLWARENFABRIK
BREMEN · RUF: SA. 44 59 54 · TELEX 024 4447

Großkommentare der Praxis

SCHAPS–ABRAHAM

Das deutsche Seerecht

Kommentar von Georg Schaps†
3., neubearbeitete Auflage von Professor Dr. Hans J. Abraham. 3 Bände.
Lexikon-Oktav. Halbleder

Das Werk bringt eine umfassende Wiedergabe und Erläuterung der seerechtlichen Bestimmungen. Besonderer Wert wurde auf die Rechtsvergleichung gelegt. Nachträge werden dafür sorgen, daß das Werk immer auf dem neuesten Stand gehalten ist.

Der 1. Band erscheint komplett im Frühjahr 1959, die weiteren Bände in je 3 Lieferungen.

Band I: Etwa 800 Seiten. 1959. Halbleder. Im Druck

ABRAHAM

Das Seerecht

Ein Grundriß mit Hinweisen auf die Sonderrechte anderer Verkehrsmittel, vornehmlich das Binnenschiffahrts- und Luftrecht von Professor Dr. Hans J. Abraham.
Oktav. XII, 167 Seiten. 1956. Ganzleinen DM 18.–

(Lerhbücher und Grundrisse der Rechtswissenschaft Band 21)

GIERKE

Handelsrecht und Schiffahrtsrecht

Von Professor Dr. Julius von Gierke. 8., vermehrte und verbesserte Auflage.
21./22. Tausend. XV, 651 Seiten. 1958. Ganzleinen DM 32,–

(Lehrbücher und Grundrisse der Rechtswissenschaft 6)

BISSING

Verkehrspolitik. Eine Einführung

Von Professor Dr. W. M. Frhr. von Bissing.
Oktav. IV, 238 Seiten mit Anhang: 3 Karten, 10 Schaubilder, 8 Zahlenübersichten. 1956.
Ganzleinen DM 22,—

WALTER DE GRUYTER & CO. / BERLIN W 35
vormals G. J. Göschen'sche Verlagshandlung · J. Guttentag, Verlagsbuchhandlung · Georg Reimer · Karl J. Trübner · Veit & Comp.

ACHILLES–GREIFF

BGB unter Einarbeitung des Gleichberechtigungsgesetzes vom 18. 6. 1957, mit Einführungsgesetz und Nebengesetzen

21., verbesserte Auflage. XXII, 1457 Seiten. 1958. Dünndruckausgabe.
(Sammlung Guttentag 38/39) Ganzleinen DM 38,–

PRAUSE

Das Recht des Schiffskredits

unter besonderer Berücksichtigung des Schiffsregisterwesens zusammengestellt und erläutert von Rechtsanwalt Dr. Fritz Prause. XVI, 584 Seiten. 1954.
(Sammlung Guttentag 242) Ganzleinen DM 58,–

VORTISCH-ZSCHUCKE

Binnenschiffahrts- und Flößereirecht

Erläuterungswerk. 2., ergänzte Auflage, bearbeitet von Rechtsanwalt und Notar Dr. Otto Vortisch. XVI, 707 Seiten. 1953. Ganzleinen DM 38,–
(Sammlung Guttentag 36)

VORTISCH

Binnenschiffsverkehrsgesetz (Gesetz über den gewerblichen Binnenschiffsverkehr) mit der Verordnung über die gebietliche Zuständigkeit der Frachtenausschüsse und den Verwaltungsvorschriften erläutert von Rechtsanwalt Dr. Otto Vortisch. Zugleich Nachtrag zu Vortisch-Zschucke, Binnenschiffahrts- und Flößereirecht, 2. Auflage. 66 Seiten. 1954. *(Sammlung Guttentag 36a)* DM 5,80

WALTER DE GRUYTER & CO. / BERLIN W 35

vormals G. J. Göschen'sche Verlagshandlung · J. Guttentag, Verlagsbuchhandlung · Georg Reimer · Karl J. Trübner · Veit & Comp.

Elfha-Wandplan Hamburg und Umgebung

Maßstab 1:20000, siebenfarbig, Format 200 × 200 cm in 6 Blättern.

Mit Straßenverzeichnis. Karte zu Papier DM 45,—

Als Wandkarte auf Leinen mit Stäben DM 85,—

Straßenverzeichnis DM 4,80

Weitere Kartenveröffentlichungen aus unserem Verlag:

Elfha-Stadtatlas von Hamburg, 1:25000 - Der einzige Taschenplan, der das gesamte Hamburger Staatsgebiet zeigt! Neuauflage im Herbst 1959

Elfha-Stadtplan von Hamburg, 1:15000 DM 1,50

Elfha-Plan Harburg und die Harburger Berge, 1:20000 DM 2,60

Elfha-Wanderkarte Walddörfer und Stormarnsche Schweiz, 1:30000 DM 2,80

Hamburger Hafenverkehrskarte, 1:18000, mit Beiheft. Gefalzt mit Schutzhülle oder als Wandkarte mit Stäben DM 14,—

MATHIES / GRIMM

Die Geschäftsbedingungen des Vereins zur Förderung des Hamburgischen Handels mit Kolonialwaren und getrockneten Früchten. (Waren-Verein der Hamburger Börse e. V.)

2., neubearbeitete Auflage. Oktav. XII, 159 Seiten. 1955. Ganzleinen DM 18,—

GEORGIOS KOUMANTOS

Erwerberhaftung bei Unternehmensveräußerung

Oktav. XV, 194 Seiten. 1955. Kartoniert DM 16,—

(Hamburger Rechtsstudien Heft 45)

CARL RITTER

Das Recht der Seeversicherung. Ein Kommentar zu den Allgemeinen Deutschen Seeversicherungs-Bedingungen. Unveränderter Neudruck. Groß-Oktav. 1494 Seiten in 2 Bänden. 1953. Ganzleinen DM 150,—

HANS HAAGE

Das Abladegeschäft

4., völlig neu bearbeitete und erweiterte Auflage. Oktav. XX, 238 Seiten. 1958. Ganzleinen DM 18,—

KARL KÜSTER

Hamburgisches Hafen- und Schiffahrtsrecht

Oktav. 316 Seiten, mit einer Karte des Hamburger Hafens. 1957. DM 14,50

Allgemeine Deutsche Seeversicherungs-Bedingungen

nebst Anhang. Zusatzbestimmungen für die Güterversicherung (1947), DTV-Kriegsklausel für Gütertransporte zur See, DTV-Kriegsklausel für Postsendungen im Verkehr mit dem Ausland, DTV-Kriegsklausel für Lufttransporte im Verkehr mit dem Ausland. Groß-Oktav. 67 Seiten. 1953. Kartoniert DM 3,50

General Rules of Marine Insurance 1919

2., neu durchgesehene Auflage. Autorisierte Übersetzung der Allgemeinen Deutschen Seeversicherungs-Bedingungen. Groß-Oktav. 76 Seiten. Kartoniert DM 5,—

CRAM, DE GRUYTER & CO. / HAMBURG